高职高专国家示范性院校"十三五"规划教材

电工基础与技能训练

主　编　刘鑫尚

副主编　徐浩铭

参　编　赵　媛　王兵利　刘　方

　　　　陈高锋　王志华

西安电子科技大学出版社

内 容 简 介

　　本书共计七个项目，主要内容包括：电路的基本概念与基本定律、电路的分析方法、电路的暂态分析、正弦交流电路、三相电路、磁路与变压器和安全用电等。每个项目均从现实生活中的工程案例展开进行详细说明，并引入了大量的例题、目标测评和思考与练习题，非常适合学习电工知识的初学者。此外，本书还加入了大量的技能训练，以强化学生的动手操作能力。

　　本书针对高职高专教学特点，注重基础知识的应用，侧重于提高学生的实际操作能力。

　　本书可作为高职高专院校机电类专业或相近专业的教材，也可作为相关专业工作人员的培训用书或参考书。

图书在版编目(CIP)数据

电工基础与技能训练/刘鑫尚主编. —西安：西安电子科技大学出版社，2018.11
ISBN 978 - 7 - 5606 - 5124 - 8

Ⅰ. ① 电… Ⅱ. ① 刘… Ⅲ. ① 电工 Ⅳ. ① TM

中国版本图书馆 CIP 数据核字(2018)第 236282 号

策划编辑　秦志峰
责任编辑　曹　锦　秦志峰
出版发行　西安电子科技大学出版社(西安市太白南路 2 号)
电　　话　(029)88242885　88201467　　　邮　编　710071
网　　址　www.xduph.com　　　　　电子邮箱　xdupfxb001@163.com
经　　销　新华书店
印刷单位　陕西天意印务有限责任公司
版　　次　2018 年 11 月第 1 版　2018 年 11 月第 1 次印刷
开　　本　787 毫米×1092 毫米　1/16　印张 15
字　　数　351 千字
印　　数　1~3000 册
定　　价　38.00 元

ISBN 978 - 7 - 5606 - 5124 - 8/TM

XDUP 5426001 - 1

前　言

  本书是根据教育部关于高职高专教育基础课程教学的基本要求和高职高专教育专业人才培养目标及规划的要求，以培养应用型、高技能人才为目标，以最新的国家标准、技术规范为依据，以培养学生的专业能力为落脚点，结合编者多年的电工从业经验和教学实践编写而成的。本着加强对电工基础知识的掌握和强化基本技能训练的教学思想，本书主要介绍了电路分析的基本方法，主要培养读者的电路分析能力、电工测量技能、电工操作技能及电工试验技能等。

  近几年，我国高职教育得到了空前的发展和壮大，本书考虑到高职院校的特点并结合编者在该领域的实际教学经验，采用"项目—任务"的结构，构建知识体系，以学习任务为主线组织教学内容，每个项目从工程案例开始，通过各任务的知识目标、能力目标、相关知识、知识拓展和目标测评等使读者掌握每个任务的知识，然后通过工程案例分析，使读者达到"学以致用"的效果。每个项目后都安排了技能训练，以强化读者的电工操作能力。

  本书介绍了七个项目，分别为：电路的基本概念与基本定律、电路的分析方法、电路的暂态分析、正弦交流电路、三相电路、磁路与变压器和安全用电。在知识讲述过程中，本书力求做到通俗易懂、便于自学，书中给出了大量的例题、目标测试和思考与练习题，可帮助读者掌握和巩固所学的知识。书中带"*"部分为选学内容。

  本书的项目一由赵媛编写，项目二由王兵利编写，项目三由刘方编写，项目四由刘鑫尚编写，项目五由徐浩铭编写，项目六由陈高锋编写，项目七由王志华编写。全书由刘鑫尚统稿。杨凌职业技术学院解建军教授审阅了全书，并提出了许多宝贵意见，在此表示衷心的感谢。

  由于编者水平有限，书中难免有疏漏之处，恳请读者批评指正。

编　者

2018 年 8 月

目　录

项目一　电路的基本概念与基本定律

现实生活中，我们经常听到或说起很多有关电方面的名词、术语，也经常有很多用电方面的困惑。这些名词、术语究竟是怎样定义的，它们之间有什么关系？是什么因素导致电压的高低、电流的大小？为什么会发生由用电引发的火灾？为什么家里几个月没人住，还会产生电费？这些看似简单，又不容易说清楚的问题，通过本项目的学习都会有明确的答案。

工程案例　功率平衡（一）

对于一名合格的电力从业人员来说，能够根据书本上的分析方法对设计好的电路进行校验，是要掌握的一项基本技能。在校验电路时，最常用的方法就是看电路功率是否平衡。能量转换与守恒定律是自然界的基本规律之一，电路当然也要遵循这一规律。在任一电路中，任一时刻，吸收电能的各元件功率的总和等于发出电能的各元件功率的总和；或者说，所有元件吸收功率的代数和为零。这个结论叫做"电路的功率平衡"。如果电路中的总功率不平衡，就说明电路出现了问题，需要找出其中的问题。

假如你是一名负责一个工厂项目设计的工程师，你的下属设计出一个项目用电情况的方案，如图 1.1 所示，你在审核过程中，要检查该方案是否合理。在图 1.1(b)中，元件 A、B、F 为工厂中的电源，G 和 H 表示电源到设备的连接线路，C、D、E 表示项目中的用电设备。

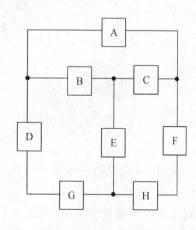

（a）工厂外形图　　　　　　　　　　　　　（b）项目电路模型

图 1.1　项目设计方案示意图

任务1 电路及其组成

 知识目标

1. 理解电路的概念及组成。
2. 了解电路的功能及意义。

 能力目标

1. 能够说出电路中各部分的意义。
2. 能够根据实际电路图建立电路模型图。

 相关知识

一、电路和电路的功能

若干个电路元件按照一定方式连接起来，构成电流的通路，称为电路，又名网络。在电路中，随着电流的通过，能量进行着转换、传输和分配。电路的结构形式和所能完成的任务是多种多样的，电力系统就是最典型的例子，如图 1.2 所示。

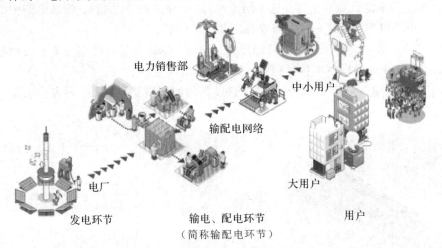

图 1.2 电力系统示意图

例如，水电站中的水轮发电机组通过水能→机械能→电能的转换，并通过变压器、输电线等把电能输送给用电单位，在那里又把电能转换为机械能、光能、热能等其他能量。这样就实现了电能的传输和转换，其中包含电源、负载和中间环节三个部分。

在电力系统中，发电机是电源，给设备供应电能；用电单位是负载，是消耗电能的设备，常见的有各种照明设备、电动机、电炉子等，它们分别把电能转换成光能、机械能和热能等；变压器和输电线是中间环节，是把电源和负载连接起来的部分，它起到了对电能传输和分配的作用。

电路的另一作用是信号(带有信息的电压或电流)的传递和处理,即把输入的信号(称为激励)加工成为其他所需要的输出信号(称为响应)。图1.3所示为"村村通"工程电视信号传输示意图,在卫星电视信号传输中,各个电视台的信号发射设备就是电源,接收卫星信号的部分就是负载,卫星在其中就起到了中间环节的作用。

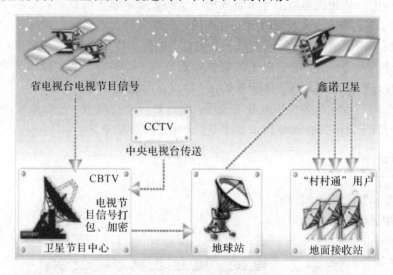

图1.3 "村村通"工程电视信号传输示意图

实际的电路尽管很复杂,但均可把它划分为电源、负载和中间环节三个基本部分。其中,将化学能、机械能等非电量转换成电能的电路元件称为电源,例如电池和发电机;用电设备称为负载,如电灯、电热器、电动机等;为了把电能安全、可靠地输送给负载,还必须有导线、开关、保护设备、测量控制单元等中间环节。

二、理想电路元件及电路模型

在实际电路分析中,需要将实际电路抽象为理想化的电路模型,然后对其进行分析,而抽象过程需要引入一些理想化的电路元件,以简化电路分析。常用的理想电路元件有电阻、电感、电容、恒压源和恒流源,前三种称为无源元件,后两种称为有源元件。在电路理论中研究的电路都是由理想电路元件组成的。在电路图中,各种电路元件分别用规定的图形符号和文字代号来表示。图1.4所示为手电筒电路,R表示消耗电能的灯泡元件,电池用电源U_s和内电阻R_0串联代替(电源U_s表示恒压源;电阻R_0表示蓄电池内部消耗电能的内阻,简称内阻)。

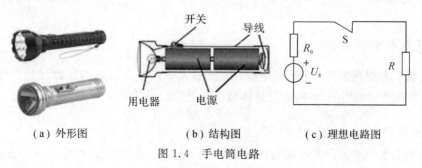

(a) 外形图　　　　(b) 结构图　　　　(c) 理想电路图

图1.4 手电筒电路

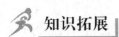 **知识拓展**

电量的基本知识

自然界中的一切物质都是由分子组成的，分子又是由原子组成的，而原子是由带正电荷的原子核和一定数量带负电荷的电子组成的。在通常情况下，原子核所带的正电荷数等于核外电子所带的负电荷数，原子对外不显电性。但是，用一些办法，可使某种物体上的电子转移到另外一种物体上，失去电子的物体带正电荷，得到电子的物体带负电荷。物体失去或得到的电子数量越多，则物体所带的正、负电荷的数量也越多。

物体所带电荷数量的多少用电量来表示。电量是一个物理量，它的单位是库［仑］(C)。1 C 的电量相当于物体失去或得到 6.25×10^{18} 个电子所带的电量。

目标测评

1.电路是由哪几部分组成的？

2.电路中各部分的作用是什么？

任务 2　电流、电压及其参考方向

 知识目标

1. 了解电流、电压的基本概念。
2. 掌握电流、电压的实际方向和参考方向的关系。
3. 掌握关联参考方向和非关联参考方向的判断方法。

 能力目标

1. 能够标注电压、电流的参考方向。
2. 能够进行电压、电流单位的换算。
3. 能够判断元件电压、电流的参考方向的关联性。

 相关知识

一、电流及其参考方向

带电粒子有规则地移动，形成电流。电流的大小以单位时间内通过导体横截面的电量来衡量。设在极短的时间 $\mathrm{d}t$ 内通过导体截面的电（荷）量为 $\mathrm{d}q$，则电流为

$$i = \frac{\mathrm{d}q}{\mathrm{d}t} \tag{1.1}$$

当电流的大小和方向都不随时间变化时，则 $\mathrm{d}q/\mathrm{d}t$ 为常数，这种电流称为**直流电流**，简

称直流(DC)。直流常用大写英文字母 I 表示，则式(1.1)可写为

$$I = \frac{Q}{T} \tag{1.2}$$

大小或方向随时间变化的电流，称为**交流电流**，常用小写英文字母 i 表示。

在国际单位制(SI)中，电流的单位是安[培](A)。常用的电流单位有千安(kA)、毫安(mA)、微安(μA)等，它们之间的换算关系为

$$1 \text{ kA} = 10^3 \text{ A} = 10^6 \text{ mA} = 10^9 \text{ } \mu\text{A}$$

在分析电路时，必须在电路图中用箭头或"＋"、"－"号标出电压或电流的方向和极性，才能正确列写电路方程。电压及电流的方向有实际方向和参考方向两种，要加以区分。

电流的实际方向为正电荷运动的方向或负电荷运动的相反方向，实际方向是客观存在的。在分析较为复杂的电路时，某些元件上电流的实际方向往往无法事先判明，而对于交流电路，由于电流的方向随时间变化，因此某一瞬时电流的实际方向更无法判断。为此，在分析电路时，必须先假定某一方向作为**电流的参考方向**，电流的参考方向可以用箭头表示，如图1.5所示。当电流的实际方向与选定的参考方向相同时，如图1.5(a)所示，电流为正值；若两者相反，如图1.5(b)所示，则电流为负值。这样，电流便成为一个代数量，其值有正有负。

图 1.5　电流参考方向箭头表示

注：在未规定参考方向的情况下，电流的正、负号是没有意义的。

电流的参考方向除用箭头在电路图上表示外，还可用双下标表示，如图1.6中的电流，用 I_{AB} 表示其参考方向由 A 指向 B，I_{BA} 表示其参考方向由 B 指向 A。显然，两者相差一个负号，即 $I_{AB} = -I_{BA}$。

图 1.6　电流参考方向下标表示

二、电压及其参考方向

当导体中存在电场时，电荷在电场力的作用下运动，电场力对电荷做功。为了衡量电场力对电荷做功的能力，引入电压这个物理量。电路中 A、B 两点间的电压，其数值上等于电场力将单位正电荷从 A 点移到 B 点所做的功，AB 间的电压用 u_{AB} 表示，即

$$u_{AB} = \frac{\mathrm{d}w}{\mathrm{d}q} \tag{1.3}$$

式中，$\mathrm{d}q$ 是电荷由 A 点移到 B 点的电量；$\mathrm{d}w$ 是电场力移动电荷所做的功，并规定：如果正电荷由 A 移到 B 时能量减少，则此两间点电压的方向从 A 到 B。

在国际单位制中,能量的单位为焦[耳](J),电(荷)量的单位为库[仑](C),电压的单位为伏[特](V)。常用的电压单位有千伏(kV)、毫伏(mV)、微伏(μV)等,它们之间的换算关系为

$$1 \text{ kV} = 10^3 \text{ V} = 10^6 \text{ mV} = 10^9 \text{ } \mu\text{V}$$

大小和方向都不随时间变化的电压,用大写英文字母 U 表示;大小或方向随时间变化的电压,用小写英文字母 u 表示。

与电流类似,在电路分析中也要规定电压的参考方向,通常有三种表示方式:

(1)采用正(+)、负(-)极性表示,称为参考极性,如图 1.7(a)所示。这时,从正极性端指向负极性端的方向就是电压的参考方向。

(2)采用实线箭头表示,如图 1.7(b)所示,箭头指向参考方向的低电平。

（a）$U_{AB}>0$　　　　　　　　　　　（b）$U_{AB}<0$

图 1.7　电压的参考方向

(3)采用双下标表示,如 U_{AB} 表示电压的参考方向由 A 指向 B。

如果图 1.7 所示元件的电压实际方向为:A 端为"+",B 端为"-",那么图 1.7(a)表示电压的参考方向(极性)和电压的实际方向(极性)一致,即 $U_{AB}>0$,图 1.7(b)表示电压的参考方向(极性)和电压的实际方向(极性)相反,即 $U_{AB}<0$。

三、关联参考方向

一个元件的电流或电压的参考方向可以独立地任意指定。如果指定流过元件的电流的参考方向是从所标电压参考方向的正极性端流入元件,从元件的负极性端流出,即认为两者的参考方向一致,则把电流和电压的这种参考方向称为**关联参考方向**,如图 1.8(a)所示;如果流过元件的电流参考方向是从所标电压参考方向的负极性端流入元件,从元件的正极性端流出,即认为两者的参考方向不一致,则把电流和电压的这种参考方向称为**非关联参考方向**,如图 1.8(b)所示。

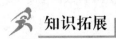

（a）关联参考方向　　　　　　　　　　（b）非关联参考方向

图 1.8　关联参考方向和非关联参考方向

注:按照工程惯例,电源的参考方向一般标注成非关联参考方向,负载(如电阻、电感和电容)的参考方向都默认成关联参考方向。

知识拓展

认识电动势

电源是利用非电力把正电荷由负极移到正极的,它在电路中将其他形式的能量转换成

电能。电动势就是衡量电源能量转换本领的物理量，用英文字母 E 表示，它的单位是伏[特]（V）。

电源的电动势只存在于电源内部。人们规定电动势的方向在电源内部由负极指向正极。在电路中用带箭头的细实线表示电动势的方向。当电源两端不接负载时，电源的开路电压等于电源的电动势，但两者方向相反。

目标测评

1. 什么是电压？什么是电流？它们的单位分别是什么？
2. 什么是关联参考方向？如何判断？

任务 3　电阻和电源

知识目标

1. 掌握欧姆定律的内容。
2. 了解线性电阻与非线性电阻的不同。
3. 理解电压源、电流源和受控源的电气符号与特性。
4. 掌握电压源、电流源和受控源的特点。

能力目标

1. 能够对电阻单位进行换算。
2. 能够正确使用欧姆定律。
3. 能够正确分析电源的特性。

相关知识

一、电阻和欧姆定律

1. 电阻

一般来说，导体对电流的阻碍作用称为电阻，用英文字母 R 表示。电阻的单位为欧[姆]（Ω）。

如果导体两端的电压为 1 V，通过的电流为 1 A，则该导体的电阻就是 1 Ω。常用的电阻单位还有千欧（kΩ）、兆欧（MΩ），它们之间的换算关系为

$$1\ M\Omega = 10^3\ k\Omega = 10^6\ \Omega$$

注：电阻是导体中客观存在的，它与导体两端电压的变化情况无关，即使没有电压，导体中仍然有电阻存在。

实验证明，当温度一定时，导体电阻只与材料及导体的几何尺寸有关。对于两根材质

均匀、长度为 L、截面积为 A 的导体而言，其电阻大小可用下式表示：

$$R = \rho \frac{L}{A}$$

式中，R 为导体电阻，单位为欧〔姆〕(Ω)；L 为导体长度，单位为米(m)；A 为导体截面积，单位为平方毫米(mm^2)；ρ 为电阻率，电阻率是与材料性质有关的物理量，其单位为欧〔姆〕米($\Omega \cdot m$)。

2. 欧姆定律

电路是由元件连接组成的，研究电路时首先要了解各电路元件的特性。电阻元件是一种常见的电路元件，它的特性可以用元件中的电流与电压(指元件两端电压，简称端电压)的代数关系表示，这个关系称为电压电流关系(VCR)。因为电压、电流在国际单位制中的单位分别是伏和安，所以电压电流关系也称为伏安特性。在 $i-u$ 坐标平面上表示元件伏安特性的曲线称为伏安特性曲线。

电阻元件是一个二端元件，它的电压和电流方向总是相同的，它的电流和电压的大小成代数关系。电压、电流的大小成正比的电阻元件称为线性电阻元件；线性电阻元件的伏安特性为通过坐标原点的直线，这个关系称为**欧姆定律**。在电流和电压的关联参考方向下，线性电阻元件的伏安特性如图 1.9(a)所示，欧姆定律的表示式为

$$U = IR \qquad (1.4)$$

式中，R 是该段电路的电阻，电阻是一种电路参数，它反映了对电流所起的阻碍作用，是一个正实常数。如果线性电阻元件的电流、电压的参考方向非关联，则欧姆定律的表达式为

$$U = -IR \qquad (1.5)$$

如果一个电阻元件的电阻值不是常数，而是随着电压和电流呈非线性关系变化，那么这种电阻称为非线性电阻。非线性电阻元件的电阻值必须指明它的工作电压或工作电流，如半导体二极管等。非线性电阻两端的电压与其中的电流关系不遵循欧姆定律，一般不用数学式表示，而是用电流与电压的关系曲线 $u=f(i)$ 或 $i=f(u)$ 来表示，图 1.9(b)所示为半导体二极管非线性电阻的伏安特性，它是一条曲线。

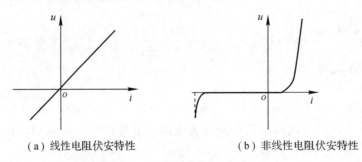

(a) 线性电阻伏安特性   (b) 非线性电阻伏安特性

图 1.9 电阻的伏安特性

电阻 R 的倒数称为电导 G，即 $G=1/R$。电导的单位是西〔门子〕(S)。在电流和电压关联参考方向下，电阻元件吸收的电功率为

$$P = UI = I^2R = \frac{U^2}{R} = GU^2 \qquad (1.6)$$

由于电阻 R 和电导 G 都是正实数，因此式(1.6)也体现出了电阻元件总是吸收功率的，

电阻元件是一种耗能元件。

【**例 1.1**】 应用欧姆定律列写图 1.10 所示电路的表达式,并求出电阻 R。

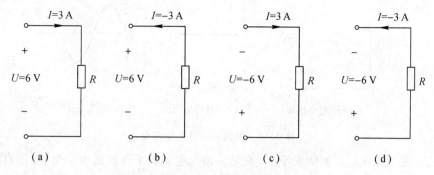

图 1.10 例 1.1 电路图

解 在图 1.10 (a)所示电路中,电压和电流是关联参考方向,故

$$R = \frac{U}{I} = \frac{6}{3} = 2 \ \Omega$$

在图 1.10(b)所示电路中,电压和电流是非关联参考方向,故

$$R = -\frac{U}{I} = -\frac{6}{-3} = 2 \ \Omega$$

在图 1.10(c)所示电路中,电压和电流是非关联参考方向,故

$$R = -\frac{U}{I} = -\frac{-6}{3} = 2 \ \Omega$$

在图 1.10(d)所示电路中,电压和电流是关联参考方向,故

$$R = \frac{U}{I} = \frac{-6}{-3} = 2 \ \Omega$$

二、理想电源

1. 理想电源

实际电源有电池、发电机、信号源等。理想电压源和理想电流源是从实际电源抽象得到的电路模型,它们是二端有源元件。理想电压源和理想电流源,能够独立对电路其他部分进行供电,因此称为独立源。

1)理想电压源

理想电压源是一个理想二端元件,其图形符号如图 1.11(a)所示,$u_S(t)$ 为电压源电压,"＋"、"－"为电压的参考极性。电压 $u_S(t)$ 是某种给定的时间函数,与流过电压源的电流无关。因此电压源具有以下两个特点:

(1)理想电压源对外提供的电压 $u(t)$ 是某种确定的时间函数,不会因所接的外电路不同而改变,即 $u(t) = u_S(t)$。

(2)通过理想电压源的电流 $i(t)$ 随外接电路的不同而不同。

常见的理想电压源有直流电压源和正弦交流电压源。如图 1.11(b)所示,直流电压源的电压 $u_S(t)$ 是常数,即 $u_S(t) = U_S$(U_S 是常数)。如图 1.11(c)所示,正弦交流电压源的电压为 $u_S(t) = U_m \sin\omega t$。

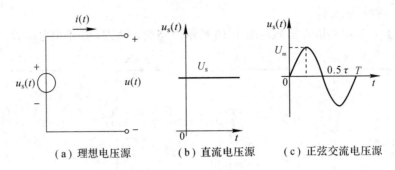

（a）理想电压源　　　（b）直流电压源　　　（c）正弦交流电压源

图 1.11　电压源及其电压波形

图 1.12 是直流电压源的伏安特性，它是一条与电流轴平行且纵坐标为 U_s 的直线，表明其端电压恒等于 U_s，与电流大小无关。当电流为零，即理想电压源开路时，其端电压仍为 U_s。

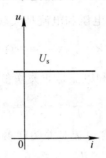

图 1.12　直流电压源的伏安特性

注：如果一个理想电压源的电压 $U_s=0$，则此理想电压源的伏安特性曲线为与电流轴重合的直线，它相当于短路，即电压为零的理想电压源相当于短路。因此若使理想电压源 $u_s(t)$ 对外不输出电压 $u(t)$，可将其短路，即起到"置零"的作用。

由图 1.11(a) 可知，理想电压源的电压 $u_s(t)$ 与流过它的电流 $i(t)$ 是非关联参考方向，则理想电压源的功率为

$$p=-u_s(t) \cdot i(t)$$

当 $p<0$ 时，理想电压源发出功率，电流的实际方向是从理想电压源的低电位流向高电位，理想电压源此时是作为电源存在的；当 $p>0$ 时，理想电压源吸收功率，电流的实际方向是从理想电压源的高电位流向低电位，理想电压源此时是作为负载存在的。

2）理想电流源

理想电流源也是一个理想二端元件，其图形符号如图 1.13(a) 所示，$i_s(t)$ 为理想电流源电流，"→"为其电流的参考方向。电流 $i_s(t)$ 是某种给定的时间函数，与理想电流源两端的电压无关。因此理想电流源具有以下两个特点：

(1) 理想电流源对外提供的电流 $i(t)$ 是某种确定的时间函数，不会因所接的外电路不同而改变，即 $i(t)=i_s(t)$。

(2) 理想电流源两端的电压 u 随外接电路的不同而不同。

常见的理想电流源有直流电流源和正弦交流电流源。如图 1.13(b) 所示，直流电流源的电流 $i_s(t)$ 是常数，即 $i_s(t)=I_s$（I_s 是常数）。如图 1.13(c) 所示，正弦交流电流源的电流为 $i_s(t)=I_m\sin\omega t$。

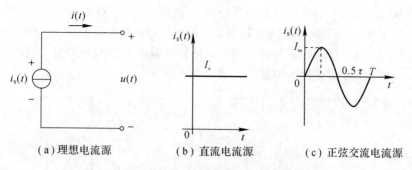

（a）理想电流源　　　　（b）直流电流源　　　　（c）正弦交流电流源

图 1.13　电流源及其电流波形

　　图 1.14 是直流电流源的伏安特性，它是一条与电压轴平行且横坐标为 I_s 的直线，表明其电流恒等于 I_s，与电压大小无关。当电压为零，即理想电流源短路时，其电流仍为 I_s。

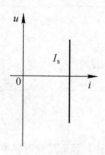

图 1.14　直流电流源的伏安特性

　　注：如果一个理想电流源的电流 $I_s=0$，则此电流源的伏安特性曲线为与电压轴重合的直线，它相当于开路，即电流为零的理想电流源相当于开路。因此，若使理想电流源 $i_s(t)$ 对外不输出电流 $i(t)$，可将其开路，即起到"置零"的作用。

　　由图 1.13（a）可知，理想电流源的电流 $i_s(t)$ 与其两端的电压 $u(t)$ 是非关联参考方向，则理想电流源的功率为

$$p = -u(t) \cdot i_s(t)$$

　　当 $p<0$ 时，理想电流源发出功率，电压的实际方向与其参考方向相同，理想电流源此时是作为电源存在的；当 $p>0$ 时，理想电流源吸收功率，电压的实际方向与其参考方向相反，理想电流源此时是作为负载存在的。

2. 受控源

　　在电路模型中除了独立电源外，还常常用到另一种电源，它们的源电压和源电流不是独立的，是受电路中其他部分的电压或电流控制的，这种电源称为受控源，亦称为非独立电源。

　　受控源是一种四端元件，它含有两条支路，一条是控制支路，另一条是受控支路。受控支路为一个电压源或一个电流源，它的输出电压或输出电流（称为受控量）受另外一条支路的电压或电流（称为控制量）的控制，该电压源、电流源分别称为受控电压源、受控电流源，统称为受控源。当控制的电压或电流消失或等于零时，受控源的电压或电流也将为零。

　　理想的受控源电路有四种，根据受控源是电压源还是电流源，以及受控源是受电压控制还是受电流控制，受控源可以分为电压控制电压源（VCVS）、电压控制电流源（VCCS）、电流控制电压源（CCVS）和电流控制电流源（CCCS）四种类型。受控源模型如图 1.15 所示，

为了与独立源相区别，用菱形符号表示其电源部分。图中，u_1 和 i_1 分别表示控制电压和控制电流；μ、r、g 和 β 分别是有关的控制系数，其中 μ 和 β 是量纲为"1"的量，r 和 g 分别具有电阻和电导的量纲。当这些系数为常数时，被控制量和控制量成正比，这种受控源称为线性受控源。本书只考虑线性受控源。

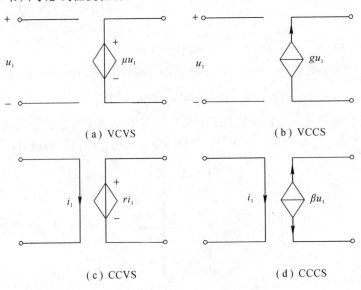

(a) VCVS   (b) VCCS

(c) CCVS   (d) CCCS

图 1.15　受控源模型

受控源和独立源的比较：

(1) 独立源电压(或电流)由电源本身决定，与电路中其他电压、电流无关，而受控源电压(或电流)由控制量决定。

(2) 独立源在电路中起"激励"作用，在电路中产生电压、电流；而受控源是反映电路中某处的电压或电流对另一处的电压或电流的控制关系，在电路中不能作为"激励"。

在电路中，受控源与独立源本质的区别在于受控源不是激励，它只是反映电路中某处的电压或电流控制其他支路的电压或电流的关系。

注：独立源是电路的输入或激励，它为电路提供按给定时间函数变化的电压和电流，从而在电路中产生电压和电流。受控源则描述电路中两条支路电压和电流间的一种约束关系，它的存在可以改变电路中的电压和电流，使电路特性发生变化。

【例 1.2】 在图 1.16 中，$I_S = 2$ A，VCCS 的控制系数 $g = 2$ S，求 U。

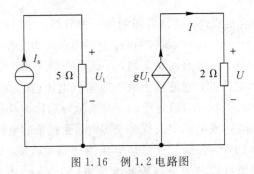

图 1.16　例 1.2 电路图

解　由图 1.16 左部先求出控制电压 U_1：

$$U_1 = 5I_s = 5 \times 2 = 10 \text{ V}$$

故

$$I = gU_1 = 2 \times 10 = 20 \text{ A}$$

从而 U 为

$$U = 2I = 2 \times 20 = 40 \text{ V}$$

知识拓展

几种常用材料在 20℃ 时的电阻率

铜和铝的电阻率较小，是应用极为广泛的导电材料。以前，由于我国铝的矿藏量丰富，铝线价格低廉，因此常用铝线作输电线。但是铜线有更好的电气特性，如强度高、电阻率小，现在铜制线材被更广泛地应用，如电动机、变压器的绕组一般都用铜材。表 1.1 列出了几种常用材料在 20℃ 时的电阻率。

表 1.1　几种常用材料在 20℃ 时的电阻率

材料名称	电阻率/(Ω·m)
银	1.6×10^{-8}
铜	1.7×10^{-8}
铝	2.9×10^{-8}
钨	5.3×10^{-8}
铁	1.0×10^{-7}
康铜	5.0×10^{-7}
锰铜	4.4×10^{-7}
铝铬铁电阻丝	1.2×10^{-6}

目标测评

1. 电炉中的镍铬电炉丝的电阻率是 1.1×6^{10} Ω·m、截面积为 0.6 mm²。如果将该电炉接在 220 V 的电源上，使该炉丝通过 2 A 的电流，应选用多长的电炉丝？

2. 某电炉接在 220 V 的电源上，正常工作时流过电阻丝的电流为 5 A，电阻丝的电阻 R 为多少？

任务 4　电路的工作状态

 知识目标

1. 理解额定值与实际值的区别。

2. 掌握电源有载、开路与短路的特点。

3. 理解功率和电能的定义与含义。

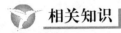 **能力目标**

1. 掌握功率及功率验算的方法。

2. 掌握功率及功率验算分析通路、开路与短路的方法。

3. 能够根据功率性质判断元件的性质。

相关知识

一、通 路

在本任务中,以直流电路为例,来分析电源电路在通路、开路和短路三种工作状态时的电流、电压和功率。同时还将分析几个电路的基本概念。

将图1.17中的开关S闭合,接通电源与负载,电路进入通路工作状态。

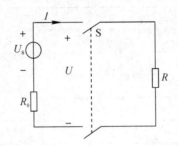

图1.17　电源有载工作图

1. 电压与电流

由欧姆定律可知

$$I = \frac{U_S}{R_0 + R} \tag{1.7}$$

电阻 R 两端的电压为

$$U = IR$$

综合以上两式可得

$$U = U_S - IR_0 \tag{1.8}$$

由式(1.8)可知,电源端电压 U 小于电动势 U_S,两者之差为电流通过电源内阻所产生的电压降 IR_0,且电流越大,电源上的电压降就越大。

2. 功率与功率平衡

在式(1.8)中等号两边同时乘以电流 I,可得到功率平衡式为

$$UI = U_S I - I^2 R_0 \tag{1.9}$$

故电源的输出功率为

$$P = P_E - \Delta P$$

式中, $P_E = U_S I$ 为电源产生的功率; $\Delta P = I^2 R_0$ 为电源内阻上损耗的功率。

国际单位制中，功率的单位为瓦[特]（W）。常用的功率单位有千瓦（kW）、兆瓦（MW）和毫瓦（mW）等，它们之间的换算关系为

$$10^{-6}\ \text{MW} = 10^{-3}\ \text{kW} = 1\ \text{W} = 10^3\ \text{mW}$$

电路通电后，电路元件传递转换能量的大小称为电能。从 t_0 到 t 时间段内，电路吸收（消耗）的电能为

$$W = \int_{t_0}^{t} p\,\mathrm{d}t \tag{1.10}$$

直流电路中的电能为

$$W = P(t - t_0) \tag{1.11}$$

国际单位制中，电能的单位是焦[耳]（J）。在实际生活中还采用千瓦小时（kW·h）作为电能的单位，简称为 1 度电。

$$1\ \text{kW·h} = 1 \times 10^3 \times 3600 = 3.6 \times 10^6\ \text{J}$$

能量转换与守恒定律是自然界的基本规律之一，电路当然遵循这一规律。一个电路中，在任一时刻，吸收电能各元件的功率总和等于发出电能各元件的功率总和；或者说，所有元件吸收功率的代数和为零。这个结论叫做"**电路的功率平衡**"。

【例 1.3】 如图 1.17 所示电路，其中 $U_\text{S} = 12$ V，$R = 9\ \Omega$，内阻 $R_0 = 1\ \Omega$。当开关 S 闭合时，求出各个元件的功率，并说明功率是否平衡。

解 由式（1.7）可知，电路中的电流为

$$I = \frac{U_\text{S}}{R + R_0} = \frac{12}{9 + 1} = 1.2\ \text{A}$$

电源内阻上损耗的功率为

$$\Delta P = I^2 R_0 = 1.2^2 \times 1 = 1.44\ \text{W}$$

电源产生的功率为

$$P_\text{E} = U_\text{S} I = 12 \times 1.2 = 14.4\ \text{W}$$

电源的输出功率，即负载电阻 R 上的功率为

$$P = I^2 \times R = 1.2^2 \times 9 = 12.96\ \text{W}$$

由此可见，在这个电路中，$P = P_\text{E} - \Delta P$，故电源产生的功率与负载消耗的功率是相等的。

3. 电源与负载的判别

在分析电路时，不但要分析电路中各个物理量的数值，还要判别电路中的元器件是电源还是负载。判别方法如下：

（1）根据 U 和 I 的实际方向判别：

若 R 和 I 的实际方向相反，即电流从"＋"端流出、"－"端流入，则发出功率，即为电源。

若 U 和 I 的实际方向相同，即电流从"＋"端流入、"－"端流出，则吸收功率，即为负载。

（2）根据 U 和 I 的参考方向判别：

当元件的 U 和 I 为关联参考方向时，通过计算，如果 $P = UI > 0$，则说明该元件是负载；如果 $P = UI < 0$，则说明该元件是电源。

当元件的 U 和 I 为非关联参考方向时，通过计算，如果 $P = -UI > 0$，则说明该元件是负载；如果 $P = -UI < 0$，则说明该元件是电源。

【**例1.4**】 2013年9月20日，哈密南至郑州市±800 kV特高压直流(DC)输电线路全线架通。2014年1月18日，哈密南至郑州市±800 kV高压直流输电工程投入运营。该线路的运行电压为800 kV，电流为1.8 kA，如图1.18所示，计算哈密南传输线终端的功率，并说明功率流向。

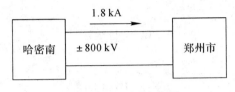

图1.18　例1.4电路图

解　哈密南传输线终端的电压、电流为非关联参考方向，故

$$P=-UI=-800\times10^3\times1.8\times10^3=-1440\times10^6\,\text{W}=-1440\,\text{MW}<0$$

这说明电路中的哈密南终端在向郑州市的线路终端输出功率，输出功率的大小为1440 MW。

【**例1.5**】 图1.19所示为直流电路，其中$U_1=4\,\text{V}$，$U_2=-8\,\text{V}$，$U_3=6\,\text{V}$，$I=4\,\text{A}$。求各元件吸收或发出的功率P_1、P_2和P_3，并求整个电路的功率P。

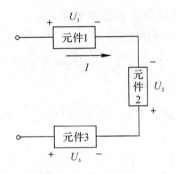

图1.19　例1.5电路图

解　元件1的电压、电流为关联参考方向，故

$$P_1=U_1I=4\times4=16\,\text{W}>0\ (\text{吸收功率为}16\,\text{W})$$

元件2和元件3的电压、电流为非关联参考方向，故

$$P_2=-U_2I=-(-8)\times4=32\,\text{W}>0\ (\text{吸收功率为}32\,\text{W})$$

$$P_3=-U_3I=-6\times4=-24\,\text{W}<0\ (\text{发出功率为}24\,\text{W})$$

整个电路的功率P为

$$P=16+32-24=24\,\text{W}$$

注：整个电路的功率$P=24$ W是由端口电源发出的功率，同时也是整个电路吸收的功率，从而功率平衡。

【**例1.6**】 已知某实验室有额定电压为220 V、额定功率为100 W的白炽灯12盏，另有额定电压为220 V、额定功率为2 kW的电炉两台，如果它们都在额定状态下工作，试求总功率、总电流和2 h内消耗的电能。

解　总功率为

$$P=100\times12+2000\times2=5200\,\text{W}=5.2\,\text{kW}$$

总电流为

$$I = \frac{P}{U} = \frac{5200}{220} \approx 23.64 \text{ A}$$

2 h 内消耗的电能为

$$W = Pt = 5.2 \times 2 = 10.4 \text{ kW} \cdot \text{h(即 10.4 度)}$$

4. 额定值和实际值

通常负载都是并联运行的,例如电灯、电动机等。在民用电路中,由于电源的端电压是基本不变的,因此负载两端的电压也是基本不变的,那么增加负载,就是并联的负载数目在增加。当增加负载时,负载所取用的总功率和电流都是增加的,即电源输出的功率和电流都增加,也就是说,**电源的输出功率和电流取决于负载的大小**。

既然电源的输出功率和电流取决于负载的大小,是可大可小的,那么有没有一个合适的数值呢?对各种电气设备而言,它的电压、电流和功率都有一个额定值,例如一盏电灯的电压是 220 V、功率是 38 W,这就是它的额定值,也是制造厂商为了使得产品能够在给定的条件下长期正常工作的允许值。在这样的条件下,设备才会达到最好的使用效果,其使用寿命才会达到最大值。当设备的工作电压或电流超出额定值时,设备就可能被烧毁。电气设备或元器件的额定值一般都写在铭牌上,因此在使用时要充分考虑额定数值。额定电压、额定电流和额定功率分别用 U_N、I_N 和 P_N 表示。

在使用电气设备时,电压、电流和功率并不一定与额定值是相同的。究其原因主要体现在两个方面:

① 受到外界的影响,例如家里的电源额定电压为 220 V,但是电源电压经常波动,实际的电压值或低于或高于 220 V,这样额定值为 220 V/38 W 的电灯在所加电源电压不是 220 V 时,实际功率也就不是 38 W 了。

② 在一定电压下电源输出的功率取决于负载的大小,即负载需要多少功率,电源就给多少,所以电源通常不一定工作在额定状态,但是一般不会超过额定值。

【例 1.7】 一只 110 V/8 W 的指示灯,现在要接在 220 V 的电源上,问:要使该指示灯额定工作需要串联多大电阻值的电阻?该电阻的瓦数为多大?

解 若串联一个电阻 R 后,指示灯仍工作在额定状态,则电阻 R 应分去 220 V 的电压,所以电阻值为

$$R = \frac{U^2}{P} = \frac{110^2}{8} = 1512.5 \text{ Ω}$$

该电阻的瓦数为

$$P = \frac{U^2}{R} = \frac{110^2}{1512.5} = 8 \text{ W}$$

二、开路

将图 1.17 中的开关 S 打开,电源与负载断开,电路进入开路(断路)状态,如图 1.20 所示。电路开路时,外电路的电阻对电源来说为无穷大,因此电路中的电流为零。这时电源的端电压(称为开路电压 U_0)等于电源电动势,电源不输出电能。如上所述,电源开路时的特征可以表示如下:

$$\begin{cases} I = 0 \\ U = U_0 = U_\text{S} \\ P = 0 \end{cases} \qquad (1.12)$$

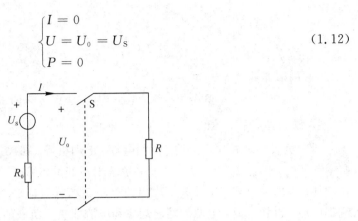

图 1.20　电源开路图

三、短路

在图 1.17 所示的电路中，如果电源两端由于某种原因而连在一起，电路则被短路，如图 1.21 所示。电源短路时，外电路的电阻可视为零，电流有捷径可通，不再流过负载。因为在电流的回路中仅有很小的电源内阻 R_0，所以这时的电流很大，此电流称为短路电流。电路短路可能是电源遭受机械的（产生很大的电磁力，可能损坏发电机或变压器的绕组）与热的损伤或损坏。短路时电源所产生的电能全被内阻所消耗。

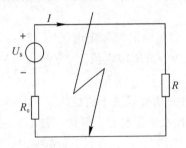

图 1.21　电源短路图

电源短路时，由于外电路的电阻为零，因此电源的端电压也为零，这时电源的电动势全部降在内阻上。如上所述，电源短路时的特征可以表示如下：

$$\begin{cases} U = 0 \\ I = \dfrac{U_\text{S}}{R_0} \\ P_\text{E} = \Delta P = I^2 R_0, \ P = 0 \end{cases} \qquad (1.13)$$

注：短路现象除了发生在电源处之外，还会出现在负载端或线路的任何位置。

短路是系统常见的严重故障。系统发生短路的原因很多，主要有：

① 电气设备、元件的损坏。如设备绝缘部分自然老化或设备本身有缺陷，正常运行时被击穿造成短路；设计、安装、维护不当所造成的设备缺陷最终发展成短路等。

② 自然的原因。如气候恶劣，由于大风、导线覆冰等引起架空线倒杆或断线而导致短路；因遭受直击雷或雷电感应，设备过电压，绝缘被击穿等而导致短路。

③ 人为事故。如工作人员违反操作规程带负荷拉闸，造成相间弧光短路；违反电业安

全工作规程带接地刀闸合闸，造成金属性短路；人为疏忽接错线造成短路或运行管理不善造成小动物进入带电设备内形成短路事故等。

【例 1.8】 有一直流电压源，其额定功率 $P_N = 200$ W，额定输出电压 $U_N = 50$ V，内阻 $R_0 = 0.5$ Ω，负载电阻 R_L 可以调节，其电路如图 1.22 所示，试求：

(1) 额定工作状态下的电流及负载电阻 R_L 的大小；

(2) 开路状态下的电源端电压；

(3) 电源短路状态下的电流。

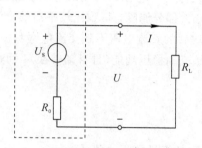

图 1.22 例 1.8 电路图

解 (1) 根据欧姆定律和计算功率公式可得

$$I_N = \frac{P_N}{U_N} = \frac{200}{50} = 4 \text{ A}, \quad R_L = \frac{U_N}{I_N} = \frac{50}{4} = 12.5 \text{ Ω}$$

(2) 开路端电压为

$$U_{OC} = U_S = U_N + I_N \cdot R_0 = 50 + 4 \times 0.5 = 52 \text{ V}$$

(3) 电源短路时的电流为

$$I_{SC} = \frac{U_S}{R_0} = \frac{52}{0.5} = 104 \text{ A}$$

 **知识拓展**

双路直流稳压电源

双路是指电源有两路独立输出，因此双路直流稳压电源即为有两路独立输出的直流稳压电源。双路直流稳压电源实物如图 1.23 所示。直流稳压电源是能为负载提供稳定直流电源的电子装置。直流稳压电源的供电电源大都是交流电源，当交流供电电源的电压或负载电阻变化时，稳压器的直流输出电压都会保持稳定。

图 1.23 双路直流稳压电源实物图

双路直流稳压电源的内部电路由电源变压器、整流电路、滤波电路和稳压电路四部分组成。

① 电源变压器：采用降压变压器将电网交流电压 220 V 变换成符合需要的交流电压。此交流电压经过整流后可得到电子设备所需要的直流电压。

② 整流电路：利用单相桥式整流电路把正弦交流电变换为脉动直流电。整流二极管所承受的最大反向交流电压为变压器副边电压。其优点是电压较高，纹波电压较小，变压器的利用率高。

③ 滤波电路：利用储能元件——电容 C 两端的电压不能突变的性质，采用 RC 滤波电路将整流电路输出的脉动成分大部分滤除，得到比较平滑的直流电。

④ 稳压电路：使整流滤波后的直流电压不随交流电网和负载的变化扰动而变化。

双路直流稳压电源具有稳流和稳压功能（且自动转换），可串/并联使用，具有过载短路保护功能。

目标测评

1. 分别用公式来表示下面各组量之间的关系：

(1) 电量、电流、时间；

(2) 电流、电压、电阻；

(3) 电能、电功率、时间。

2. 已知电源设备的额定功率 $P_N = 11$ kW，额定电压 $U_N = 220$ V，内阻 $R_0 = 0.1$ Ω，负载电阻 $R_L = 4.4$ Ω，试求电源的额定电流、电源开路电压及负载短路电流。

任务 5   基尔霍夫定律

知识目标

1. 掌握支路、节点、回路、网孔的概念及含义。
2. 熟悉基尔霍夫电流及电压定律的内容，理解其含义。

能力目标

能够熟练应用基尔霍夫定律完成工作任务。

相关知识

基尔霍夫定律是电路中电压和电流所遵循的基本规律，是分析和计算较为复杂电路的基础，1845 年由德国物理学家 G. R. 基尔霍夫提出。基尔霍夫定律既可以用于直流电路的分析，也可以用于交流电路的分析，还可以用于含有电子元件的非线性电路的分析。

基尔霍夫定律有两条：一是电流定律，反映电路中任一节点上各支路电流之间的相互关系；二是电压定律，反映任一回路中各段电压之间的相互关系。在说明基尔霍夫定律前，先介绍电路中常用的几个名词。

（1）支路。电路中由一个元件或若干个元件串联，流过同一电流的无分支部分叫做支路。在图 1.24 中，有 aefb、ab 和 acdb 三条支路。

（2）节点。三条或三条以上支路的连接点叫做节点。在图 1.24 中，有 a 和 b 两个节点。

（3）回路。由支路构成的闭合路径叫做回路。在图 1.24 中，有 abfea、acdba 和 eacdbfe 三个回路。

（4）网孔。将电路画在平面上，内部不含有支路的回路称为网孔。它是一种特殊的回路。在如图 1.24 中，abfea 和 acdba 为网孔。

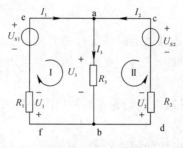

图 1.24 电路示意图

一、基尔霍夫电流定律（KCL）

在集总参数电路中，根据电流连续性原理，电路中任一点（包括节点在内）均不能堆积电荷，因此，流入任意一个节点的电流之和必定等于流出该节点的电流之和，或者说任一时刻、任一节点的电流代数和为零。这就是基尔霍夫电流定律，简写为 KCL，用数学式表示为

$$\sum I = 0 \tag{1.14}$$

或

$$\sum I_{\text{入}} = \sum I_{\text{出}}$$

对于图 1.24 所示电路中的节点 a，假定各支路电流的参考方向（如图中所示），并规定流入节点的电流取"＋"号，流出节点的电流取"－"号（反之亦可），则可列出节点 a 的电流方程为

$$I_1 + I_2 - I_3 = 0$$

基尔霍夫电流定律还可以推广应用到任意假想的封闭曲面（或称广义节点），即任意封闭面上电流的代数和为零。如图 1.25 所示封闭面所包围的电路，有三条支路与电路的其余部分（未画出）连接，其电流分别为 I_1、I_2 和 I_3（电流的方向都是参考方向），则

$$I_1 + I_2 + I_3 = 0$$

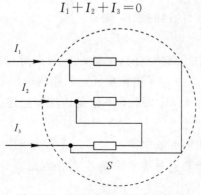

图 1.25 KCL 应用于一个封闭面

由以上分析可知，基尔霍夫电流定律是电荷守恒定律的体现，这是因为对于一个节点或封闭面来说，它不可能存储电荷。

二、基尔霍夫电压定津(KVL)

KVL 是用来确定连接在同一回路各段电压间的关系的，电路中任一节点的电位具有单值性。因此，在任一时刻，电路的任一闭合回路中，按任一绕向绕行一周，各段电压的代数和恒等于零，即

$$\sum U = 0 \qquad (1.15)$$

在写出式(1.15)时，先要任意规定回路绕行的方向，凡是支路电压的参考方向与回路绕行方向一致的，此电压前面取"＋"号；支路电压的参考方向与回路绕行方向相反的，该电压前面取"－"号。

在图 1.24 的回路Ⅰ中，各段电压的参考极性如图中所示，按顺时针方向绕行，则有

$$U_3 + U_1 - U_{S1} = 0$$

在回路Ⅱ中，各段电压的参考极性如图中所示，按逆时针方向绕行，则有

$$U_3 + U_2 - U_{S2} = 0$$

KVL 也可以推广应用于求电路中的开路电压，例如在图 1.26 中，可以假想有回路Ⅰ和Ⅱ，其中 ab 段并未画出支路。对于假想回路Ⅰ，按顺时针方向绕行，则有

$$U_{ab} + U_1 - U_{S1} = 0$$

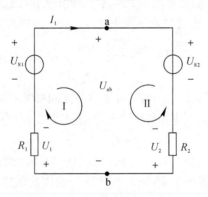

图 1.26　KVL 扩展电路图

对于假想回路Ⅱ，按顺时针方向绕行，则有

$$U_{ab} + U_2 - U_{S2} = 0$$

由以上分析可知，电路中任意两点间(例如 a、b 两点间)的电压等于该两点沿任意路径各段电压的代数和，可见 KVL 规定了电路中任一回路内电压必须服从的约束关系，至于回路内有些什么元件，与该定律无关。因此，不论是线性电路还是非线性电路，KVL 都是适用的。

注：列写方程时，不论是应用基尔霍夫定律还是欧姆定律，首先都要在电路图上标注电流和电压的参考方向，因为所列写方程中的各项前的正、负号是由它们的参考方向决定的，如果参考方向选的相反，则会相差一个负号。

【**例 1.9**】　在图 1.24 所示电路中，已知 $R_1 = 10\ \Omega$，$R_2 = 2\ \Omega$，$R_3 = 1\ \Omega$，$U_{S1} = 3\ \text{V}$，

$U_{S2}=1$ V，求各个支路上的电流和电阻 R_3 两端的电压 U_3。

解 根据假定回路绕行方向，对于网孔 I，应用 KVL，有

$$U_1+U_3-U_{S1}=0 \rightarrow I_1R_1+I_3R_3-U_{S1}=0$$

$$10I_1+I_3=3 \qquad\qquad ①$$

根据假定回路绕行方向，对于网孔 II，应用 KVL，有

$$U_3+U_2-U_{S2}=0 \rightarrow I_3R_3+I_2R_2-U_{S2}=0$$

$$I_3+2I_2=1 \qquad\qquad ②$$

对于节点 a，有

$$I_1+I_2=I_3 \qquad\qquad ③$$

联立方程①、②、③，求解得

$$I_1=\frac{1}{4} \text{ A}, \quad I_2=\frac{1}{4} \text{ A}, \quad I_3=\frac{1}{2} \text{ A}$$

根据欧姆定律可得

$$U_3=I_3R_3=\frac{1}{2} \text{ V}$$

【**例 1.10**】 电路如图 1.27 所示。

(1) 若 $I_1=4$ A，$I_2=5$ A，计算 I_3、U_2 的值。

(2) 若 $I_1=4$ A，$I_2=-3$ A，计算 I_3、U_1、U_2 的值，判断哪些元件是电源？哪些是负载？并验证功率是否平衡。

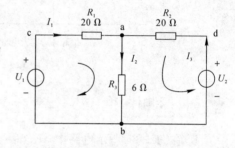

图 1.27 例 1.10 电路图

解 (1) 对节点 a 应用 KCL，得

$$I_1+I_3=I_2 \rightarrow 4+I_3=5$$

所以 $I_3=1$ A。

在右边的网孔中，应用 KVL，得

$$20I_3+6I_2-U_2=0$$

所以 $U_2=50$ V。

(2) 同理，若 $I_1=4$ A，$I_2=-3$ A，则利用 KCL 和 KVL 分别可得 $I_3=-7$ A，$U_2=-158$ V；在左边的网孔中，应用 KVL，得 $20I_1+6I_2=U_1$，所以 $U_1=62$ V。

电源 U_1 和 U_2 都是非关联参考方向，所以选用公式 $P=-UI$ 计算功率，计算如下：

$$P_{U1}=-U_1I_1=-62\times4=-248 \text{ W}<0$$

$$P_{U2}=-U_2I_3=-(-158)\times(-7)=-1106 \text{ W}<0$$

可见电源 U_1 和 U_2 在电路中都是电源，三个电阻都是负载。三个负载吸收的功率分别为

$$P_{R1}=I_1^2R_1=4^2\times20=320 \text{ W}$$

$$P_{R2}=I_3^2R_2=(-7)^2\times20=980 \text{ W}$$

$$P_{R3}=I_2^2R_3=(-3)^2\times6=54 \text{ W}$$

电源发出的功率为

$$P_{发}=P_{U1}+P_{U2}=248+1106=1354 \text{ W}$$

负载吸收的功率为

$$P_{吸}=P_{R1}+P_{R2}+P_{R3}=320+980+54=1354 \text{ W}$$

两者相等，整个电路功率平衡。

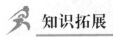 **知识拓展**

KCL 拓展应用

KCL 反映了电路中任一节点处各支路电流必须服从的约束关系，与各支路上有什么元件无关。例如图 1.28(a)所示为一常见的晶体管放大电路，其中晶体三极管部分我们假设用一封闭面包围起来。三极管的 e、b、c 分别为发射极、基极和集电极，其中三个电流的参考方向如图 1.28(b)所示。应用 KCL 可得 $I_e = I_b + I_c$。

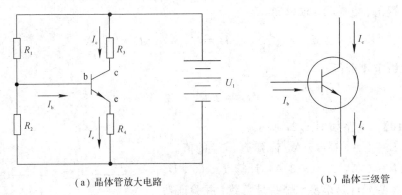

（a）晶体管放大电路 （b）晶体三级管

图 1.28 KCL 应用之放大电路

 目标测评

1. 在图 1.26 所示电路中，已知 $R_1 = 10\ \Omega$，$R_2 = 2\ \Omega$，$U_{S1} = 3\ V$，$U_{S2} = 1\ V$。求电路中的电流和 U_{ab}。

2. 将图 1.27 中 6 Ω 电阻断开，试求解 a、b 两点间的电压 U_{ab}。

任务 6 电路中电位的概念及计算

 知识目标

1. 了解电位的概念和含义，并能理解电位和电压的关系。
2. 掌握电路电位计算方法。

 能力目标

能够对电路中的电位进行分析和计算。

相关知识

分析电子电路时，常应用电位这一物理量。在电路中任选一点，则某点的电位就是该

点到参考点的电压,如果参考点为 o,则 a 点的电位为

$$V_a = U_{ao} \tag{1.16}$$

注:在一个连通的系统中只能选择一个参考点,参考点的电位为零。

如果已知 a、b 两点的电位各为 V_a、V_b,则此两点间的电压为

$$U_{ab} = U_{ao} + U_{ob} = U_{ao} - U_{bo} = V_a - V_b \tag{1.17}$$

即两点间的电压等于这两点的电位之差,所以电压又叫电位差。

同一电路中,参考点选择不同,同一点的电位就相应不同,但电压与参考点的选择无关。电位参考点可以任意选取,常选择大地、设备外壳或接地点作为参考点,常用符号"⊥"表示。

注:电路中任意两点间的电压是一定的,是绝对的;而电位值会随着参考点的不同而发生变化,是相对的。

【**例 1.11**】　在图 1.29 所示的电路中,求 a、b 两点的电位。如果将 a、b 两点直接短接,则电路的工作状态是否改变?

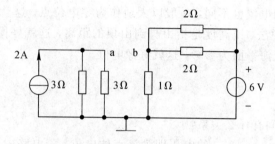

图 1.29　例 1.11 电路图

解　由基尔霍夫电流定律的扩展可知,3 Ω 电阻和 1 Ω 电阻之间的短路线上没有电流流过,故

$$V_a = 2 \times (3 /\!/ 3) = 3 \text{ V}, \quad V_b = \frac{6}{2 /\!/ 2 + 1} \times 1 = 3 \text{ V}$$

因为 a、b 两点等电位,所以将 a、b 两点直接短接后,电路的工作状态不会改变。

【**例 1.12**】　如图 1.30(a)所示电路,以 O 点为参考点,试求 V_A、V_B、U_{AB} 的大小;若选 B 点为参考点,如图 1.30(b)所示,试求 V_A、V_B、U_{AB} 的大小。

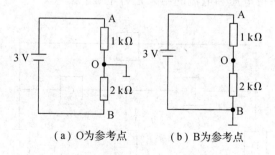

（a）O 为参考点　　（b）B 为参考点

图 1.30　例 1.12 电路图

解　(1) 以 O 点为参考点,如图 1.30(a)所示,则 $V_O = 0$,根据 3 V 电源的电压方向,A 点的电位比 O 点的高,即 $V_A > 0$,B 点的电位比 O 点的低,即 $V_B < 0$,则 A、B 两点的电位分别为

$$V_A = V_A - V_O = U_{AO} = 1 \text{ V}, \quad V_B = V_B - V_O = U_{BO} = -2 \text{ V}$$

从而
$$U_{AB} = V_A - V_B = 1 - (-2) = 3 \text{ V}$$

（2）以 B 点为参考点，如图 1.30(b) 所示，则 $V_B = 0$，根据 3 V 电源的电压方向，A 点的电位比 B 点的高，电位为正。A 点的电位为
$$V_A = 3 \text{ V} = V_A - V_B = U_{AB}$$

注：参考点的电位越低，其他点的电位越高。

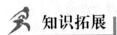 **知识拓展**

电压与电位

电压是一个绝对量，是指 A 点与 B 点之间的电位差，并且一定是有两点才能形成电压的；电位则是一个相对量，电路中某点电位的大小，与参考点（即零电位点）的选择有关，参考点的选择不同，它的电位也不同，一般以大地作为零电位点。这就好像我们说一座山的高有高度和海拔两种说法，说高度是指山脚到山顶的距离，这就好像电压；说海拔是指山顶到海平面的距离，以海平面为参考，这就好像电位。

目标测评

1. 电压与电位之间有什么关系？

2. 电路中某点与_____的电压即为该点的电位，若电路中 a、b 两点的电位分别为 V_a、V_b，则 a、b 两点间的电压 $U_{ab} = $_____，$U_{ba} = $_____。

工程案例分析 功率平衡(二)

一个零件加工厂用电分布电路模型如图 1.31 所示，图中给出了电路中各个元件的电压和电流参考方向。经过电路分析之后，得到电压和电流的结果，见表 1.2，可通过计算每个元件的功率来确定所得电压和电流的结果是否正确。

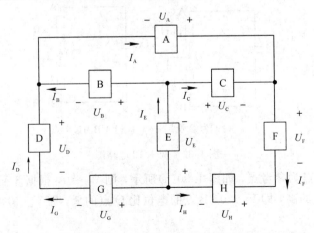

图 1.31　带有电压和电流参考方向的项目用电的电路模型

表 1.2　图 1.31 电路中电压和电流值

元件	电压/V	电流/A
A	46.16	6
B	14.16	4.72
C	-32	-6.4
D	22	1.28
E	-33.6	-1.68
F	66	0.4
G	2.56	1.28
H	-0.4	0.4

根据功率的计算方法，计算出的各个元件上的功率为

$$P_A = -U_A \times I_A = -41.16 \times 6 = -276.96 \text{ W},$$
$$P_B = U_B \times I_B = 14.16 \times 4.72 = 66.8352 \text{ W}$$
$$P_C = U_C \times I_C = (-32) \times (-6.4) = 204.8 \text{ W},$$
$$P_D = -U_D \times I_D = -22 \times 1.28 = -28.16 \text{ W}$$
$$P_E = U_E \times I_E = (-33.6) \times (-1.68) = 56.448 \text{ W},$$
$$P_F = U_F \times I_F = 66 \times 0.4 = 26.4 \text{ W}$$
$$P_G = U_G \times I_G = 2.56 \times 1.28 = 3.2768 \text{ W},$$
$$P_H = -U_H \times I_H = -(-0.4) \times 0.4 = 0.16 \text{ W}$$

根据计算结果可以看出，元件 A 和 D 的功率小于零，故这两个元件发出功率；而剩下的所有元件的功率均大于零，说明这些元件都吸收功率。下面通过功率守恒定律来验证计算结果是否正确。

电路中的发出功率为

$$P_{出} = P_A + P_D = (-276.96) + (-28.16) = -305.12 \text{ W}$$

电路中的吸收功率为

$$P_{吸收} = P_B + P_C + P_E + P_F + P_G + P_H$$
$$= 66.8352 + 204.8 + 56.448 + 26.4 + 3.2768 + 0.16 = 357.92 \text{ W}$$

电路中的吸收总功率为

$$P_{总} = P_{出} + P_{吸收} = -305.12 + 357.92 = 52.8 \text{ W} \neq 0$$

出现了错误。如果这个电路中的电压值和电流值是正确的，那么总功率将是零。数据中有错误，如果是元件符号标错了，可以通过功率计算找出错误。注意，如果将总功率除以 2，结果为 26.4 W，这刚好对应元件 F 的功率计算值。如果元件 F 的功率为 -26.4 W，那么总功率将为零。通过电路分析方法可以得出，流过元件 F 的电流不是表 1.2 中给出的 0.4 A，而应该是 -0.4 A。这说明该设计过程出现了问题，该方案需要修改。

本项目总结

电压、电流、电动势、电位、电功率和电能都是电路分析的基本物理量。电路由电源、负载和中间环节三部分组成，其主要作用是实现了电能的传输和转换，另一作用是实现了信号的传递与处理。

一个元件的电流或电压的参考方向可以独立地任意指定。如果指定流过元件的电流的参考方向是从所标电压参考方向的正极性端流入元件，从元件的负极性端流出，即认为两者的参考方向一致，则把电流和电压的这种参考方向称为关联参考方向；反之，称为非关联参考方向。

欧姆定律：线性电阻的电流与电压的大小成正比关系。

理想电压源和理想电流源称为独立源，独立源能够单独对电路供电。除独立源之外，还有受控源，它们的输出量受电路其他部分控制。受控源可以分为电压控制电压源(VCVS)、电压控制电流源(VCCS)、电流控制电压源(CCVS)和电流控制电流源(CCCS)四种类型。

与负载正常连接，称为有载工作；断开负载的连接，称为开路；把电源的首尾端或负载的两端直接连接起来的称为短路。

在电路中计算并判断功率性质时，首先判断元件电压与电流是否为关联参考方向，当电压与电流为关联参考方向时，运用公式 $P=UI$，若计算功率 $P>0$，则为吸收功率；若计算功率 $P<0$，则为发出功率。当电压和电流为非关联参考方向时，运用公式 $P=-UI$，若计算功率 $P>0$，则为吸收功率；若计算功率 $P<0$，则为发出功率(判断方法同关联参考方向的一样)。

在集总参数电路中，流入任意一个节点的电流之和必定等于流出该节点的电流之和，或者说任一时刻、任一节点的电流代数和为零。这就是基尔霍夫电流定律，简写为 KCL，用数学式表示为 $\sum I=0$ 或 $\sum I_入 = \sum I_出$。基尔霍夫电流定律还可以推广应用到任意假想的封闭曲面上。

在任一时刻，电路的任一闭合回路中，按任一绕向绕行一周，各段电压的代数和恒等于零，即 $\sum U=0$，这就是基尔霍夫电压定律，简写为 KVL。使用时先要任意规定回路绕行的方向，凡是支路电压的参考方向与回路绕行方向一致的，该电压前面取"＋"号；凡是支路电压的参考方向与回路绕行方向相反的，该电压前面取"－"号。基尔霍夫电压定律还可以推广应用到开路电路。

两点间的电压等于这两点的电位之差，即

$$U_{ab}=U_{ao}+U_{ob}=U_{ao}-U_{bo}=V_a-V_b$$

思考与练习题

一、填空题

1. 通常电路由_____、_____、_____和_____组成。

2. 参考点的电位为_____，高于参考点的电位取_____值，低于参考点的电位取_____值。

3. 电动势的方向规定为在电源内部由_____极指向_____极。

4. 电路通常有_____、_____和_____三种状态。

5. 已知电炉丝的电阻是 42 Ω，通过的电流是 5 A，则电炉所加的电压是_____V。

6. 若电源电动势 $E=5$ V，内阻 $R_0=1$ Ω，负载电阻 $R_L=4$ Ω，则电路中的电流 $I=$_____A，端电压 $U=$_____V。

7. 若灯泡电阻为 24 Ω，通过灯泡的电流为 100 mA，则灯泡在 10 h 内所做的功是_____J，合计_____度。

8. 一个 220 V/200 W 的灯泡，其额定电流为_____A，电阻为_____Ω。

二、判断题

1. 电源电动势的大小是由电源本身性质所决定的，与外电路无关。　　　　　（　　）

2. 电压和电位都随参考点的变化而变化。　　　　　（　　）

3. 导体的电阻永远不变。　　　　　（　　）

4. 当电阻两端电压为 10 V 时，电阻值为 10 Ω；当电压升至 20 V 时，电阻值将变为 20 Ω。

（　　）

5. 当电源的内阻为零时，电源电动势的大小就等于电源端电压。　　　　　（　　）

6. 当电路开路时，电源电动势的大小为零。　　　　　（　　）

7. 在电源电压一定的情况下，电阻大的负载是大负载。　　　　　（　　）

8. 负载电阻越大，在电路中所获得的功率就越大。　　　　　（　　）

9. 把 220 V/25 W 的灯泡接在 220 V/1000 W 的发电机上，灯泡会烧坏。　　　　　（　　）

10. 当通过电阻上的电流增大到原来的 2 倍时，它所消耗的功率也增大到原来的 2 倍。

（　　）

三、选择题

1. 一根导线的电阻为 R，若将其从中间对折后再合并成一根新导线，其阻值为（　　）。
A. $R/2$　　　　　B. R　　　　　C. $R/4$　　　　　D. $R/8$

2. 用电压表测得电路端电压为零，这说明（　　）。
A. 外电路断路　　　　　B. 外电路短路
C. 外电路上电流比较小　　　　　D. 电源内电阻为零

3. 电源电动势是 2 V，内电阻是 0.1 Ω，当外电路断路时，电路中的电流和端电压分别是（　　）。
A. 0.2 V　　　　　B. 20 A、2 V　　　　　C. 20 A、0　　　　　D. 0、0

4. 为使电炉上消耗的功率减小到原来的一半，应使（　　）。
A. 电压加倍　　　　　B. 电压减半　　　　　C. 电阻加倍　　　　　D. 电阻减半

5. 某电路有 3 个节点和 7 条支路，当采用支路电流法求解各支路电流时，应列出电流方程和电压方程的个数分别为（　　）。
A. 3、4　　　　　B. 4、3　　　　　C. 2、5　　　　　D. 4、7

6. 如图 1.32 所示，电源电压是 12 V，四只瓦数相同的灯泡工作电压都是 6 V，要使灯泡正常工作，接法正确的是（　　）。

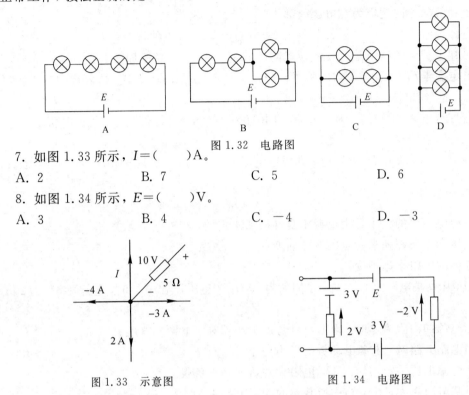

图 1.32　电路图

7. 如图 1.33 所示，$I=$（　　）A。

A. 2　　　　　　　　B. 7　　　　　　　　C. 5　　　　　　　　D. 6

8. 如图 1.34 所示，$E=$（　　）V。

A. 3　　　　　　　　B. 4　　　　　　　　C. −4　　　　　　　　D. −3

图 1.33　示意图　　　　　　　　图 1.34　电路图

四、计算题

1. 如图 1.35 所示电路，当选 c 点为参考点时，已知 $V_a=-6$ V，$V_b=-3$ V，$V_d=-2$ V，$V_e=-4$ V。求 U_{ab}、U_{cd}。

2. 如图 1.36 所示，已知 $E=10$ V，$R_0=0.1\ \Omega$，$R=9.9\ \Omega$。试求开关 S 在不同位置时电流表和电压表的计数。

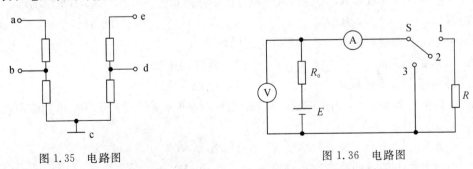

图 1.35　电路图　　　　　　　　图 1.36　电路图

3. 某电源的外特性曲线如图 1.37 所示，求此电源的电动势 E 及内阻 R_0。

4. 如图 1.38 所示，已知 $E=220$ V，负载电阻 $R_L=219\ \Omega$，电源内阻 $R_0=1\ \Omega$。试求负载电阻消耗的功率 P_L、电源内阻消耗功率 R_0 及电源提供的功率 P_E。

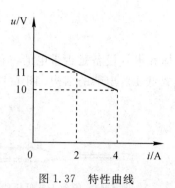

图 1.37　特性曲线

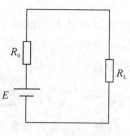

图 1.38　电路图

5. 如图 1.39 所示，灯 HL_1 的电阻为 5 Ω，HL_2 的电阻为 4 Ω，当 S_1 合上时，灯泡 HL_1 的功率为 5 W；当 S_1 断开、S_2 合上时，灯泡 HL_2 的功率为 5.76 W。求 E 和 R_0。

6. 如图 1.40 所示，已知 $R_1 = 100$ Ω，$R_2 = 200$ Ω，$R_3 = 300$ Ω，输入电压 $U_i = 12$ V。试求输出电压 U_o 的变化范围。

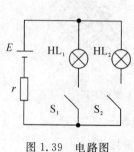

图 1.39　电路图

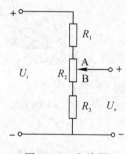

图 1.40　电路图

7. 如图 1.41 所示电路，已知 $U_{ab} = 60$ V，总电流 $I = 150$ mA，$R_1 = 1.2$ kΩ。试求：

(1) 通过 R_1、R_2 的电流 I_1、I_2 的值；

(2) 电阻 R_2 的大小。

8. 如图 1.42 所示电路，试求 I_1 和 I_2 的大小。

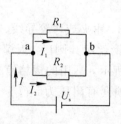

图 1.41　电路图

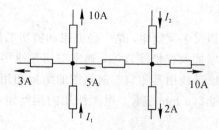

图 1.42　电路图

技能训练一　电工工器具的使用

电工常用工器具是指电工经常使用的工器具，能否正确使用和维护电工工器具直接关系到工作质量、效率和操作的安全。

一、低压验电器

低压验电器又称试电笔或电笔，是检验低压导体和电气设备是否带电的一种常用工器具，其检验范围为 60～500 V。图 1.43 所示为钢笔式低压验电器的结构；图 1.44 所示为螺丝刀式低压验电器。

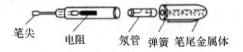

笔尖　电阻　氖管　弹簧　笔尾金属体

图 1.43　钢笔式低压验电器

图 1.44　螺丝刀式低压验电器

低压验电器的使用方法及注意事项：

（1）正确握电笔。手指（或某部位）应触及笔尾金属体（钢笔式）或试电笔顶部的螺丝钉（螺丝刀式），如图 1.45 所示。要防止笔尖金属体触及皮肤，以免触电。

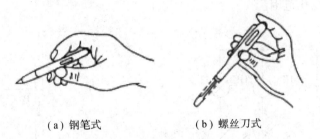

（a）钢笔式　　　　　　　　　（b）螺丝刀式

图 1.45　低压验电器的握法

（2）使用前先要在有电的导体上检查电笔能否正常发光。

（3）应避光检测，看清氖管的辉光。

（4）电笔的金属探头虽与螺丝刀相同，但它只能承受很小的扭矩，使用时应注意，以防损坏。

（5）电笔不可受潮，不可随意拆装或受到剧烈震动，以保证测试结果可靠。

二、钢丝钳

钢丝钳又名克丝钳，是一种夹钳和剪切工具，常用来剪切、钳夹或弯绞导线、拉剥电线绝缘层和紧固及拧松螺钉等，通常剪切导线用其刀口，剪切钢丝用其侧口，扳螺丝母用其齿口，弯绞导线用其钳口。钢丝钳的结构和用途如图 1.46 所示，常用的规格有 150 mm、175 mm 和 200 mm 三种。电工所用的钢丝钳，在钳柄上必须套有耐压为 500 V 以上的绝缘套。

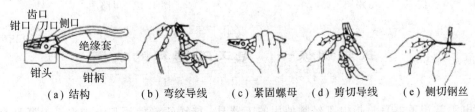

齿口　　钳口　刀口　侧口　　　　　　　　　　　　绝缘套

钳头　　　钳柄

（a）结构　　　（b）弯绞导线　　（c）紧固螺母　　（d）剪切导线　　（e）侧切钢丝

图 1.46　钢丝钳的结构和用途

钢丝钳的使用方法及注意事项：

（1）钳柄须有良好的保护绝缘，否则不能带电操作。

（2）使用时须使钳口朝内侧，便于控制剪切部位。

（3）剪切带电导体时，须单根进行，以免造成短路事故。

（4）钳头不可当锤子用，以免变形；钳头的轴、销应经常加机油润滑。

三、尖嘴钳

尖嘴钳的头部尖细，适用于在狭小的空间操作，它的刀口用于剪断细小的导线、金属丝等，钳头用于夹持较小的螺钉、垫圈、导线和将导线端头弯曲成所需形状。尖嘴钳的其外形如图 1.47 所示，其规格按全长分为 130 mm、160 mm、180 mm 和 200 mm 四种。电工所用尖嘴钳手柄必须套有耐压为 500 V 的绝缘套。

图 1.47 尖嘴钳

四、剥线钳

剥线钳用于剥削直径 3 mm（截面积 6 mm²）以下塑料或橡胶绝缘导线的绝缘层，其钳口有 0.5～3 mm 多个直径切口，以适应不同规格的线芯剥削。剥线钳的外形如图 1.48 所示，它的规格以全长表示，常用的有 140 mm 和 180 mm 两种。剥线钳柄上套有耐压为 500 V 的绝缘套管。

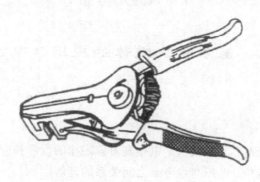

图 1.48 剥线钳

注意：在使用剥线钳时，电线必须放在大于其芯线直径的切口上切削，以免切伤芯线。

五、螺钉旋具

螺钉旋具俗称螺丝刀，又称改锥，用来紧固和拆卸各种带槽螺钉。按头部形状的不同，螺丝刀可分为一字形和十字形两种，如图 1.49 所示。一字形螺丝刀用来紧固或拆卸带一字槽的螺钉，其规格用柄部以外的体部长度来表示，常用的有 50 mm、150 mm 两种。十字形螺丝刀是用来紧固或拆卸带十字槽的螺钉,其规格有四种:Ⅰ号(适用于螺钉直径为2～2.5 mm)。Ⅱ号(适用于螺钉直径为3～5 mm)、Ⅲ号(适用于螺钉直径为6～8 mm)、Ⅳ号(适用于螺钉直径为10～12 mm)。

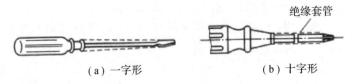

(a) 一字形 　　　　　　　　(b) 十字形

图 1.49　螺丝刀

螺丝刀的使用方法及注意事项:

(1) 螺丝刀上的绝缘柄应绝缘良好,以免造成触电事故。

(2) 螺丝刀的正确握法如图 1.50 所示。

(3) 螺丝刀头部形状和尺寸应与螺钉尾部槽形和大小相匹配。不用小螺丝刀去拧大螺钉,以防拧豁螺钉尾槽或损坏螺丝刀头部;同样也不能用大螺丝刀去拧小螺钉,以防因力矩过大而导致小螺钉滑扣。

(4) 使用时应使螺丝刀头部顶紧螺钉槽口,以防打滑而损坏槽口。

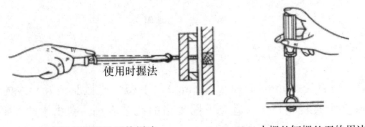

(a) 大螺丝钉螺丝刀的用法 　　　(b) 小螺丝钉螺丝刀的用法

图 1.50　螺丝刀的使用

技能训练二　基尔霍夫定律的应用和电位的测量

一、训练目标

1. 用实验的方法验证基尔霍夫定律,以提高对该定律的理解和应用能力。
2. 通过实验加深对电位、电压与参考点之间关系的理解。
3. 通过实验加深对电路参考方向的掌握和运用能力。

二、原理说明

基尔霍夫电流、电压定律:在任一时刻,流出(流入)集总参数电路中任一节点电流的代数和等于零;集总参数电路中任一回路上全部组件端电压代数和等于零。

电位与电压:电路中的参考点选择不同,各节点的电位也相应改变,但任意两点的电压(电位差)不变,即任意两点的电压与参考点的选择无关。

三、预习要求

1. 复习实验中所用到的相关定理、定律和有关概念，领会其基本要点。
2. 预习实验中所用到的实验仪器的使用方法及注意事项。
3. 根据实验电路计算所要求测试的理论数据，填入实验表中。
4. 写出完整的预习报告。

四、设备清单

DF1731SL2A 型直流电压源一台，HY1770 型直流电流源一台，VC97 型数字万用表一块，C65 型直流电流表一块，电流插座三个，电流插头一个，100 Ω、190 Ω 和 450 Ω 滑线电阻各一只。

五、训练内容

1. 基尔霍夫电流定律的验证

按图 1.51 连接实验电路，选择节点 a 验证基尔霍夫电流定律(KCL)，将实验数据填入表 1.3 中。也可自行设计实验电路。其中 A_1、A_2、A_3 代表电流插座。

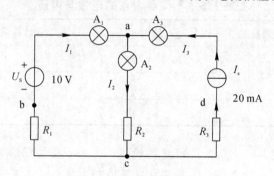

图 1.51　基尔霍夫定律验证电路

表 1.3　验证 KCL 数据

	I_1/mA	I_2/mA	I_3/mA	$\sum I$/mA
测量值				
计算值				

注：所测电流值的正、负号，应根据电流的实际流向与参考方向的关系来确定，而约束方程 $\sum I = -I_1 + I_2 - I_3$ 中 I 前边的正、负号是由基尔霍夫电流定律根据电流的参考方向按照"流入为负、流出为正"的原则确定。

2. 基尔霍夫电压定律的验证

选择 abca 和 acda 两个网孔，验证基尔霍夫电压定律(KVL)将实验数据填入表 1.4 中。

表 1.4　验证 KVL 数据

回路 1 (abca)	电压	U_{ab}	U_{bc}	U_{ca}	$\sum U$
	测量值				
	计算值				
回路 2 (acda)	电压	U_{da}	U_{ac}	U_{cd}	$\sum U$
	测量值				
	计算值				

注：可按表格中给定的回路参考方向，也可自行规定参考方向进行测量。

3. 电位的测量

分别以节点 b 和 d 为参考点（即零电位点）作为测量电压时的"－"极性端，测量 a、b、c、d 各节点电位，计算端对电压值。将实验数据填入表 1.5 中。

表 1.5　不同参考点的电位与电压

参考节点	测量值/V				计算值/V					
	V_a	V_b	V_c	V_d	U_{ab}	U_{bc}	U_{cd}	U_{da}	U_{ac}	U_{bd}
b										
d										

注：当参考点选定后，节点电压便随之确定，这是节点电压的单值性；当参考点改变时，各节点电压均改变相同量值，这是节点电压的相对性。但各节点间电压的大小和极性应保持不变。

六、总结与思考

1. 完成实验报告，要求整齐、全面，包含全部实验内容。
2. 对实验中出现的一些问题进行讨论。
3. 开动脑筋，自行设计合理的实验电路。
4. 给出理论计算值，并与实测值比较，分析误差原因。

项目二　电路的分析方法

根据实际需要，电路的结构形式是很多的。最简单的电路只有一个回路，即所谓单回路电路。有的电路虽然有多个回路，但是能够不太复杂地用串/并联的方法化简为单回路电路；然而有的多回路电路(含有一个或多个电源)则不然，或者不能用串/并联的方法化简为单回路电路，或者即使能化简也是相当繁复的。这种多回路电路称为复杂电路。

分析与计算电路要应用欧姆定律和基尔霍夫定律，往往由于电路复杂及计算过程极为繁复，因此要根据电路的结构特点去寻找分析与计算的简便方法。在本项目中，以电阻电路为例扼要地讨论几种常用的电路分析方法，其中如等效变换、支路电流法、叠加定理和戴维南定理等，都是分析电路的基本原理和方法。

工程案例　白炽灯照明(一)

现用三盏吸顶灯(内装白炽灯)给大厅供电，每盏灯的额定功率和额定电压均是 100 W和 220 V，但不能确定吸顶灯如何与电源相连，如图 2.1 所示，是使用图(b)的连接方案 1合适，还是用图(c)的连接方案 2 合适？两者有何区别？

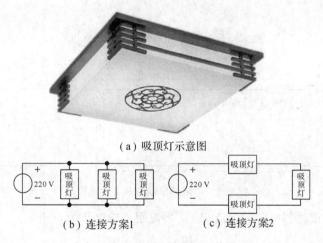

(a) 吸顶灯示意图

(b) 连接方案1　　(c) 连接方案2

图 2.1　吸顶灯及白炽灯电路

两个方案中的白炽灯可以抽象为电阻，对于每个白炽灯来说，功率相等，所以有相同的电阻，在这两个电路模型中，存在电阻的串联或者并联情况，需要对电路进行抽象化简，这样才能更好地分析其工作情况，这就需要掌握电路的化简及其分析方法。本项目将介绍直流电路的分析和计算方法。

任务 1　电阻串/并联的等效变换

知识目标

1. 理解串/并联电路中电阻的关系。
2. 掌握分压公式和分流公式。

能力目标

1. 能够识别简单的串/并联电路。
2. 能够应用串/并联电路中电阻关系进行简单计算。

相关知识

在电路中，电阻的连接形式是多种多样的，其中最常见的是串联与并联。

一、电阻的串联

在电路中，把几个电阻元件依次首尾连接起来，中间没有分支，在电源的作用下流过各电阻是同一电流，这种连接方式叫做电阻的串联。图 2.2 所示电路为 n 个电阻 R_1、R_2、$\cdots$、R_n 的串联组合，根据基尔霍夫电压定律有

$$U = U_1 + U_2 + \cdots + U_n = R_1 I + R_2 I + \cdots + R_n I = (R_1 + R_2 + \cdots + R_n)I \quad (2.1)$$

其中，总电阻为

$$R_{eq} = R_1 + R_2 + \cdots + R_n = \sum_{k=1}^{n} R_k \quad (2.2)$$

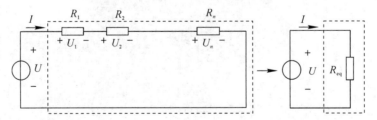

图 2.2　电阻的串联及其等效电阻

电阻串联时，流过各电阻的电流相等，各电阻上的电压为

$$U_k = R_k I = \frac{R_k}{R_{eq}}U, \quad k = 1, 2, \cdots, n \quad (2.3)$$

由式(2.3)可知，串联电阻上电压的分配与电阻的大小成正比。当其中某个电阻比其他电阻小时，在它两端的电压也较其他电阻上的电压低。

注：电阻串联的应用很多，比如在负载的额定电压低于电源电压的情况下，通常需要与负载串联一个电阻，以分配一部分电压。有时为了限制负载中通过过大的电流，也可以

与负载串联一个限流电阻。如果需要调节电路中的电流，一般也可以在电路中串联一个变阻器来进行调节。另外，改变串联电阻的大小以得到不同的输出电压。

二、电阻的并联

在电路中，把几个电阻元件的首端与尾端分别连接起来，中间没有分支，在电源的作用下各电阻的电压是同一电压，这种连接方式叫做电阻的并联。图2.3所示电路为 n 个电阻 R_1、R_2、$\cdots$、R_n 的并联组合，根据基尔霍夫电流定律可得

$$I = I_1 + I_2 + \cdots + I_n = \frac{U}{R_1} + \frac{U}{R_2} + \cdots + \frac{U}{R_n} = \left(\frac{1}{R_1} + \frac{1}{R_2} + \cdots + \frac{1}{R_n}\right)U = \frac{1}{R_{eq}}U \quad (2.4)$$

其中，总电阻为

$$\frac{1}{R_{eq}} = \frac{1}{R_1} + \frac{1}{R_2} + \cdots + \frac{1}{R_n} \quad (2.5)$$

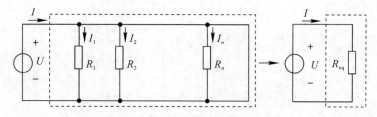

图 2.3　电阻的并联及其等效电阻

如果电路中的电阻用电导来表示，则式(2.5)可表示为

$$G_{eq} = G_1 + G_2 + \cdots + G_n \quad (2.6)$$

电阻并联时，各电阻上的电压相等，流过各电阻的电流为

$$I_k = \frac{U}{R_k} = \frac{R_{eq}}{R_k}I, \quad k = 1, 2, \cdots, n \quad (2.7)$$

由式(2.7)可知，并联的每个电阻的电流与总电流的比等于总电阻与该电阻的比，即并联分流，且并联的每个电阻的功率也与它们的电阻成正比。若电路中只有两个电阻 R_1、R_2 并联，则总电阻为

$$R_{eq} = \frac{R_1 R_2}{R_1 + R_2} \quad (2.8)$$

注：一般负载都是并联运用的。负载并联运用时，它们处于同一电压之下，任何一个负载的工作情况基本上不受其他负载的影响。并联的负载越多（负载增加），则总电阻愈小，电路中总电流和总功率越大。但是每个负载的电流和功率却没有变动。

三、电阻的混联

电阻的串联和并联相结合的连接方式称为电阻的混联。只有一个电源作用的电阻的混联电路，可用电阻串联、并联化简的方法，化简成一个等效电阻和电源组成的单回路，这种电路又称简单电路；反之，不能用串联、并联等效变换化简为单回路的电路则称为复杂电路。

简单电路的计算步骤是：首先将电阻逐步化简成一个总的等效电阻，算出总电流（或总电压）；然后用分压（或分流）的办法逐步计算出化简前原电路中各电阻的电流和电压，再计

算出功率。

【例 2.1】　进行电工实验时，常用滑线变阻器接成分压器电路来调节负载电阻上电压的高低。在图 2.4 中，R_1 和 R_2 是滑线变阻器，R_L 是负载电阻。已知滑线变阻器额定值是 100 Ω/3 A，端钮 a、b 上输入电压 $U_1=220$ V，$R_L=50$ Ω。试问：

(1) 当 $R_2=50$ Ω 时，输出电压 U_2 是多少？

(2) 当 $R_2=75$ Ω 时，输出电压 U_2 是多少？滑线变阻器能否安全工作？

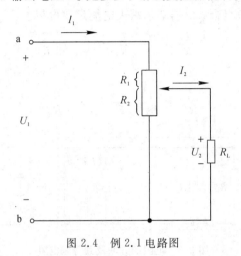

图 2.4　例 2.1 电路图

解　(1) 当 $R_2=50$ Ω 时，R_{ab} 为 R_2 和 R_L 并联后与 R_1 串联而成，故端钮 a、b 的等效电阻 R_{ab} 为

$$R_{ab} = R_1 + \frac{R_2 R_L}{R_2 + R_L} = 50 + \frac{50 \times 50}{50 + 50} = 75 \ \Omega$$

滑线变阻器 R_1 段流过的电流为

$$I_1 = \frac{U_1}{R_{ab}} = \frac{220}{75} = 2.93 \ \text{A}$$

负载电阻上的电流和电压分别为

$$I_2 = \frac{R_2}{R_2 + R_L} \times I_1 = \frac{50}{50 + 50} \times 2.93 = 1.47 \ \text{A}$$

$$U_2 = R_L I_2 = 50 \times 1.47 = 73.5 \ \text{V}$$

(2) 当 $R_2=75$ Ω 时，计算方法同上，可得

$$R_{ab} = 25 + \frac{75 \times 50}{75 + 50} = 55 \ \Omega, \quad I_1 = \frac{220}{55} = 4 \ \text{A}$$

$$I_2 = \frac{75}{75 + 50} \times 4 = 2.4 \ \text{A}, \quad U_2 = 50 \times 2.4 = 120 \ \text{V}$$

因为 $I_1=4$ A 大于滑线变阻器的额定电流，故 R_1 段电阻有被烧坏的危险。

注：判别电路的串/并联关系一般应掌握下述三点：

(1) 判断电阻的串/并联关系时，首先看电路的结构特点，若两电阻是首尾相连就是串联，是首首尾尾相连就是并联。其次看电压/电流关系，若流经两电阻的电流是同一个电流，那就是串联；若两电阻上承受的是同一个电压，那就是并联。

(2) 对复杂电路作变形等效。如左边的支路可以扭到右边，上面的支路可以翻到下面，弯曲的支路可以拉直等;对电路中的短路线可以任意压缩与伸长;对多点接地可以用短路线相连。一般如果真正是电阻串/并联电路的问题,都可以判别出来。

(3)利用等电位关系分析电路。若能判断某两点是等电位点,则根据电路等效的概念,一是可以用短接线把等电位点连起来;二是把连接等电位点的支路断开(因支路中无电流),从而得到电阻的串/并联关系。

【例 2.2】 求图 2.5(a)所示电路中 a、b 两点间的等效电阻 R_{ab}。

解 (1)先将无电阻导线 d、d′ 缩成一点用 d 表示,则得图 2.5(b)。

(2)并联化简,将图 2.5(b)变为图 2.5(c)。

(3)在图 2.5(c)中,3 Ω、7 Ω 电阻串联后与 15 Ω 电阻并联,最后与 4 Ω 电阻串联,由此得 a、b 两点间等效电阻为

$$R_{ab} = 4 + \frac{15 \times (3+7)}{15+3+7} = 4 + 6 = 10 \ \Omega$$

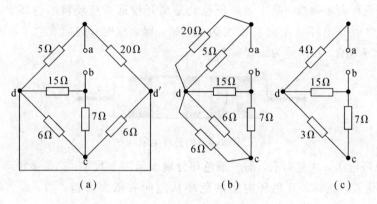

图 2.5 例 2.2 电路图

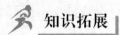 知识拓展

色环电阻的认识

取出一电阻,看它有几条色环,其中有一条色环与别的色环间相距较大,且色环较粗,读数时应将其放在右边。每条色环表示的意义参见表 2.1。

表 2.1 色环对照表

颜色	第1数字	第2数字	第3数字(五色环电阻)	乘 数	误 差
黑	0	0	0	$10^0 = 1$	
棕	1	1	1	$10^1 = 10$	±1%
红	2	2	2	$10^2 = 100$	±2%
橙	3	3	3	$10^3 = 1000$	
黄	4	4	4	$10^4 = 10\ 000$	
绿	5	5	5	$10^5 = 100\ 000$	±0.5%

续表

颜色	第 1 数字	第 2 数字	第 3 数字（五色环电阻）	乘　数	误　差
蓝	6	6	6		±0.25%
紫	7	7	7		±0.1%
灰	8	8	8		
白	9	9	9		
金	注：第 3 数字是五色环电阻具有			$10^{-1}=0.1$	±5%
银				$10^{-2}=0.01$	±10%

四色环电阻如图 2.6 所示，左边第一条色环表示第一位数字，第 2 条色环表示第 2 个数字，第 3 条色环表示乘数，第 4 条色环也就是离开较远并且较粗的色环表示误差。当图 2.6 中四色环电阻的色环从左向右依次为红、紫、绿、棕时，对照表 2.1，该电阻阻值为 $27\times10^5\ \Omega=2.7\ \text{M}\Omega$，其误差为 ±1%。

图 2.6　四色环电阻

对于五色环电阻，从左向右，前三条色环分别表示三个数字，第 4 条色环表示乘数，第 5 条色环表示误差。比如，五色环电阻的色环从左向右依次为蓝、紫、绿、黄、棕则表示 $675\times10^4\ \Omega=6.75\ \text{M}\Omega$，误差为 ±1%。

注：金色和银色的色环只能是乘数和允许误差，一定放在右边。

目标测评

1. 如图 2.7 所示，用一个满刻度偏转电流为 50 μA、电阻 R_g 为 2 kΩ 的表头制成 100 V 量程的直流电压表，应串联多大的附加电阻 R_f？

2. 如图 2.8 所示，用一个满刻度偏转电流为 50 μA、电阻 R_g 为 2 kΩ 的表头制成 50 mA 量程的直流电流表，应并联多大的分流电阻 R_2？

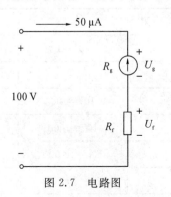

图 2.7　电路图

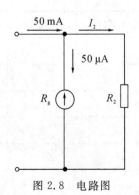

图 2.8　电路图

知识目标

1. 了解电阻的星形连接和三角形连接结构。
2. 理解电阻的星形连接与三角形连接等效变换的条件。

能力目标

1. 能够运用所学知识对特殊结构的电路进行化简。
2. 能够应用电阻的星形连接与三角形连接的等效变换求解相关电路。

相关知识

在计算电路时,将串联与并联的电阻化为等效电阻,最为方便。但是有些电路中的电阻既非并联,又非串联,这就不能用电阻的串/并联来化简了。

三个电阻元件的尾端连接在一起,首端分别连接到电路的三个节点,这种连接方式叫做星形连接,简称 Y 形连接,如图 2.9(a)所示。三个电阻元件首尾依次相连,连接成一个三角形,这种连接方式叫做三角形连接,简称△形连接,如图 2.9(b)所示。

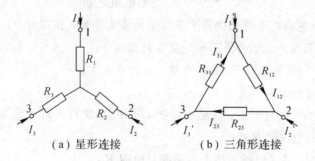

（a）星形连接　　　　（b）三角形连接

图 2.9　电阻的星形和三角形连接

如果星形和三角形连接被接在复杂电路中,在一定条件下可以等效代替,而不影响电路中其他未经变换部分的电压及电流。经过等效代替可使电路的连接关系变得简单,从而可以利用电阻串/并联的方法进行计算。所以,在电路分析时,常利用 Y 形与△形的等效变换来化简电路的计算。在图 2.9 中,如果在它们对应端子之间具有相同的电压 U_{12}、U_{23} 和 U_{31},且流入对应端子的电流分别相等,即 $I_1=I_1'$,$I_2=I_2'$,$I_3=I_3'$,在这种条件下,它们彼此等效。这就是 Y—△等效变换的条件。

注:电阻的星形连接和三角形连接的等效是对外部电路的等效,内部不一定等效。

根据以上等效条件,可以通过基尔霍夫定律证明 Y 形连接与△形连接等效变换的公式，在这里不作证明，只给出公式，读者可以自行证明。

将 Y 形连接等效为△形连接时，公式如下：

$$\begin{cases} R_{12} = \dfrac{R_1R_2 + R_2R_3 + R_3R_1}{R_3} \\[2mm] R_{23} = \dfrac{R_1R_2 + R_2R_3 + R_3R_1}{R_1} \\[2mm] R_{31} = \dfrac{R_1R_2 + R_2R_3 + R_3R_1}{R_2} \end{cases} \tag{2.9}$$

将△形连接等效为 Y 形连接时，公式如下：

$$\left.\begin{array}{l} R_1 = \dfrac{R_{12}R_{31}}{R_{12} + R_{23} + R_{31}} \\[2mm] R_2 = \dfrac{R_{12}R_{23}}{R_{12} + R_{23} + R_{31}} \\[2mm] R_3 = \dfrac{R_{23}R_{31}}{R_{12} + R_{23} + R_{31}} \end{array}\right\} \tag{2.10}$$

由式(2.9)可知，当 $R_1 = R_2 = R_3 = R_Y$ 时，有 $R_{12} = R_{23} = R_{31} = R_\triangle$，并有 $R_\triangle = 3R_Y$；由式(2.10)可知，当 $R_{12} = R_{23} = R_{31} = R_\triangle$ 时，有 $R_1 = R_2 = R_3 = R_Y$，并有 $R_Y = \dfrac{1}{3}R_\triangle$。为便于记忆，式(2.9)和式(2.10)可统一写成如下形式：

$$\triangle形电阻 = \frac{Y形电阻两两乘积之和}{Y形不相邻电阻}$$

$$Y形电阻 = \frac{\triangle形相邻电阻的乘积}{\triangle形电阻之和}$$

注：(1) Y－△电路的等效变换属于多端子电路的等效，在应用中，除了正确使用电阻变换公式计算各电阻值外，还必须正确连接各对应端子。

(2) 等效是对外部(端钮以外)电路有效，对内不成立。

(3) 等效电路与外部电路无关。

(4) 等效变换用于化简电路，因此不要把本是串/并联的问题看做 Y－△结构进行等效变换，那会使问题的计算更复杂。

【例 2.3】 求图 2.10(a)所示桥形电路的总电阻 R_{12}。

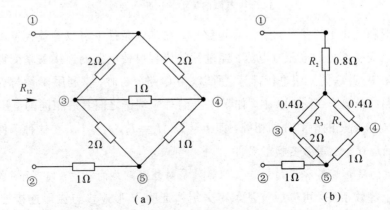

(a)   (b)

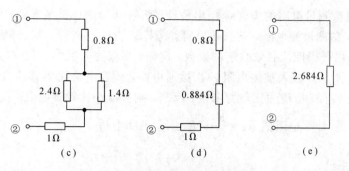

图 2.10 例 2.3 电路图

解 将节点①、③、④内的△形电路用等效 Y 形电路替代，得到图 2.10(b)所示电路，其中：

$$R_2 = \frac{2 \times 2}{2+2+1} = 0.8 \ \Omega, \quad R_3 = \frac{2 \times 1}{2+2+1} = 0.4 \ \Omega, \quad R_4 = \frac{2 \times 1}{2+2+1} = 0.4 \ \Omega$$

然后用串/并联的方法，得到图 2.10(c)、(d)、(e)所示电路，从而得到

$$R_{12} = 2.684 \ \Omega$$

注：另一种方法是用△形电路替代图 2.10(a)中以③节点为中心的 Y 形电路，读者自解。

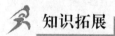

直流单臂电桥

直流单臂电桥，又称惠斯登电桥，是一种具有高灵敏度、高准确度的比较式测量仪表，可以测量 $10 \sim 10^6 \ \Omega$ 的中值电阻，其等效电路如图 2.11 所示。调节标准电阻 R_2、R_3、R_4，使检流计指示为零，则电桥 c、d 两点电位相等，即 $U_{cd} = 0$、$I_P = 0$，这种状态称为电桥平衡。电桥平衡时

$$R_X = \frac{R_2}{R_3} \times R_4$$

即被测电阻可由 R_2、R_3 和 R_4 的电阻值求得，且与电源电压的大小无关。QJ23 型直流单臂电桥是一种常用的电工器具，其外形如图 2.12 所示。

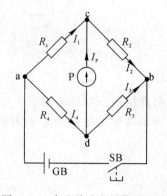

图 2.11 直流单臂电桥等效电路

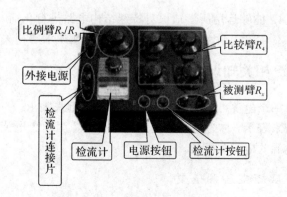

图 2.12 直流单臂电桥外形

使用单臂电桥测量电阻的步骤：① 电桥调试。打开检流计机械锁扣，调节调零器使指针指在零位。② 估测被测电阻，选择比例臂。选择适当的比例臂，使比例臂的四挡电阻都能被充分利用，以获得四位有效数字的读数。例如，当被测电阻为 85 Ω 时，应选择 0.01 的比率档，依此类推。③ 接入被测电阻。④ 接通电路，调节电桥比例臂使之平衡。若检流计指针向"＋"方向偏转，应增大比较臂电阻；反之，则应减小比较臂电阻。反复调节，直至检流计指针指零。⑤ 计算电阻值 $R_X = \dfrac{R_2}{R_3} \times R_4$。⑥ 关闭电桥。

目标测评

1. 求图 2.13 所示电路中 a、b 两点间的等效电阻 R_{ab}。
2. 若图 2.13(a)中电路 a、b 两点间的电压为 10 V，求 4 Ω 电阻上的电压值。

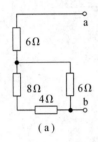
(a)

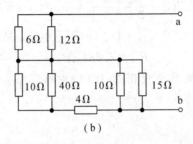
(b)

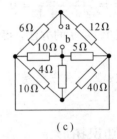
(c)

图 2.13　电路图

任务 3　电源的两种模型及其等效变换

知识目标

1. 掌握实际电压源和电流源的定义和特点。
2. 掌握实际电压源和实际电流源等效变换的方法。

能力目标

1. 能够运用所学知识对特殊结构电路进行化简。
2. 能够应用电压源/电流源的等效变换求解相关电路。

相关知识

一个电源可以用两种不同的电路模型来表示。一种是用理想电压源与电阻串联的电路模型来表示，称为电压源模型；另一种是用理想电流源与电阻并联的电路模型来表示，称为电源的电流源模型。

一、实际电压源模型

实际电压源与理想电压源的区别在于有无内阻 R_0。我们可以用一个理想电压源串联一

个内阻 R_0 的形式来表示实际电压源模型，如图 2.14(b)所示。

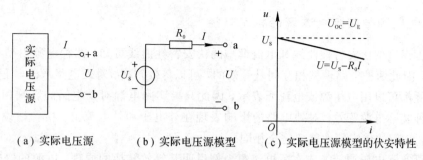

（a）实际电压源　　　（b）实际电压源模型　　　（c）实际电压源模型的伏安特性

图 2.14　实际电压源模型示意图

依照图中 U 和 I 的参考方向得

$$U = U_s - IR_0 \tag{2.11}$$

由式(2.11)得到图 2.14(c)实际电压源模型的伏安特性曲线。该模型用 U_s 和 R_0 两个参数来表征，其中 U_s 为电源的开路电压 U_{OC}。从式(2.11)可知，电源的内阻 R_0 越小，实际电压源就越接近理想电压源，即 U 越接近 U_s。

注：理想电压源是理想的电源，如果一个电源的内阻远小于负载电阻，则内阻压降会远远小于负载上的电压，于是负载电压与电源电压近似相等，可以认为是理想电压源。通常使用的稳压电源也可以认为是一个理想电压源。

二、实际电流源模型

实际电流源与理想电流源的差别也在于有无内阻 R_0。我们也可以用一个理想电流源并联一个内阻 R_0 的形式来表示实际的电流源，即实际电流源模型，如图 2.15(a)所示。

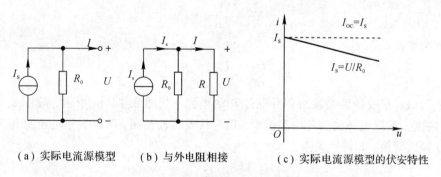

（a）实际电流源模型　　　（b）与外电阻相接　　　（c）实际电流源模型的伏安特性

图 2.15　实际电流源模型示意图

当外电阻连接到实际的电流源两端时，电路如图 2.15(b)所示，则外电流为

$$I = I_s - \frac{U}{R_0} \tag{2.12}$$

其中，I_s 为电源产生的定值电流；U/R_0 为内阻 R_0 上分走的电流。

由式(2.12)可得实际电流源模型的伏安特性曲线，如图 2.15(c)所示，由图可知，端电压 U 越高，则内阻分流越大，输出的电流越小。显然，实际电流源的短路电流等于定值电流 I_s，因此实际电源可由它们短路电流 $I_{sc} = I_s$ 以及内阻 R_0 这两个参数来表征。由式(2.12)可知，实际电源的内阻越大，内部分流作用越小，实际电流源就越接近于理想电流源,即 I 接近 I_s。

三、实际电压源与实际电流源的相互转换

由电压模型的伏安特性曲线和电流模型的伏安特性曲线可知,两种电源模型的外特性是相同的,因此两种电路模型相互间是等效的,可以等效转换。对外电路来说,任何一个有内阻的电源都可以用电压源或电流源表示,因此只要实际电源对外电路的影响相同,我们就认为两种实际电源等效。对外电路的影响表现在外电压和外电流上。换句话说,两种模型要等效,它们的伏安特性就要完全相同。

下面以实际电压源转换成实际电流源为例说明其等效转换的原理,电源的等效变换如图 2.16 所示。

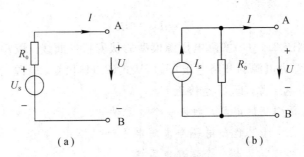

（a） （b）

图 2.16 电源的等效转换

由 KVL 和 VCR 可得图 2.16(a)所示外电路的伏安特性为

$$U = U_s - IR_0 \tag{2.13}$$

将上式两端同除以内阻 R_0 可得

$$\frac{U}{R_0} = \frac{U_s}{R_0} - I$$

再进行依次变换得

$$I = \frac{U_s}{R_0} - \frac{U}{R_0} = I_s - \frac{U_s}{R_0} \tag{2.14}$$

由式(2.14)伏安特性关系可得并联结构的电路,如图 2.16(b)所示。故图 2.16(a)和(b)是反映同一实际电源的两种电源模型。因为伏安特性相同,所以实际电压源与实际电流源可相互等效转换,其转换关系为

$$\begin{cases} I_s = \dfrac{U_s}{R_0} \text{ 或 } U_s = I_s R_0 \\ R_0 \text{ 保持不变} \end{cases}$$

在等效转换的过程中需注意以下几点:
(1)理想电源不能转换。
(2)注意参考方向。
(3)串联时变为电压源,并联时变为电流源。
(4)只对外等效,对内不等效。

注:在分析与计算电路时,可以应用这种等效转换的方法,但是,理想电源本身之间没有等效的关系。因为对理想电压源($R_0=0$)来说,其短路电流 $I_s=\infty$;对理想电流源

$(R_0 = \infty)$来讲，其开路电压 $U_{OC} = \infty$，没有办法从其中得到有限的数值，故两者之间不存在等效转换的条件。

【例 2.4】 求图 2.17(a)所示电路中的电流 I。

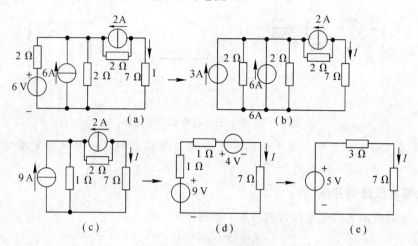

图 2.17　例 2.4 电路图

解　图 2.17(a)所示电路最终可化简为图 2.17(e)所示的单回路电路，其化简过程如图 2.17(b)~(e)所示。由化简后的电路可求得电流为

$$I = \frac{5}{3+7} = 0.5 \text{ A}$$

【例 2.5】 计算图 2.18(a)所示电路中的电流 I_3。

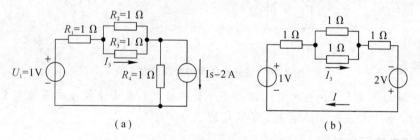

图 2.18　例 2.5 电路图

解　计算本题应用电压源与电流源等效变换最为方便，变换后的电路如图 2.18(b)所示，可得

$$I = \frac{2+1}{1+0.5+1} = \frac{3}{2.5} = 1.2 \text{ A}$$

$$I_3 = \frac{1.2}{2} = 0.6 \text{ A}$$

四、电压源、电流源的串/并联

电压源、电流源的串/并联问题的分析是以电压源和电流源的定义及外特性为基础，结合电路等效的概念进行的。

1. 理想电压源的串联

图 2.19(a)所示为多个电压源的串联，根据 KVL 得总电压为

$$U_S = U_{S1} + U_{S2} + \cdots + U_{Sn} \qquad (2.15)$$

根据电路等效的概念，可以用图 2.19(b)所示电压为 U_S 的单个电压源等效替代图 2.19(a)中多个串联的电压源，电压源的串联可以将多个电压源等效成一个电压源。

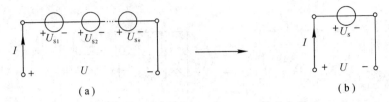

图 2.19 多个电压源串联等效电路

注：式(2.15)中各个电压源电压的参考方向与等效后的电压源电压的参考方向一致时，电压取"＋"号，不一致时取"－"号。

2. 理想电压源的并联

图 2.20(a)所示为两个电压源的并联，根据 KVL 得

$$U_S = U_{S1} = U_{S2} \qquad (2.16)$$

式(2.16)说明，只有电压相等且极性一致的电压源才能并联，此时并联电压源的对外特性与单个电压源的一样，根据电路等效概念，可以用单个电压源替代多个并联电压源，如图 2.20(b)所示。

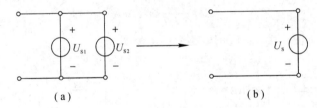

图 2.20 独立电压源的并联等效电路

注：不同大小或不同极性的电压源是不允许并联的，否则违反基尔霍夫电压定律；电压源并联时，每个电压源中的电压是不确定的。

3. 理想电流源的并联

图 2.21(a)所示为两个电流源的并联，根据 KCL 得总电流为

$$I_{S1} + I_{S2} = I_S \qquad (2.17)$$

根据电路等效的概念，可以用图 2.21(b)所示电流为 I_S 的单个电流源等效替代图 2.21(a)中的两个并联的电流源。通过电流源的并联可以得到一个大的输出电流。

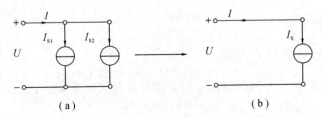

图 2.21 独立电源源的并联等效电路

注：当式(2.17)中的各个分量电流源的电流参考方向与等效后的电流参考方向一致时，电流在式中取"＋"号，不一致时取"－"号。

4. 理想电流源的串联

图 2.22 所示为两个电流源的串联，根据 KCL 得

$$I_{S1} = I_{S2} = I_S \qquad (2.18)$$

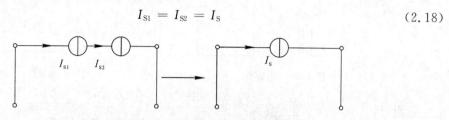

图 2.22 独立流源的串联等效电路

式(2.18)说明，只有电流相等且输出电流方向一致的电流源才能串联，此时串联电流源的对外特性与单个电流源一样，根据电路等效概念，可以用单个电流源替代多个电流源串联电路，如图 2.22(b)所示。

注：不同值或不同流向的电流源是不允许串联的，否则违反基尔霍夫电流定律。

 **知识拓展**

不间断供电电源简介

不间断电源简称 UPS，是能够提供持续、稳定、不间断的电源供应的重要外部设备。UPS 是一种含有储能装置(常见的是蓄电池)，以逆变器为主要组成部分的恒压恒频的不间断电源。它可以解决现有电力的断电、低电压、高电压、突波、杂讯等现象，使计算机系统、电力继电保护系统等运行更加安全、可靠。

UPS 工作时需要接入市电，当市电输入正常时，UPS 将市电稳压后供应给终端设备使用，此时的 UPS 就是一台交流市电稳压器，同时它还向自己的内置电池充电。当市电中断(例如停电)时，UPS 立即将内置电池的电能，通过逆变转换的方法向负载继续供应 220 V 交流电，使负载维持正常工作并保护负载的软/硬件系统不受损坏。

现在的 UPS 一般都用全密封的免维护铅酸蓄电池作为储能装置，电池容量的大小由"安时数(AH)"这个指标反映，其含义是按规定的电流进行放电的时间。相同电压的电池，安时数大的则容量大；相同安时数的电池，电压高的则容量大，通常以电压和安时数共同表示电池的容量，如 12V/7 AH、12V/24 AH、12V/65 AH、12 V/100 AH 等。为了使 UPS 内置的蓄电池输出电压达到 220 V，需要把多个蓄电池串联起来，如有些电厂的继电保护装置使用的 UPS，其内部一组电池就是 20 个 12 V/24 AH 的蓄电池的串联，当单组蓄电池的供电电流达不到要求时，还要把多组蓄电池并联起来。

目标测评

1. 在图 2.23 所示电路中，一个理想电压源和一个理想电流源相连，试讨论它们的工作状态。

2. 将图 2.24 所示电路化简为一个电压源与电阻串联的组合。

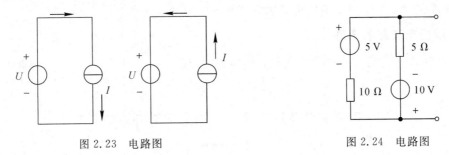

图 2.23　电路图　　　　　　　　　　图 2.24　电路图

任务 4　支路电流法与节点电压法

 知识目标

1. 了解支路电流法和节点电压法的解题适用范围。
2. 熟练应用基尔霍夫定律分析电路的方法。
3. 了解节点电压的概念。
4. 掌握用节点电压法求解复杂直流电路的方法及步骤。

 能力目标

1. 能够应用支路电流法来分析基本电路。
2. 能够应用节点电压法来分析和计算电路。

 相关知识

一、支路电流法

电路分析的主要任务是在给定的电源和电路参数的条件下，求解电路中各支路的电流、电压及功率。对于简单的电路，一般能用电阻的串/并联等效将其化简为无分支电路，利用欧姆定律，求出总电流电压，再应用分流与分压的关系可求电路各部分的电流和电压；但对于复杂的电路，却不能用电阻的串/并联方法将其化简为无分支电路。本节介绍最基本的复杂电路分析方法——支路电流法。

支路电流法，就是以电路中的各支路电流为未知数，应用基尔霍夫定律列写联立方程，然后解方程求各支路电流。列写方程时，必须先在电路图上设定好未知支路的电流参考方向、电压的参考方向以及回路的绕行方向。

以图 2.25 为例来说明支路电流法的分析计算过程。

分析图 2.25 所示电路可知，该电路的支路数为 $b=3$，因此以三个支路电流 I_1、I_2、I 为未知数，假定各支路电流的参考方向如图中所示，这样要列写出三个独立方程，方可求解出电流 I_1、I_2 和 I。

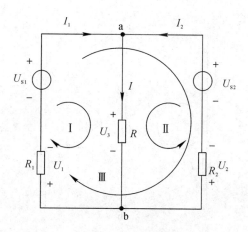

图 2.25 电路图

该电路节点数 $n=2$，根据 KCL 节点电流方程可知：

节点 a：$I_1+I_2=I$

节点 b：$I=I_1+I_2$

观察以上两方程，可知它们不是相互独立的（相互独立是指一个方程不能由另一个方程经过简单数学变换推导出来），因此对有两个节点的电路，根据基尔霍夫电流定律，只能列写出一个独立方程。经过推导，对于 n 个节点的电路，只能列写出 $n-1$ 个独立的节点电流方程。

根据基尔霍夫电压定律列写回路电压方程，假定回路绕行方向如图 2.25 中所示，则

回路 I： $I_1R_1+IR-U_{S1}=0$

回路 II： $I_2R_2+IR-U_{S2}=0$

回路 III： $I_1R_1-I_2R_2-U_{S1}+U_{S2}=0$

以上三个回路的电压方程中前两式相减即得第三式，所以只有两个方程是独立的。为了保证列写出的回路电压方程是独立的，每个回路至少需要包含一个其他回路未使用过的新支路，由于每个网孔都包含一个其他回路未使用过的新支路，故每个网孔都是独立的，可以列写出一个独立的回路电压方程。

对有 m 个网孔的电路，可以列 m 个独立的回路电压方程。

将上面所列写的一个节点电流方程和两个网孔回路电压方程联立成方程组，即可求解支路电流 I_1、I_2 和 I。

$$I_1+I_2-I=0$$
$$I_1R_1+IR-U_{S1}=0$$
$$I_2R_2+IR-U_{S2}=0$$

最后可以用功率平衡来校验计算结果。

【例 2.6】 图 2.26 所示电路中，已知 $U_{S1}=130\ \text{V}$，$R_1=1\ \Omega$，$R_3=24\ \Omega$，$U_{S2}=117\ \text{V}$，$R_2=0.6\ \Omega$。试求各支流电流和各元件的功率。

解 首先在图 2.26 中假设各支路电流的参考方向和名称及网孔的绕行方向；然后以支路电流为变量，对节点 a 列写基尔霍夫电流方程：

$$I_1+I_2=I_3$$

①

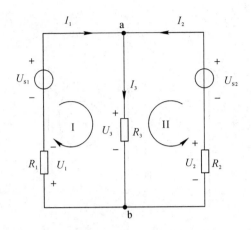

图 2.26 例 2.6 电路图

分别对网孔Ⅰ和Ⅱ列写基尔霍夫电压方程：

$$I_1R_1 + IR - U_{S1} = 0 \qquad ②$$

$$R_2I_2 - U_{S2} + I_3R_3 = 0 \qquad ③$$

将已知数据代入，联立方程①、②、③可解得

$$I_1 = 10 \text{ A}, \quad I_2 = -5 \text{ A}, \quad I_3 = 5 \text{ A}$$

I_2 为负值，表明它的实际方向与参考方向相反。

U_{S1} 发出的功率为 $U_{S1}I_1 = 130 \times 10 = 1300$ W。

U_{S2} 发出的功率为 $U_{S2}I_2 = 117 \times (-5) = -585$ W。由于 U_{S2} 的功率为负值，因此 U_{S2} 吸收的功率 585 W。

电阻 R_1 接收的功率为 $I_1^2R_1 = 10^2 \times 1 = 100$ W。

电阻 R_2 接收的功率为 $I_2^2R_2 = (-5)^2 \times 0.6 = 15$ W。

电阻 R_3 接收的功率为 $I_3^2R_3 = 5^2 \times 24 = 600$ W。

验算：1300 W = (585 + 100 + 15 + 600) W，功率平衡，表明计算正确。

对于具有 b 条支路，n 个节点的电路，应用支路电流法解题的步骤总结如下：

(1) 选定各支路电流为未知量，并标出各支路电流的参考方向，按照关联参考方向，标出电阻上电压的方向。

(2) 按基尔霍夫电流定律，列写出 $n-1$ 个独立的节点电流方程。

(3) 指定回路的绕行方向，按基尔霍夫电压定律，列写出 $b-n+1$ 个回路电压方程。

(4) 代入已知数，解联立方程式，求各支路的电流。

(5) 确定各支路电流的实际方向。

(6) 有必要时可以验算。

注：一般验算方法有两种：一是利用电路中的功率平衡关系进行验算；二是选用求解过程没有用过的回路，应用基尔霍夫电压定律进行验算。

二、节点电压法

节点电压法是以节点电压为未知量，对 $n-1$（n 为电路中的节点数）个独立节点列写 KCL 方程来分析电路的一种方法。在电路中任选一节点为参考点，则其他节点为独立节点，其他节点对参考点的电压则称为节点电压。下面以图 2.27 为例，来介绍一下节点电压法的应用步骤。

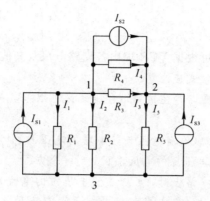

图 2.27 节点电压法的求解过程

首先，标定各支路电流参考方向，并选取参考节点，若以节点 3 为参考点，独立节点 1、2 的节点电压分别为 U_{n1} 和 U_{n2}。

其次，对独立节点 1、2 列写 KCL 方程。

$$\begin{cases} I_{S1} = I_1 + I_2 + I_3 + I_4 + I_{S2} \\ I_{S2} = I_4 + I_3 + I_{S3} = I_5 \end{cases} \tag{2.19}$$

根据 KVL 和电路元件的伏安关系，求出各支路电流与节点电压的关系。

$$I_1 = \frac{U_{n1}}{R_1}, \ I_2 = \frac{U_{n1}}{R_2}, \ I_3 = \frac{U_{n1} - U_{n2}}{R_3}, \ I_4 = \frac{U_{n1} - U_{n2}}{R_4}, \ I_5 = \frac{U_{n2}}{R_5}$$

将其代入式(2.19)，得

$$\begin{cases} I_{S1} = \dfrac{U_{n1}}{R_1} + \dfrac{U_{n1}}{R_2} + \dfrac{U_{n1} - U_{n2}}{R_3} + \dfrac{U_{n1} - U_{n2}}{R_4} + I_{S2} \\ I_{S2} = \dfrac{U_{n1} - U_{n2}}{R_3} + \dfrac{U_{n1} - U_{n2}}{R_4} + I_{S3} = \dfrac{U_{n2}}{R_5} \end{cases}$$

整理得

$$\begin{cases} \left(\dfrac{1}{R_1} + \dfrac{1}{R_2} + \dfrac{1}{R_3} + \dfrac{1}{R_4} \right) U_{n1} - \left(\dfrac{1}{R_3} + \dfrac{1}{R_4} \right) U_{n2} = I_{S1} - I_{S2} \\ -\left(\dfrac{1}{R_3} + \dfrac{1}{R_4} \right) U_{n1} + \left(\dfrac{1}{R_3} + \dfrac{1}{R_4} + \dfrac{1}{R_5} \right) U_{n2} = I_{S2} + I_{S3} \end{cases}$$

上式可改写成

$$\begin{cases} G_{11} U_{n1} + G_{12} U_{n2} = I_{S11} \\ G_{21} U_{n1} + G_{22} U_{n2} = I_{S22} \end{cases} \tag{2.20}$$

此式即为具有 3 个节点的电阻性电路的节点电压方程的一般形式。其中，G_{11}、G_{22} 分别是与节点 1、节点 2 相连接的各支路电导之和，称为各节点的自电导。自电导总是正的。$G_{12} = G_{21}$ 是连接在节点 1 与节点 2 之间的公共支路的电导之和，称为两相邻节点的互电导。互电导总是负的。I_{S11}、I_{S22} 分别是流入节点 1 和节点 2 的各支路电流源电流的代数和，列写在等式等号的右边后，流入节点的电流源电流为正、流出的为负。

在具有 n 个节点的电路中，其节点电压方程为

$$\begin{cases} G_{11}U_{n1} + G_{12}U_{n2} + \cdots + G_{1(n-1)}U_{n(n-1)} = I_{S11} \\ G_{21}U_{n1} + G_{22}U_{n2} + \cdots + G_{2(n-1)}U_{n(n-1)} = I_{S22} \\ \qquad\qquad\qquad\vdots \\ G_{(n-1)1}U_{n1} + G_{(n-1)2}U_{n2} + \cdots + G_{(n-1)(n-1)}U_{n(n-1)} = I_{S(n-1)(n-1)} \end{cases} \tag{2.21}$$

解出方程组中的节点电压，可根据 VCR 求出各支路电流及其他值。

注：在列写节点电压方程式应注意：

（1）如果电路中有电压源与电阻的串联组合，则可以把其等效为电流源与电阻的并联组合，以便简化计算。

（2）如果存在无伴电压源（没有电阻与其串联的电压源）且在独立支路上，那么与之相连的节点的节点电压即为该电压源的电压，可少列一个方程。

（3）无伴电压源在共用支路上时，可把流经电压源的电流作为一个未知电流源的电流变量列入节点电压方程的右边，但在多一个未知量的情况下，必须列写一个补充方程。补充方程列写的原则是：共用该电压源的两个节点的节点电压按照电压源的电压方向进行叠加，叠加结果应与电压源的电压的大小相等。

【例 2.7】 图 2.28(a)所示电路中，已知 $R_2 = 4\ \Omega$，$R_4 = 2\ \Omega$，$R_5 = 6\ \Omega$，$R_6 = 3\ \Omega$，$I_{S1} = 5\ A$，$I_{S3} = 10\ A$，$U_{S4} = 6\ V$，$U_{S6} = 15\ V$。试用节点电压法求电压源 U_{S4} 发出的功率。

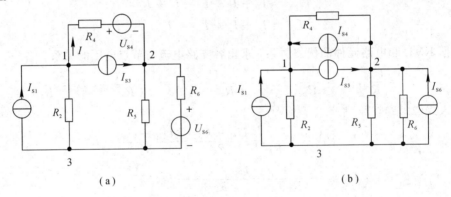

$$(a) \qquad\qquad\qquad\qquad\qquad (b)$$

图 2.28 例 2.7 电路图

解 由于电路中存在电压源，因此需把电压源与电阻的串联组合等效为电流源与电阻的并联组合，如图 2.28(b)所示，其中

$$I_{S4} = \frac{U_{S4}}{R_4} = \frac{6}{2} = 3\ A, \quad I_{S6} = \frac{U_{S6}}{R_6} = \frac{15}{3} = 5\ A$$

选定节点 3 为参考点，设定各节点电压和支路电流，计算各独立节点的自电导、两独立节点之间的互电导及流入各独立节点的电流源的代数和。

$$G_{11} = \frac{1}{R_2} + \frac{1}{R_4} = \frac{1}{4} + \frac{1}{2} = 0.75\ S$$

$$G_{22} = \frac{1}{R_4} + \frac{1}{R_5} + \frac{1}{R_6} = \frac{1}{2} + \frac{1}{6} + \frac{1}{3} = 1\ S$$

$$G_{12} = G_{21} = \frac{1}{R_4} = -\frac{1}{2} = -0.5\ S$$

$$I_{S11} = I_{S1} - I_{S3} + I_{S4} = 5 - 10 + 3 = -2\ A$$

$$I_{S22} = I_{S3} - I_{S4} + I_{S6} = 10 - 3 + 5 = 12\ A$$

将参数代入式(2.21)得

$$\begin{cases} 0.75U_{n1} - 0.5U_{n2} = -2 \\ -0.5U_{n1} + U_{n2} = 12 \end{cases}$$

联立求解得

$$U_{n1} = 8 \text{ V}, \qquad U_{n2} = 16 \text{ V}$$

对于图 2.28(a)，根据 KVL 和元件的伏安关系，得

$$I = \frac{U_1 - U_2 - U_{S4}}{R_4} = \frac{8 - 16 - 6}{2} = -7 \text{ A}$$

电压源 U_{S4} 发出的功率为

$$P = -U_{S4}I = -6 \times (-7) = 42 \text{ W}$$

知识拓展

弥 尔 曼 定 理

对于节点数较多的电路，适合用节点电压法分析电路。而只有两个节点的电路，更适合用弥尔曼定理分析。

如图 2.29(a)所示，可用节点电压法直接求出独立节点的电压。

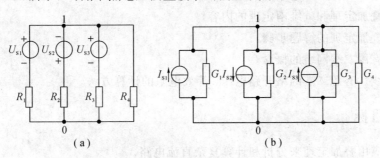

图 2.29　弥尔曼定理举例

先把图 2.29(a)中电压源和电阻串联组合等效为电流源和电阻并联组合，如图 2.29(b)所示，则

$$U_{10} = \frac{\dfrac{U_{S1}}{R_1} - \dfrac{U_{S2}}{R_2} + \dfrac{U_{S3}}{R_3}}{\dfrac{1}{R_1} + \dfrac{1}{R_2} + \dfrac{1}{R_3} + \dfrac{1}{R_4}} = \frac{G_1 U_{S1} - G_2 U_{S2} + G_3 U_{S3}}{G_1 + G_2 + G_3 + G_4}$$

写成一般形式为

$$U_{10} = \frac{\sum (G_k U_{Sk})}{\sum G_k}$$

上式称为弥尔曼定理。式中，当电压源的正极性端接到节点 1 时，$G_k U_{Sk}$ 前取"＋"号，反之取"－"号。

目标测评

1. 在图 2.30 所示电路中，设 $U_{S1} = 140$ V，$U_{S2} = 90$ V，$R_1 = 20$ Ω，$R_2 = 5$ Ω，$R_3 = 6$ Ω。

求各支路电流。

2. 图 2.31 所示为一由电阻元件和理想运算放大器构成的起减法作用的电路,试说明其工作原理。

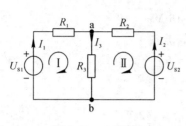

图 2.30 电路图

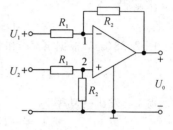

图 2.31 电路图

任务 5 叠加定理和戴维南定理

知识目标

1. 理解叠加定理和戴维南定理的内容。
2. 掌握叠加定理的解题步骤。
3. 了解有源二端网络的概念。
4. 掌握线性有源二端网络开路电压、等效电阻的计算方法。

能力目标

1. 能够应用叠加定理来分析和计算复杂直流电路。
2. 能够深刻体会叠加和分解的思维方法。
3. 能够应用戴维南定理分析和计算复杂电路。

相关知识

一、叠加定理

在具有多个电源的线性电路中,任一支路的电流或电压可看成各个电源单独作用时,在该支路中所产生的电流或电压的代数和。线性电路的这一特性称为叠加定理。

当各个电源单独作用时,其余各种电源不作用,做零处理,即其余理想电压源处可用短路替代(即其电动势为零),理想电流源处则用开路替代(即其电流为零)。

叠加定理的应用方法可以通过下面的例子来说明。试计算图 2.32(a)R_2 的电压 U 和电流 I。

电压源 U_S 单独作用下的情况如图 2.32(b)所示,此时电流源开路,U_S 单独作用时 R_2 的电压和电流各为

$$U' = \frac{R_2}{R_1 + R_2}U_S, \quad I' = \frac{U_S}{R_1 + R_2}$$

电流源 I_S 单独作用时的情况如图 2.32(c)所示，此时电压源短路，在 I_S 单独作用下，有

$$U'' = \frac{R_1 R_2}{R_1 + R_2}I_S, \quad I'' = \frac{R_1}{R_1 + R_2}I_S$$

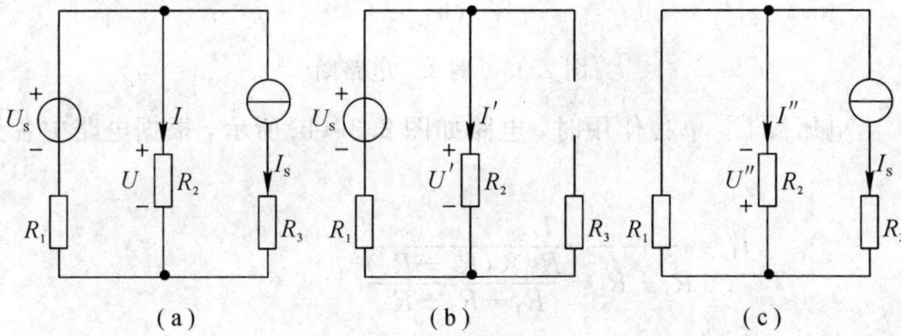

图 2.32　叠加定理电路图

所有独立源单独作用下的响应的代数和为

$$U' - U'' = \frac{R_2}{R_1 + R_2}U_S - \frac{R_1 R_2}{R_1 + R_2}I_S = U$$

$$I' - I'' = \frac{U_S}{R_1 + R_2} - \frac{R_1}{R_1 + R_2}I_S = I$$

对 U'、I' 取正号，是因为它们选择的参考方向分别与 U、I 的参考方向一致；对 U''、I'' 取负号，是因为它们选择的参考方向分别与 U、I 的参考方向相反。

运用叠加定理可以将一个复杂的电路分为几个比较简单的电路；然后对这些比较简单的电路进行分析与计算；再把结果合成，就可以求出原电路中的电压、电流，避免了对联立方程的求解。

应用叠加定理分析电路的步骤如下：

(1)分别作出由一个电源单独作用的分图，其余电源只保留其内阻。(对恒压源，该处用短路替代；对恒流源，该处用开路替代)。

(2)按电阻串/并联的计算方法，分别计算出分图中每一支路电流(或电压)的大小和方向。

(3)求出各电动势在各个支路中产生的电流(或电压)的代数和，这些电流(或电压)就是各电源共同作用时，在各支路中产生的电流(或电压)。

注：使用叠加定理的注意事项：

(1)叠加定理只适应于线性网络，对非线性网络不适用。

(2)求每个独立源单独作用下的响应时，将其余电压源用短路替代，其余电流源用开路替代。

(3)将每个独立源单独作用下的响应叠加时，分量的参考方向选择与原量一致时取正号，反之取负号。

(4)叠加定理只适用电流、电压，对功率不适用。这是因为功率与电流的平方成正比，而与电流不成正比，它们之间不是线性关系。

【例 2.8】　在图 2.33(a)所示电路中，已知 $U_{S1} = 12$ V，$U_{S2} = 6$ V，$R_1 = R_3 = R_4 = 510$ Ω，

$R_2 = 1\ \text{k}\Omega$, $R_5 = 330\ \Omega$。试应用叠加定理求解电路中的电流 I_3。

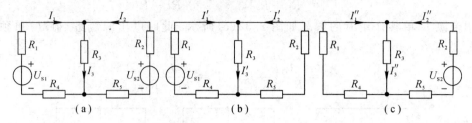

图 2.33 例 2.8 电路图

解 (1) 当电压源 U_{S1} 单独作用时,电路如图 2.33(b)所示,根据电路中各元件的串/并联关系可得

$$I'_1 = \frac{U_{S1}}{R_1 + R_4 + \dfrac{R_3 \times (R_2 + R_5)}{R_3 + R_2 + R_5}}$$

$$= \frac{12}{510 + 510 + \dfrac{510 \times (1000 + 330)}{510 + 1000 + 330}} = 0.0086 = 8.6\ \text{mA}$$

由分流公式可得

$$I'_3 = \frac{R_2 + R_5}{R_2 + R_3 + R_5} I'_1 = \frac{1000 + 330}{1000 + 510 + 330} \times 8.6 = 6.1\ \text{mA}$$

(2) 当电压源 U_{S2} 单独作用时,电路如图 2.33(c)所示,可得

$$I''_2 = \frac{U_{S2}}{R_2 + R_5 + \dfrac{R_3 \times (R_1 + R_4)}{R_1 + R_3 + R_4}}$$

$$= \frac{6}{1000 + 330 + \dfrac{510 \times (510 + 510)}{510 + 510 + 510}} = 0.0036 = 3.6\ \text{mA}$$

$$I''_3 = \frac{R_1 + R_4}{R_1 + R_3 + R_4} I''_2 = \frac{510 + 510}{510 + 510 + 510} \times 3.6 = 1.8\ \text{mA}$$

(3) 当电压源 U_{S1} 和 U_{S2} 共同作用时,可得

$$I_3 = I'_3 + I''_3 = 6.1 + 1.8 = 7.9\ \text{mA}$$

二、戴维南定理

具有两个端点与外电路相连的网络称为二端网络。按二端按网络内有无电源可分为无源二端网络(参见图 2.34(a))和有源二端网络(参见图 2.34(b))两种。所谓有源二端网络,就是具有两个出线端的部分电路,其中含有电源。有源二端网络可以是简单的或任意复杂的电路,但是不论它的简繁程度如何,它对所要计算的这个支路而言,仅相当于一个电源,因为它对这个支路供给电能。二端网络的等效电路的条件是:当二端网络两个引出端间的电压和等效电路两个引出端间的电压相等时,流过二端网络引出端点的电流和流过等效电路引出端点的电流也相等。

戴维南定理指出:任何一个有源二端网络,对其外部而言,都可以用一个电压源与电阻的串联组合来等效替代,电压源的电压等于有源二端网络的开路开压(即端口不与外电路连接时的电压），该电阻等于网络内部所有独立源不作用的情况下网络的等效电阻。用电压源与电阻的串联组合等效有源二端网络的电路，称为**戴维南等效电路**。

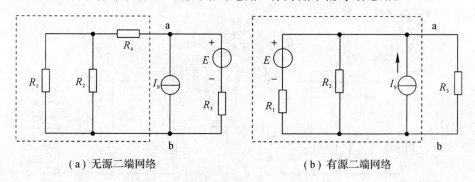

（a）无源二端网络   （b）有源二端网络

图 2.34　二端网路电路图

应用戴维南定理的步骤如下：

（1）把电路划分为待求支路和有源二端网络两部分。

（2）断开待求支路，形成有源二端网络（要画图），求有源二端网络的开路电压 U_{OC}。

（3）将有源二端网络内的电源置零，保留其内阻（要画图），求网络的入端等效电阻 R_{ab}。

（4）画出有源二端网络的等效电压源，其电压源的电压 $U_S = U_{OC}$（此时要注意电源的极性），内阻 $R_0 = R_{ab}$。

（5）将待求支路接到等效电压源上，利用欧姆定律求电流。

【例 2.9】　如图 2.35 所示电路，已知 $U_1 = 40$ V，$U_2 = 20$ V，$R_1 = R_2 = 4$ Ω，$R_3 = 13$ Ω。试用戴维南定理求电流 I_3。

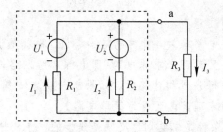

图 2.35　例 2.9 电路图

解　（1）断开待求支路求开路电压 U_{OC}，如图 2.36 所示。

$$U_2 = IR_2 + IR_1 - U_1 = 0 \rightarrow I = 2.5 \text{ V}$$

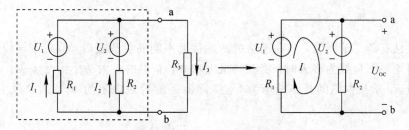

图 3.26　求开路电压电路图

$$U_{OC} = U_2 + IR_2 = 20 + 2.5 \times 4 = 30 \text{ V}$$

（2）求内阻 R_0。电路如图 2.37 所示，将所有独立电源置零（理想电压源用短路替代，理想电流源用开路替代），则

$$R_0 = \frac{R_1 \times R_2}{R_1 + R_2} = 2 \text{ } \Omega$$

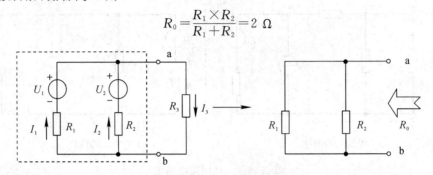

图 2.37　求内阻电路图

（3）画出等效电路，计算电流 I_3，如图 2.38 所示。

$$I_3 = \frac{U_{OC}}{R_0 + R_3} = \frac{30}{2 + 13} = 2 \text{ A}$$

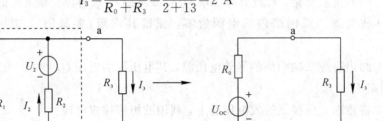

图 2.38　等效电路

注：应用戴维南定理的注意事项：

（1）戴维南定理只对外电路等效，对内电路不等效。也就是说，不可应用该定理求出等效电源电动势和内阻之后，又返回来求原电路（即有源二端网络内部电路）的电流和功率。

（2）应用戴维南定理进行分析和计算时，如果断开待求支路后的有源二端网络仍为复杂电路，可再次运用戴维南定理，直至成为简单电路。

（3）使用戴维南定理的条件是二端网络必须是线性的，待求支路可以是线性或非线性的。线性电路指的是含有电阻、电容、电感这些基本元件的电路；非线性电路指的是含有二极管、三极管、稳压管、逻辑电路元件等的电路。当满足上述条件时，无论是直流电路还是交流电路，只要是求解复杂电路中某一支路电流、电压或功率的问题，就可以使用戴维南定理。

三、最大功率传输

对于线性有源二端网络，当在网络的两端接上不同的负载之后，负载获得的功率不同。下面我们讨论一下负载为多大时，能获得最大功率，获得的最大功率值是多少？

设电阻 R_L 所接网络的开路电压为 U_{OC}，除源后的等效电阻为 R_0，则负载上消耗的功率为

$$P = I^2 R_L = \left(\frac{U_S}{R_0 + R_L} \right)^2 R_L \tag{2.22}$$

当 $dP/dR_L = 0$ 时，功率 P 达到最大值，由此得到负载获得最大功率的条件是

$$R_L = R_0 \tag{2.23}$$

此时，负载上获得的最大功率为

$$P_{max} = \frac{U_S^2}{4R_0} \tag{2.24}$$

由于负载获得最大功率的条件是负载与电源内阻相同，在电路处于此状态时，电源本身要消耗一半的功率，此时电源的效率只有 50%。显然，这在电力系统的能量传输过程是绝对不允许的。发电机的内阻是很小的，电路传输的最主要指标是要高效率送电，最好是 100% 的功率均传送给负载。为此负载电阻应远大于电源的内阻，即不允许运行在匹配状态。而在电子技术领域里却完全不同，一般的信号源本身功率较小，且都有较大的内阻。负载电阻（如扬声器等）往往是较小的定值，且希望能从电源获得最大的功率输出，而电源的效率往往不予考虑。通常设法改变负载电阻，或者在信号源与负载之间加阻抗变换器（如音频功放的输出级与扬声器之间的输出变压器），使电路处于工作匹配状态，以使负载能获得最大的输出功率。

 知识拓展

导线的切剥

1. 剥削线芯绝缘常用工具有电工刀、克丝钳和剥皮钳，可进行削、克及剥削绝缘层。一般 4 mm² 以下的导线原则上使用剥皮钳，但在使用电工刀时，不允许采用刀在导线周围转圈剥削绝缘层的方法，以免破坏线芯。

2. 剥削线芯绝缘的方法如下：

（1）单层剥法：不允许采用电工刀转圈剥削绝缘层，应使用剥削钳。

（2）分段剥法：一般适用于多层绝缘导线剥削，如编制橡皮绝缘导线，用电工刀先削去外层编织层，并留有 12 mm 的绝缘层，线芯长度随接线方法和要求的机械强度而定。

（3）斜削法：用电工刀以 45°倾斜切入绝缘层，当切近线芯时就应停止用力；接着应使刀子倾斜角度为 15°左右，沿着线芯表面向前头端部推出，然后把残存的绝缘层剥离线芯；用刀口插入背部以 45°角削断，并留有 12 mm 的绝缘层。

目标测评

1. 如图 2.39 所示电路，试应用叠加定理求电流 I_2 及理想电流源的端电压 U。

2. 用戴维南定理求图 2.40 所示电路中的电流 I_2。已知 $R_1 = 5\ \Omega$，$R_2 = R_3 = 10\ \Omega$，$U_S = 60\ V$，$I_S = 15\ A$。

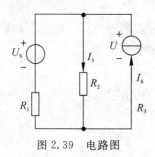
图 2.39　电路图

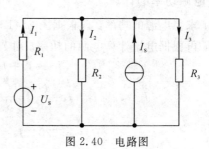
图 2.40　电路图

工程案例分析 白炽灯照明(二)

本项目开始时所介绍的客厅照明电路的连接方案 1.2,现在确定一下吸顶灯与客厅电源的连接方式。首先分析图 2.1(b)所示的电路,其中白炽灯可以用电阻来等效,结果电路如图 2.41 所示。对于每个白炽灯来说,额定电压 U_N、功率 P_N 均相等,所以有相同的电阻 R,在电路模型中,均标出了各个器件的电压和电流参考方向。

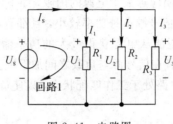

图 2.41 电路图

一、对连接方案 1 的分析

1. 电压的分析

对于图 2.41 中的电路,为了求得未知的电压和电流,对回路 1 列写 KVL 方程,得

$$-220 + U_1 = 0 \rightarrow U_1 = 220 \text{ V}$$

由于三盏灯是并联关系,根据电阻元件的并联关系可知,各个灯具上的电压上是相等的,即

$$U_3 = U_2 = U_1 = 220 \text{ V}$$

根据已知条件可知,每个白炽灯的功率为 100 W、电压为 220 V,故图 2.1(b)的电路结构满足电压的要求,计算结果与电灯的额定电压相同,均为 220 V。

2. 电阻值的计算

由于每个白炽灯的功率均为 100 W,使用电阻元件的功率的计算公式可得

$$P_1 = \frac{U_1^2}{R} = \frac{U_2^2}{R} = \frac{U_3^2}{R} = P_2 = P_3 \rightarrow R = \frac{U_1^2}{P_1} = \frac{220^2}{100} = 484 \ \Omega$$

每个白炽灯相当于一个额定功率为 100 W、额定电压为 220 V、电阻值为 484 Ω 的电阻器。三盏白炽灯的总功率为 300 W。

3. 电源功率的计算

为了求得电源的功率,现根据图 2.41 电路中上端的节点列写 KCL 方程,求得电源的电流 I_S,再根据电流计算电源的功率。对节点列写 KCL 方程得

$$-I_S + I_1 + I_2 + I_3 = 0$$

$$I_S = I_1 + I_2 + I_3 = \frac{U_1}{R} + \frac{U_2}{R} + \frac{U_3}{R} = \frac{220}{484} + \frac{220}{484} + \frac{220}{484} = \frac{15}{11} \text{ A}$$

$$P_S = -220 \times I_S = -220 \times \frac{15}{11} = -300 \text{ W}$$

因此电路中的总功率为－300＋300＝0，满足功率平衡定律。

二、对连接方案 2 的分析

连接方案 2 中的电路(参见图 2.1(c))等效后的电路如图 2.42 所示。根据图 2.42 所示电路列写 KVL 方程，得

$$-220+U_1+U_2+U_3=0 \rightarrow U_1+U_2+U_3=220$$

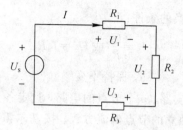

图 2.42　电路图

由于三个白炽灯的电流是相同的，可以利用欧姆定律，用电流代替 KVL 方程中的未知电压，得

$$484I+484I+484I=220 \rightarrow I=\frac{220}{1452}=\frac{5}{33}\ \text{A}$$

每个白炽灯上的电压为

$$U_1=I \cdot R=\frac{5}{33}\times 484 \approx 73.3=U_2=U_3<220\ \text{V}$$

由于白炽灯上的电压小于额定电压，故电灯不能额定工作，发光强度达不到额定数值。再根据三个电阻上的电流计算它们的功率如下：

$$P_1=P_2=P_3=I^2 R=\left(\frac{5}{33}\right)^2 \times 484=\frac{100}{9} \approx 11.1\ \text{W}$$

由以上分析可知，如果白炽灯按照连接方案 2 接线的话，那么总功率为 33.3 W。此时白炽灯的功率和电压都达不到额定数值，必然会导致其发光度不够，严重地影响到了客厅的照明情况。因此连接方案 2 不能应用到客厅的照明系统中。

本项目总结

等效变换如下：

(1) n 个电阻串联。

等效电阻：$R_{eq}=R_1+R_2+\cdots+R_n=\sum\limits_{k=1}^{n}R_k$

分压公式：$u_k=R_k i=\dfrac{R_k}{R_{eq}}u$

(2) n 个电导并联。

等效电导：$G_{eq}=G_1+G_2+\cdots+G_n=\sum\limits_{k=1}^{n}G_k$

分流公式：$i_k = G_k u = \dfrac{G_k}{G_{eq}} i$

（3）电阻的星形连接与三角形连接的等效变换。

$$\triangle 形电阻 = \frac{Y 形电阻两两乘积之和}{Y 形不相邻电阻}, \quad Y 形电阻 = \frac{\triangle 形相邻电阻的乘积}{\triangle 形电阻之和}$$

当三个电阻相等时，$R_{\triangle} = 3R_Y$ 或 $R_Y = \dfrac{1}{3} R_{\triangle}$。

（4）两种电源模型等效转换的条件：

$$\begin{cases} I_S = \dfrac{U_S}{R_S} 或 U_S = I_S R_S \\ R_S \ 保持不变 \end{cases}$$

支路电流法：对于有 b 条支路、n 个节点的电路，选定各支路电流为未知量，按基尔霍夫电流定律，列写出 $n-1$ 个独立的节点电流方程；按基尔霍夫电压定律，列写出 $b-n+1$ 个回路电压方程。共列写 b 个方程联立求解。

节点电压法：节点电压法是以节点电压为未知量，对 $n-1$（n 为节点数）个独立节点列写 KCL 方程来求解电路的一种方法。

叠加定理：在具有多个电源的线性电路中，任一支路的电流或电压可看成由各个电源单独作用时，在该支路中所产生的电流或电压的代数和。线性电路的这一特性称为叠加定理。

戴维南定理：任何一个有源二端网络，对其外部而言，都可以用一个电压源电阻串联组合来等效替代，电压源的电压等于有源二端网络的开路开压（即端口不与外电路连接时的电压），该电阻等于网络内部所有独立源不作用的情况下网络的等效电阻。

最大功率传输：对于线性有源二端网络，向可变电阻负载 R_L 传输最大功率的条件是：负载电阻 R_L 与二端网络除源后的等效电阻为 R_0 相等。此时负载上获得的最大功率为

$$P_{max} = \frac{U_S^2}{4R_0}$$

思考与练习题

一、填空题

1. 常见的电压源有_____和_____。

2. 电压源的符号画法为_____，电流源的符号画法为_____。

3. 所谓支路电流法就是以_____为未知量，依据_____列出方程式，然后解联立方程得到_____的数值。

4. 用支路电流法解复杂直流电路时，应先列写出_____个节点电流方程，然后列写出_____个回路电压方程（假设电路有 n 条支路、m 个节点，且 $n > m$）。

5. 理想电压源输出的_____值恒定，输出的_____由它本身和外电路共同决定；理想

电流源输出的_____值恒定,输出的_____由它本身和外电路共同决定。

6. 在多个电源共同作用的_____电路中,任一支路的响应均可看做由各个激励单独作用下在该支路上所产生的响应的_____,称为叠加定理。

7. 电阻均为 9 Ω 的三角形连接电阻网络,若将其等效为星形连接网络,各电阻的阻值应为_____Ω。

8. 已知接成 Y 形的三个电阻都是 30 Ω,则等效△形的三个电阻阻值为全是_____Ω。

二、计算题

1. 用支路电流法求图 2.43 所示电路中各支路的电流。

2. 用支路电流法求图 2.44 所示电路中各支路的电流及电流源的电压 U。

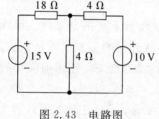

图 2.43 电路图

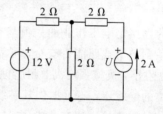

图 2.44 电路图

3. 试求图 2.45 所示电路中的 I 和 U。

4. 用节点电压法求图 2.46 所示电路中各支路电流。

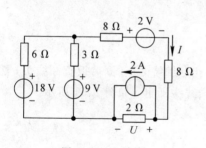

图 2.45 电路图

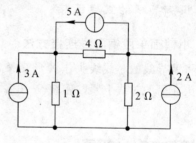

图 2.46 电路图

5. 用叠加定理求图 2.47 所示电路中的 I 和 U。

6. 用戴维南定理求图 2.48 所示电路中流过 10Ω 电阻的电流。

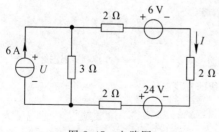

图 2.47 电路图

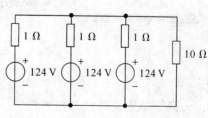

图 2.48 电路图

7. 用戴维南定理求图 2.49 所示二端网络的等效电路。

8. 在图 2.50 所示电路中,R_L 等于多大时能获得最大功率?计算此时的电流 I_L 及 R_L 获得的最大功率。

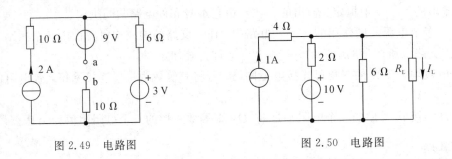

图 2.49 电路图   图 2.50 电路图

技能训练三 导线的连接

导线的连接是电工作业的一项基本工序，也是一项十分重要的是工序。导线连接的质量直接关系到整个线路能否安全、可靠地长期运行。导线连接的基本要求是：连接牢固、可靠，接头电阻小，机械强度高，耐腐蚀、耐氧化，电气绝缘性能好，连接前应小心地剥除导线连接部位的绝缘层，不可损伤其芯线。

常用的导线连接方法有：绞合连接、紧压连接、焊接等。需要连接的导线种类和连接形式不同，其连接的方法也不同，这里我们只介绍绞合连接。绞合连接是指将需要连接的导线芯线直接紧密绞合在一起。

一、单股铜导线的直接连接

1. 小截面单股铜导线连接方法

先将两导线的芯线线头作 X 形交叉，再将它们相互缠绕 2～3 圈后扳直两线头，然后将每个线头在另一芯线上紧贴密绕 5～6 圈后剪去多余线头即可，如图 2.51 所示。

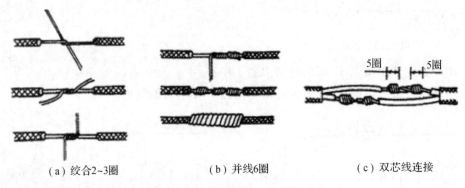

（a）绞合2～3圈   （b）并线6圈   （c）双芯线连接

图 2.51 单股铜芯导线的直线连接

2. 大截面单股铜导线连接方法

先在两导线的芯线重叠处填入一根相同直径的芯线；再用一根截面约 1.5 mm² 的裸铜线在其上紧密缠绕，缠绕长度为导线直径的 10 倍左右；然后将被连接导线的芯线线头分别折回，再将两端的缠绕裸铜线继续缠绕 5～6 圈后剪去多余线头即可。

3. 不同截面单股铜导线连接方法

先将细导线的芯线在粗导线的芯线上紧密缠绕5~6圈；然后将粗导线芯线的线头折回紧压在缠绕层上，再用细导线芯线在其上继续缠绕3~4圈后剪去多余线头即可。

二、单股铜导线的分支连接

1. 单股铜导线的T字分支连接方法

将支路芯线的线头紧密缠绕在干路芯线上5~8圈后剪去多余线头即可，如图2.52(a)所示。对于较小截面的芯线，可先将支路芯线的线头在干路芯线上打一个环绕结，再紧密缠绕5~8圈后剪去多余线头即可，如图2.52(b)所示。

2. 单股铜导线的十字分支连接方法

将上、下支路芯线的线头紧密缠绕在干路芯线上5~8圈后剪去多余线头即可，操作时可以将上、下支路芯线的线头向一个方向缠绕，也可以向左、右两个方向缠绕，如图2.52(c)所示。

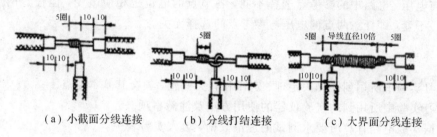

（a）小截面分线连接   （b）分线打结连接   （c）大界面分线连接

图2.52 单股铜芯导线的分支连接（单位:mm）

三、多股铜导线的直接连接方法

首先将剥去绝缘层的多股芯线拉直，将其靠近绝缘层的约1/3芯线绞合拧紧，而将其余2/3芯线成伞状散开；另一根需连接的导线芯线也如此处理。接着将两伞状芯线相对着互相插入后，捏平芯线，然后将每一边的芯线线头分作3组，先将某一边的第1组线头翘起并紧密缠绕在芯线上，再将第2组线头翘起并紧密缠绕在芯线上，最后将第3组线头翘起并紧密缠绕在芯线上；以同样方法缠绕另一边的线头。具体步骤如图2.53所示。

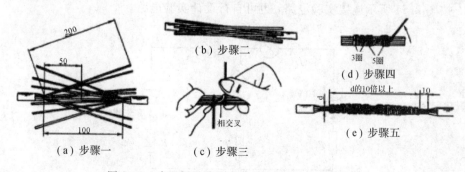

（a）步骤一   （b）步骤二   （c）步骤三   （d）步骤四   （e）步骤五

图2.53 多股铜导线的直接绞接连接（单位:mm）

技能训练四　叠加定理的应用

一、训练目标

1. 用实验的方法验证叠加定理以提高对其的理解和应用能力。
2. 通过实验加深对电位、电压与参考点之间关系的理解。
3. 通过实验加深对电路参考方向的掌握和运用能力。

二、原理说明

叠加定理：对于一个具有唯一解的线性电路，由几个独立电源共同作用所形成的各支路电流或电压，等于各个独立电源单独作用时在相应支路中形成的电流或电压的代数和。不作用的电压源所在的支路应（移开电压源后）短路，不作用的电流源所在的支路应开路。

电位与电压：电路中的参考点选择不同，各节点的电位也相应改变，但任意两点的电压（电位差）不变，即任意两点的电压与参考点的选择无关。

三、预习要求

1. 复习实验中所用到的相关定理、定律和有关概念，领会其基本要点。
2. 预习实验中所用到的实验仪器的使用方法及注意事项。
3. 根据实验电路计算所要求测试的理论数据，填入实验表中。
4. 写出完整的预习报告。

四、设备清单

DF1731SL2A 型直流电压源一台，HY1770 型直流电流源一台，VC97 型数字万用表一块，C65 型直流电流表一块，电流插座三个，电流插头一个、100 Ω、190 Ω、450 Ω 滑线电阻各一只。

五、训练内容

1. 将电压源的输出电压 U_s 调至 10 V，（用万用表直流电压挡测定），电流源的输出电流 I_s 调至 20 mA（用直流毫安表测定），然后关闭电源，待用。
2. 按图 2.54 所示连接实验电路，也可自行设计实验电路。

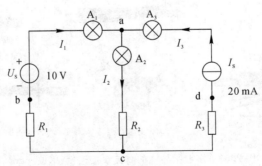

图 2.54　叠加定理验证电路

3. 按以下三种情况进行实验：① 电压源与电流源共同作用；② 电压源单独作用，电流源不作用；③ 电流源单独作用，电压源不作用。分别测出各电阻上的电压和各支路的电流并填入表 2.2 中。最后计算出叠加结果，验证是否符合叠加定理。

表 2.2　叠加定理验证数据

测量结果 项目	测　量　值				计　算　值			
	U_1/V	U_2/V	I_1/mA	I_2/mA	U_1/V	U_2/V	I_1/mA	I_2/mA
U_S 与 I_S 共同作用								
U_S 单独作用								
I_S 单独作用								
$U_\text{S}+I_\text{S}$ 叠加结果								

注：(1) 电压源不作用时，应关掉电压源，并且移开，将该支路短路。

(2) 电流源不作用时，应关掉电流源，将该支路真正开路，电流源的流出端为电流源的正校。

(3) 当电流表反偏时，将电流插座或电流表两接线换接，电流表读数前加负号。

(4) 电流插座有方向，约定红色接线柱为电流的流入端，接电流表量程选择端；黑色接线柱为电流的流出端，接电流表的负极。

(5) 实验前应根据所选参数理论计算所测数据，为方便读取，各支路电流应大于 5 mA；否则应改变电路参数。

六、注意事项

1. 实验报告要整齐、全面，包含全部实验内容。
2. 对实验中出现的一些问题进行讨论。
3. 鼓励同学开动脑筋，自行设计合理的实验电路。
4. 要求给出理论计算值，并与实测值比较，分析产生误差原因。

七、总结与思考

1. 对于非线性电路，叠加定理同样适用吗？
2. 产生测量误差的原因有哪些？

项目三　电路的暂态分析

前面两个项目分析的电阻电路，一旦接通或断开电源时，电路立即处于稳定状态（简称稳态）。但是电路中含有电容元件或电感元件则不同，由于自身能够实现充/放电功能，故此类电路从一个状态变化到另一个状态需要经过一段短暂的时间，这个过程称为**暂态过程**（也称为过渡过程）。如图 3.1 所示，当闭合开关时，会发现电阻支路的灯泡 L_1 立即发光，且亮度不再变化，说明这一支路没有经历过渡过程，立即进入了新的稳态；电感支路的灯泡 L_2 由暗渐渐变亮，最后达到稳定，说明电感支路经历了过渡过程；电容支路的灯泡 L_3 由亮变暗直到熄灭，说明电容支路也经历了过渡过程。

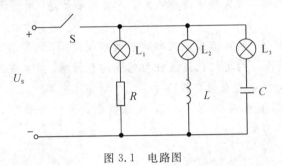

图 3.1　电路图

过渡过程是一种自然现象，认识和掌握这种客观存在的物理现象，才能充分利用暂态过程的特性，以达到趋利避害的目的。本项目就是通过分析引起暂态过程的原因，来讨论暂态过程中，电路中的电压和电流的变化规律。

工程案例　触摸延时开关（一）

我们常见的触摸延时开关如图 3.2 所示，它被广泛应用于楼梯间、卫生间、走廊、仓库、地下通道、车库等场所的自控照明，尤其适合经常忘记关灯、排气扇等场所，避免长明灯等浪费现象，以达到节约用电的目的。其功能特点为：

① 使用时只需触摸开关的金属片即导通工作，延长一段时间后开关自动关闭；

② 无触点电子开关，延长负载使用寿命；

③ 触摸金属片地极零线电压小于 36 V 的人体安全电压，使用时对人体无害；

④ 独特的两制设计，直接代替开关使用，可带动各类负载（如日光灯、节能灯、白炽灯、风扇等）。

图 3.2　触摸延时开关

任务 1　电感元件和电容元件

知识目标

1. 掌握电感和电容元件的伏安关系。
2. 理解电感、电容元件的储能特性。

能力目标

1. 能够准确识别电容和电感元件。
2. 能够准确判断电阻、电容及电感元件的质量。

相关知识

一、电感元件

用导线绕制的空芯线圈或具有铁芯的线圈在工程中具有广泛的应用，例如在电子电路中常用的空芯或带有铁芯的高频线圈，电磁铁或变压器中含有在铁芯上绕制的线圈等。

1. 电感的概念及分类

在线圈中通入电流，这一电流使每匝线圈所产生的磁通称为自感磁通。当同一电流通过结构不同的线圈时，所产生的自感磁通量各不相同。为了衡量不同的线圈产生自感磁通的能力，引入自感系数(简称电感)这一物理量，用符号 L 表示。其表达式为

$$L = \frac{N\Phi}{I} \tag{3.1}$$

式中，$N\Phi$ 为 N 匝线圈的总磁链，用字母 Ψ_L 表示；Φ 的单位是韦[伯](Wb)；L 的单位是亨[利](H)。在实际应用中，通常电感器的电感都太小，常用毫亨(mH)和微亨(μH)表示，

它们之间的换算关系为

$$1\,\text{H} = 10^3\,\text{mH} = 10^6\,\mu\text{H} \tag{3.2}$$

电感器种类繁多，按有无磁芯总体上可将电感器分为空芯线圈和铁芯线圈两大类。在电路中电感器用文字符号 L 表示，其电路符号如图3.3所示。

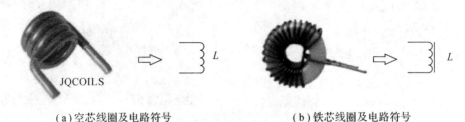

（a）空芯线圈及电路符号　　　　　　　　（b）铁芯线圈及电路符号

图3.3　电感及电路符号

2. 电感元件的电压电流关系

当电感中的磁链 Ψ_L 随时间变化时，在线圈的端子间会产生一个感应电压 u。如果感应电压 u 的参考方向与 Ψ_L 成右手螺旋定则关系，则根据电磁感应定律，有 $u = \dfrac{\mathrm{d}\Psi_L}{\mathrm{d}t}$。因为 $\Psi_L = N\Phi$，所以当电感 u、i 的方向为关联参考方向时，有

$$u = \frac{\mathrm{d}(Li)}{\mathrm{d}t} = L\,\frac{\mathrm{d}i}{\mathrm{d}t} \tag{3.3}$$

若选择电感 u、i 的方向为非关联参考方向，则电感元件的电压与电流的 $u\text{-}i$ 关系为

$$u = -L\,\frac{\mathrm{d}i}{\mathrm{d}t} \tag{3.4}$$

式（3.3）和式（3.4）都表明，电感两端的电压与流过电感的电流的变化率成正比，只有当流过电感的电流发生变化时，电感两端的电压才发生变化，因此电感元件也叫动态元件。

注：电感电流变化越快，两端的电压越大；电感电流变化越慢，两端的电压越小。在直流电路中，流过电感的电流不随时间变化，故电压为零，这时电感元件相当于短路，或者说电感有"通直流阻交流"（简称通直）的作用。

3. 电感元件的能量

当电感线圈中通入电流时，电流在线圈内及线圈周围建立起磁场，并存储磁场能量，因此，电感元件是一种储能元件。

在电压和电流关联参考方向下，电感元件吸收的功率为

$$p = ui = L\,\frac{\mathrm{d}i}{\mathrm{d}t} \cdot i \tag{3.5}$$

设 $t=0$ 时，流过电感元件的电流为 $i(0)=0$，电感元件无磁场能量。在任意时刻 t，流过电感元件的电流为 I_t，则其存储的磁场能量为

$$W_L = \int_0^t p\,\mathrm{d}t = \int_0^t L\,\frac{\mathrm{d}i}{\mathrm{d}t} \cdot i\,\mathrm{d}t = L\int_0^{I_t} i\,\mathrm{d}i = \frac{1}{2}LI_t^2 \tag{3.6}$$

从时间 t_1 到 t_2 内，流过电感元件的电流分别为 I_{t1}、I_{t2}，则线性电感元件吸收的磁场能量为

$$W_L = \int_{I_{t1}}^{I_{t2}} i\,\mathrm{d}i = \frac{1}{2}LI_{t2}^2 - \frac{1}{2}LI_{t1}^2 = W_L(t_2) - W_L(t_1) \tag{3.7}$$

当电流 $|i|$ 增加时，$W_L>0$，元件吸收能量；当电流 $|i|$ 减小时，$W_L<0$，元件释放能量。可见电感元件不把吸收的能量消耗掉，而是以磁场能量的形式存储在磁场中。所以电感元件是一种**储能元件**，同时，它也不会释放出多于它所吸收或存储的能量，因此它又是一种无源元件。

二、电容元件

任何两个彼此绝缘而又相隔很近的导体，都可以看做一个电容器，这两个导体就是电容器的两极，中间的绝缘物质称为电介质。常见的电容器如图 3.4 所示。

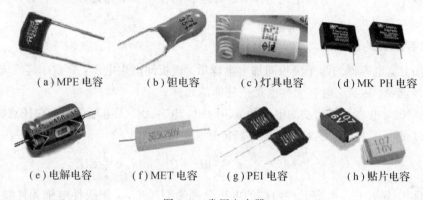

| (a)MPE 电容 | (b)钽电容 | (c)灯具电容 | (d)MK PH 电容 |
| (e)电解电容 | (f)MET 电容 | (g)PEI 电容 | (h)贴片电容 |

图 3.4 常用电容器

1. 电容的概念及分类

实验证明，对于同一个电容器，加在两极板之间的电压越高，极板上所带的电量越多，但电量与电压的比值却是一个常数，而且不同的电容器这个比值一般也不一样。所以，可以用电容器所带的电量与它的两极板之间的电压的比值，表征电容器的特性，我们把这个比值叫做电容器的电容，用符号 C 来表示。如果用 Q 表示电容器所带电荷量，U 为两极板间的电压，那么

$$C = \frac{Q}{U} \tag{3.8}$$

式中，Q 单位是 C；U 单位是 V；C 的单位是法[拉]（F）。

在实际使用中，通常电容器的电容都较小，常用微法（μF）和皮法（pF）表示，它们之间的换算关系为

$$1\ \mathrm{F} = 10^6\ \mu\mathrm{F} = 10^{12}\ \mathrm{pF} \tag{3.9}$$

电容器的种类很多，按结构不同可分为固定电容器、可变电容器和微调电容器三种；按电介质材料的不同可分为电解电容器、涤纶电容器、瓷介电容器、云母电容器、纸质电容器和陶瓷电容器等。在电路中各类电容器均用文字符号 C 表示。

2. 电容元件的电压电流关系

当电容 u、i 的方向为关联参考方向时，有

$$i = \frac{\mathrm{d}q}{\mathrm{d}t} = \frac{\mathrm{d}(Cu)}{\mathrm{d}t} = C\frac{\mathrm{d}u}{\mathrm{d}t} \tag{3.10}$$

这就是关联参考方向下，电容元件的电压、电流的约束关系或电感元件的 u-i 关系。

当电容 u、i 的方向为非关联参考方向时，有

$$i = -C\frac{\mathrm{d}u}{\mathrm{d}t} \tag{3.11}$$

式(3.10)和式(3.11)都表明，流过电容的电流与电容两端的电压的变化率成正比，只有当极板上的电荷量发生变化时，极板间的电压才发生变化，电容支路才形成电流，因此，电容元件也是一种动态元件。

注：电容电压变化越快，电流越大；电容电压变化越慢，电流越小。在直流电路中，极板间的电压不随时间变化，则电流为零，这时电容元件相当于开路，或者说，电容有隔断直流(简称隔直)的作用。

3. 电容元件的能量

如前所述，电容器的两个极板间加上电源后，极板间产生电压，介质中建立起电场，并且存储电场能量。因此，电容元件也是一种储能元件。

设 $t=0$ 时，电容元件两端的电压为 $u(0)=0$，电容元件无电场能量。在任意时刻 t，电容元件两端的电压为 U_t，则其存储的电场能量为

$$W_C = \int_0^t p\mathrm{d}t = \int_0^t uC\frac{\mathrm{d}u}{\mathrm{d}t}\mathrm{d}t = C\int_0^{U_t} u\mathrm{d}u = \frac{1}{2}CU_t^2 \tag{3.12}$$

从时间 t_1 到 t_2 内，电容元件两端的电压分别为 U_{t1}、U_{t2}，则线性电感元件吸收的磁场能量为

$$W_C = \int_{U_{t1}}^{U_{t2}} u\mathrm{d}u = \frac{1}{2}CU_{t2}^2 - \frac{1}{2}CU_{t1}^2 = W_C(t_2) - W_C(t_1) \tag{3.13}$$

当电压 $|u|$ 增加时，$W_C > 0$，元件吸收能量；当电压 $|u|$ 减小时，$W_C < 0$，元件释放能量。可见电容元件不把吸收的能量消耗掉，而是以电场能量的形式存储在电场中。所以电容元件是一种储能元件，同时，它也不会释放出多于它所吸收或存储的能量，因此它又是一种无源元件。

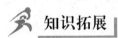 **知识拓展**

电感和电容的标注方法

一、电感的标注方法

为了表明电感器的不同参数，便于在生产、维修时识别和应用，常在小型固定电感器的外壳上涂上标志，其标注方法有直标法、文字符号法和色标法三种。

1. 直标法

直标法是将电感量用数字直接标注，用字母表示额定电流，用Ⅰ、Ⅱ、Ⅲ分别表示允许误差为Ⅰ($\pm5\%$)、Ⅱ($\pm10\%$)、Ⅲ($\pm20\%$)，如图 3.5 所示；其表示方法如表 3.1 所示。

例如，C、Ⅱ、330 μH 表示标称电感量为 330 μH，最大工作电流为 300 mA，允许误差为±10%。

图 3.5 直标法

表 3.1 电感量用数字直接标注

字母	A	B	C	D	E
意义	50 mA	150 mA	300 mA	0.7 A	1.6 A

2. 文字符号法

文字符号法是将电感的标称值和偏差用数字和文字符号按一定的规律组合标识在电感上，如图 3.6 所示。采用文字符号法表示的电感通常是一些小功率电感，单位通常为 μH，用 μH 作单位时，"R"表示小数点。图中所示电感的电感量有 3.3 μH、2.2 μH、4.7 μH、100 μH、470 μH。

图 3.6 文字符号法

3. 色标法

色标法是指在电感器的外壳涂上各种不同颜色的环，用来标注其主要参数，如图 3.7 所示。其中第一条色环表示电感量的第一位有效数字，第二条色环表示第二位有效数字，第三条色环表示倍乘数，第四条表示允许偏差。数字与颜色的对应关系和色环电阻标注法的相同，参见表 2.1。例如，图中电感器的色环颜色分别为红、红、黑、银，表示电感器的电感量为 22 mH，误差为±10%。

图 3.7 色标法

注：色环电阻和色环电感的形状和外观上比较相近，因此比较容易混淆，但相同色环的电阻和电感是不允许替换的，其外观上的区别是：

(1) 色环电阻的色环排布不均匀，第三和第四色环距离较其他相邻色环之间的距离宽很多，而色环电感的色环排布较均匀。

(2) 色环电感的最小尺寸为 φ2 mm×4 mm，电阻的尺寸要比它更小。

二、电容器容量的标注方法

为了表明电容的不同参数，便于在生产、维修时识别和应用，常在小型固定电容的外壳上涂上标志，其标注方法有直标法、文字符号法、数码表示法和色标法四种。

1. 直标法

直标法就是在电容器的表面上直接标出其容量的大小和耐压值，如图 3.8 所示。图中的电容为电解电容，容量为 100 μF，耐压为 400 V。

图 3.8 直标法的电容

2. 文字符号法

文字符号法是用 2～4 位数字与字母混合表示电容的容量，字母有时表示小数点(字母放在数字中间)。例如，2P2 表示容量为 2.2 pF，1F2 表示容量为 1.2 F，15 p 表示容量为 15 pF。

3. 数码表示法

数码表示法中的前两位数表示有效数字，第三位数表示有效数字后面零的个数。对于非电解电容而言，其单位都是 pF，如图 3.9 所示，图中电容的容量为 100 000 pF；对于电解电容来说，其单位为 μF。

4. 色标法

色标法是指在电感器的外壳涂上各种不同颜色的环，用来标注其主要参数。第一条色环表示电感量的第一位有效数字，第二条色环表示第二位有效数字，第三条色环表示倍乘数，第四条表示允许偏差。数字与颜色的对应关系和色环电阻标注法的相同，参见表 2.1。

图 3.9 数码表示法的电容

目标测评

1. 有两个电容器，一个电容较大，另一个电容较小，如果它们所带的电荷量一样，那么哪一个电容器上的电压高？如果它们两端的电压相等，那么哪一个电容器所带的电荷量大？

2. 电感元件和电容元件在交/直流电路中各有什么特点？

任务 2 储能元件和换路定律

知识目标

1. 掌握储能元件的特点。

2. 掌握电感、电容元件的换路定律。

3. 理解暂态过程及暂态过程在工程技术中的应用。

能力目标

能够运用换路定律求解电路的初始值。

 相关知识

一、储能元件

由前面的介绍可知，电感元件和电容元件都是储能元件，并且描述其端口上电压与电流关系的方程均是微分方程或积分方程，这样的元件也称为动态元件。含有动态元件的电路称为动态电路。

动态元件的一个特征就是当电路的结构或元件的参数发生变化时（例如电路中电源或无源元件的断开或接入，信号的突然注入等），可能使电路改变原来的工作状态，转变到另一个工作状态，这种转变往往需要经历一个过程，在工程上称为**过渡过程**。上述电路结构或参数变化引起的电路变化统称为**换路**。是否存在过渡过程是动态电路与电阻电路的重要区别。

二、换路定律

通常我们认为换路是在 $t=0$ 时刻进行的。为了叙述方便，把换路前的最终时刻记为 $t=0_-$，把换路后的最初时刻记为 $t=0_+$，换路经历的时间为 0_- 到 0_+。

1. 具有电感的电路

从能量的角度出发，由于电感电路换路的瞬间，能量不能发生跃变，即 $t=0_+$ 时刻电感元件所存储的能量为 $\frac{1}{2}Li_L^2(0_+)$，与 $t=0_-$ 时刻电感元件所存储的能量 $\frac{1}{2}Li_L^2(0_-)$ 相等，则有

$$i_L(0_+) = i_L(0_-) \tag{3.14}$$

由式(3.14)可知，在换路的一瞬间，电感中的电流应保持换路前一瞬间的原有值而不能跃变。

注：若在换路的一瞬间，流过电感的电流 $i_L(0_+)=i_L(0_-)=0$，电感相当于开路；若 $i_L(0_+)=i_L(0_-)\neq0$，电感相当于直流电流源，其电流的大小和方向与电感换路瞬间的电流 $i_L(0_+)$ 一致。

2. 具有电容的电路

从能量的角度出发，由于电容电路换路的瞬间，能量不能发生跃变，即 $t=0_+$ 时刻电容元件所存储的能量为 $\frac{1}{2}Cu_C^2(0_+)$，与 $t=0_-$ 时刻电容元件所存储的能量 $\frac{1}{2}Cu_C^2(0_-)$ 相等，则有

$$u_C(0_+) = u_C(0_-) \tag{3.15}$$

由式(3.15)可知，在换路的一瞬间，电容的两端电压应保持换路前一瞬间的原有值而不能跃变。

注：若在换路的一瞬间，电容两端电压 $u_C(0_+)=u_C(0_-)=0$，电容相当于断路；若 $u_C(0_+)=u_C(0_-)\neq0$，电容相当于直流电压源，其电压大小和方向与电容换路瞬间的电压 $u_C(0_+)$ 一致。

三、电路初始值的计算

换路后的最初一瞬间（即 $t=0_+$ 时刻）的电流值与电压值统称为初始值。研究线性电路的过渡过程时，电容电压的初始值 $u_C(0_+)$ 及电感电流的初始值 $i_L(0_+)$ 可按换路定律来确定。其他可以跃变的量的初始值要根据 $u_C(0_+)$、$i_L(0_+)$ 和应用 KVL、KCL 及欧姆定律来确定。确定初始值的步骤为：

（1）根据换路前的电路，确定 $u_C(0_-)$、$i_L(0_-)$。

（2）依据换路定律确定 $u_C(0_+)$、$i_L(0_+)$。

（3）根据已求得的 $u_C(0_+)$ 和 $i_L(0_+)$，依据前述的等效原则，画出 $t=0_+$ 时刻的等效电路。

（4）根据等效电路，运用 KCL、KVL 及欧姆定律来确定其他跃变的量的初始条件。

【例 3.1】 如图 3.10(a)所示电路，在开关闭合前 $t=0_-$ 时刻处于稳态，$t=0$ 时刻开关闭合。求初始值 $i_L(0_+)$、$u_C(0_+)$、$u_1(0_+)$、$u_L(0_+)$、$i_C(0_+)$。

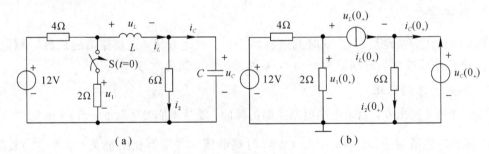

图 3.10　例 3.1 电路图

解　（1）开关闭合前，即 $t=0_-$ 时刻，电路是直流稳态，此时电感处于短路状态，电容处于开路状态，于是求得

$$i_L(0_-)=i_2(0_-)=\frac{12}{4+6}=1.2\text{A}, \quad u_C(0_-)=6\times i_2(0_-)=6\times1.2=7.2\text{ V}$$

（2）由换路定律得

$$i_L(0_+)=i_L(0_-)=1.2\text{A}, \quad u_C(0_+)=u_C(0_-)=7.2\text{ V}$$

（3）根据上述结果，画出 $t=0_+$ 时的等效电路，如图 3.10(b)所示，对其列写节点电压方程为

$$\left(\frac{1}{4}+\frac{1}{2}\right)u_1(0_+)=\frac{12}{4}-i_L(0_+)$$

将 $i_L(0_+)=1.2$ A 代入上式，求得 $u_1(0_+)=2.4$ V。

根据 KCL、KVL 求得

$$u_L(0_+)=u_1(0_+)-u_C(0_+)=2.4-7.2=-4.8\text{ V}$$

$$i_C(0_+)=i_L(0_+)-i_2(0_+)=i_L(0_+)-\frac{u_C(0_+)}{6}=1.2-\frac{7.2}{6}=1.2-1.2=0$$

四、电路稳态值的计算

换路后的最后时刻(即 $t=\infty$ 时刻)的电流值与电压值统称为稳态值。如果外施激励是直流量,则稳态值也是直流量,可将电容开路,将电感短路,按电阻性电路计算。

确定稳态值的步骤为:

(1) 做出换路后电路达稳态时的等效电路(将电容开路,将电感短路)。

(2) 按电阻性电路的计算方法计算各稳态值。

【例3.2】 在图3.11(a)所示电路中,直流电压源的电压 $U_S=6$ V,直流电流源的电流 $I_S=2$ A,$R_1=2$ Ω,$R_2=R_3=1$ Ω,$L=0.1$ H。求换路后的 $i(\infty)$ 和 $u(\infty)$。

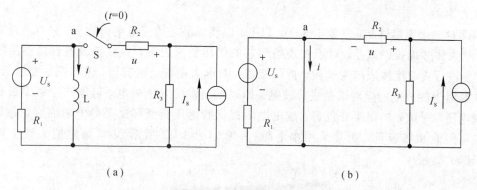

(a)   (b)

图3.11 例3.2电路图

解 首先做出换路后电路达稳态时的等效电路,如图3.11(b)所示,根据电路可得

$$i(\infty) = \frac{U_S}{R_1} + I_S \frac{R_3}{R_2+R_3} = \frac{6}{2} + 2 \times \frac{1}{1+1} = 4 \text{ A}$$

$$u(\infty) = I_S \frac{R_2 R_3}{R_2+R_3} = 2 \times \frac{1 \times 1}{1+1} = 1 \text{ V}$$

【例3.3】 在图3.12(a)所示电路中,$U_S=9$ V,$R_1=2$ kΩ,$R_2=3$ kΩ,$R_3=4$ kΩ,开关闭合时,电路处于稳定状态,在 $t=0$ 时将开关断开,求换路后的 $u_C(\infty)$。

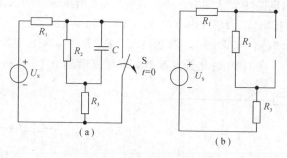

(a)   (b)

图3.12 例3.3电路图

解 首先做出换路后电路达稳态时的等效电路,如图3.12(b)所示,根据电路可知,$u_C(\infty)$ 为电阻 R_2 两端的电压,故

$$u_C(\infty) = \frac{U_S}{R_1+R_2+R_3} \times R_2 = \frac{9}{2+3+4} \times 3 = 3 \text{ V}$$

🏃 **知识拓展**

电气试验后的放电原因

在电力系统中，常用的大型电气设备如长电缆、大型发电机、大容量变压器、大电机等都有一定的电容量。当给这些电气设备做高压试验完毕后，必须要将试品经电阻接地放电，最后直接接地放电。这是因为在实验过程中，这些大型电气设备自身存在的电容会自动充电，当试验结束后，突然切断电源，电容器自身存储的电荷没有得到释放，当人体接触试品时，电荷就会通过人体导入大地而形成通路，从而使人体触电，很容易出现触电死亡事故。

因此对于大容量试品，需放电 5 min 以上，以使试品上的充电电荷放尽，只有经过充分放电后，人体才能接触试品。对于在现场组装的倍压整流装置，要对各级电容器逐级放电后，才能进行更改接线或结束试验，拆除接线。对电力电缆、电容器、发电机、变压器等，必须先经适当的放电电阻对试品进行放电。如果试品直接对地放电，可能产生频率极高的振荡过电压，对试品的绝缘有危害。放电电阻视试验电压高低和试品的电容而定，必须有足够的电阻值和热容量。通常采用水电阻（外形如图 3.13 所示），其电阻值大致上可为 $200 \sim 5000 \ \Omega/kV$。

图 3.13 水电阻外形

▤ **目标测评**

1. 在图 3.14 所示电路中，已知 $U_S = 12 \ V$，$R_1 = 4 \ k\Omega$，$R_2 = 8 \ k\Omega$，$C = 1 \ \mu F$，在 $t = 0$ 时，闭合开关 S。试求初始值 $i_C(0_+)$、$i_1(0_+)$、$i_2(0_+)$ 和 $u_C(0_+)$。

2. 在图 3.15 所示电路中，$U_S = 9 \ V$，$R_1 = 2 \ k\Omega$，$R_2 = 3 \ k\Omega$，$R_3 = 4 \ k\Omega$，当开关闭合时，电路处于稳定状态，在 $t = 0$ 时将开关断开。求换路后的 $u_C(0_+)$ 和 $u_C(\infty)$。

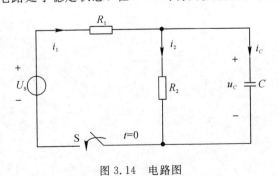

图 3.14 电路图

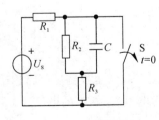

图 3.15 电路图

任务 3　动态电路的响应

 知识目标

1. 了解 RC 电路和 RL 电路的零输入响应、零状态响应和全响应的分析方法。
2. 理解电容元件和电感元件的充/放电过程。
3. 了解时间常数的概念。

 能力目标

1. 能够正确区分 RC 电路和 RL 电路的零输入响应、零状态响应和全响应。
2. 能够分析电容元件和电感元件的充/放电过程。

 相关知识

只含有一个动态（储能）元件的电路称为一阶动态电路。动态电路中无外施激励电源，仅由动态（储能）元件初始储能的释放所产生的响应，称为动态电路的零输入响应。而动态电路的零状态响应是指电路在零初始状态下（动态元件初始储能为零）由外施激励引起的响应。

一、RC 电路的响应

1. RC 电路的零输入响应

在图 3.16 所示电路中，开关 S 闭合前，电容 C 已充电，其电压 $u_C = u_C(0_-)$。开关 S 闭合后，电容存储的能量将通过电阻以热能形式释放出来。现把开关动作时刻取为计时起点（$t=0$），开关 S 闭合后，即 $t \geqslant 0_+$，根据 KVL 可得

$$u_R - u_C = 0 \tag{3.16}$$

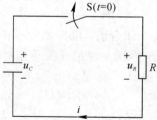

图 3.16　RC 电路的零输入响应

由于电流 i_C 与 u_C 参考方向为非关联参考方向，则 $i_C = -C \dfrac{\mathrm{d}u_C(t)}{\mathrm{d}t}$；又由于 $u_R = Ri_C$，因此代入上述方程有

$$RC \frac{\mathrm{d}u_C(t)}{\mathrm{d}t} + u_C = 0 \tag{3.17}$$

这是一阶齐次微分方程，当 $t=0_+$ 时，$u_C=u_C(0_+)=u_C(0_-)$，求得满足初始值的微分方程的解为

$$u_C(t) = u_C(0_+)e^{-\frac{t}{RC}} \tag{3.18}$$

这就是放电过程中电容电压 u_C 的表达式。

电容电流为

$$i_C = -C\frac{du_C(t)}{dt} = -C\frac{d}{dt}\left[u_C(0_+)e^{-\frac{t}{RC}}\right] = \frac{u_C(0_+)}{R}e^{-\frac{t}{RC}}$$

从以上表达式可以看出，电容电压 u_C 和电流 i_C 都是按照同样的指数规律衰减的，它们衰减的快慢取决于指数中 $1/(RC)$ 的大小。令

$$\tau = RC \tag{3.19}$$

其中，τ 称为 RC 电路的时间常数。当电阻的单位为欧［姆］（Ω）、电容的单位为法［拉］（F）时，τ 的单位为秒（s）。引入时间常数 τ 后，电容电压 u_C 和电流 i_C 可以分别表示为

$$u_C(t) = u_C(0_+)e^{-\frac{t}{\tau}} \tag{3.20}$$

$$i_C(t) = \frac{u_C(0_+)}{R}e^{-\frac{t}{\tau}} \tag{3.21}$$

时间常数 τ 的大小反映了一阶电路过渡过程的进展速度，它也是反映过渡过程特征的一个重要的量，参见表 3.2。

表 3.2 计 算 结 果

t	0	τ	3τ	5τ	...	∞
$u_C(t)$	$u_C(0_+)$	$0.368u_C(0_+)$	$0.05u_C(0_+)$	$0.0067u_C(0_+)$	...	0

从表 3.2 可见，经过一个时间常数 τ 后，电容电压 u_C 衰减了 63.2%。在理论上要经历无限长的时间，u_C 才能衰减到零值；但工程上一般认为换路后，经过 $3\tau\sim5\tau$ 时间常数则过渡过程就基本结束。

注：时间常数 τ 仅由电路的参数决定。在一定的 $u_C(0_+)$ 下，当 R 越大时，电路放电电流就越小，放电时间就越长；当 C 越大时，存储的电荷就越多，放电时间就越长。实际中常通过合理选择 RC 的值来控制放电时间的长短。

2. RC 电路的零状态响应

在图 3.17 所示电路中，开关 S 闭合前，电路处于零初始状态，电压 $u_C=u_C(0_-)=0$。开关 S 闭合后，电路接入直流电压源 U_S。现把开关动作时刻取为计时起点（$t=0$），开关 S 闭合后，即 $t\geqslant0_+$，根据 KVL 可得

$$u_R + u_C = U_S$$

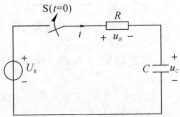

图 3.17 RC 电路的零状态响应

由于电流 i_C 与 u_C 参考方向为关联参考方向，则 $i_C = C\dfrac{\mathrm{d}u_C(t)}{\mathrm{d}t}$；又由于 $u_R = Ri_C$，因此代入上述方程有

$$RC\frac{\mathrm{d}u_C(t)}{\mathrm{d}t} + u_C = U_\mathrm{s} \tag{3.22}$$

这是一阶非齐次微分方程，U_s 其实也是电容充满电后的稳态电压的 $U_C(\infty)$，求得的微分方程的解为

$$u_C(t) = U_\mathrm{s}(1 - \mathrm{e}^{-\frac{t}{\tau}}) = U_C(\infty)(1 - \mathrm{e}^{-\frac{t}{\tau}}) \tag{3.23}$$

这就是充电过程中电容电压 u_C 的表达式，其中，$\tau = RC$。

电容电流为

$$i_C = C\frac{\mathrm{d}u_C(t)}{\mathrm{d}t} = C\frac{\mathrm{d}}{\mathrm{d}t}[U_C(\infty)(1 - \mathrm{e}^{-\frac{t}{\tau}})] = \frac{U_C(\infty)}{R}\mathrm{e}^{-\frac{t}{\tau}}$$

RC 电路接通直流电压源的过程也即是电源通过电阻对电容充电的过程。在充电过程中，电源供给的能量一部分转换成电场能量存储于电容中；另一部分被电阻转变为热能消耗，电阻所消耗的电能为

$$W_R = \int_0^\infty i^2 R\mathrm{d}t = \frac{1}{2}CU_C^2(\infty) \tag{3.24}$$

从上式可见，不论电路中电容 C 和电阻 R 的数值为多少，在充电过程中，电源提供的能量只有一半转变成电场能量存储于电容中，另一半则为电阻所消耗，也就是说，充电效率只有 50%。

3. RC 电路的全响应

当一个非零初始状态的一阶电路受到激励时，电路的响应称为一阶电路的全响应。在图 3.18 所示电路中，开关 S 闭合前，电容已充电，其电压 $u_C = u_C(0_-) \neq 0$。开关 S 闭合后，电路接入直流电压源 U_s。把开关动作时刻取为计时起点($t=0$)，开关 S 闭合后，即 $t \geq 0_+$，根据 KVL 可得

$$u_R + u_C = U_\mathrm{s}$$

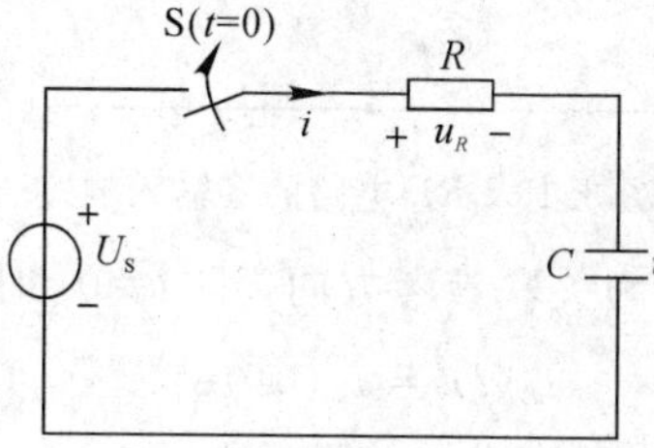

图 3.18 RC 电路的全响应

由于电流 i_C 与 u_C 参考方向为关联参考方向，则 $i_C = C\dfrac{\mathrm{d}u_C(t)}{\mathrm{d}t}$；又由于 $u_R = Ri_C$，因此代入上述方程有

$$RC\frac{\mathrm{d}u_C(t)}{\mathrm{d}t} + u_C = U_\mathrm{s}$$

这是一阶非齐次微分方程，U_s 其实也是电容达到稳态后的电压 $U_C(\infty)$，求得的微分方程的解为

$$u_C(t) = U_C(0_+)e^{-\frac{t}{\tau}} + U_s(1 - e^{-\frac{t}{\tau}}) = U_C(0_+)e^{-\frac{t}{\tau}} + U_C(\infty)(1 - e^{-\frac{t}{\tau}}) \qquad (3.25)$$

这就是电容电压在 $t \geqslant 0_+$ 时的全响应。

可以看出，式(3.25)右边的第一项是电路的零输入响应，右边的第二项则是电路的零状态响应，这说明全响应是零输入响应和零状态响应的叠加，即

$$\text{全响应} = \text{零输入响应} + \text{零状态响应} \qquad (3.26)$$

对式(3.25)稍作变形，还可进一步化为

$$u_C(t) = U_s + [U_C(0_+) - U_s]e^{-\frac{t}{\tau}} \qquad (3.27)$$

可以看出，式(3.27)右边的第一项是恒定值，其大小等于直流电压源电压，是换路后电容电压达到稳态后的量；右边的第二项则是仅取决于电路参数 τ，会随着时间的增长按指数规律逐渐衰减到零，是电容电压瞬态的量。所以又常将全响应看做稳态分量和瞬态分量的叠加，即

$$\text{全响应} = \text{稳态分量} + \text{瞬态分量} \qquad (3.28)$$

二、RL 电路的响应

1. RL 电路的零输入响应

在图 3.19 所示电路中，开关 S 闭合前，电感中的电流已经恒定不变，其电流 $i_L = i_L(0_-)$。开关 S 闭合后，电感存储的能量将通过电阻以热能形式释放出来。把开关动作时刻取为计时起点($t=0$)，开关 S 闭合后，根据 KVL 可得

$$u_R + u_L = 0$$

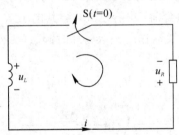

图 3.19 RL 电路的零输入响应

由于电流 i_L 与 u_L 参考方向为关联参考方向，且 $t=0_+$ 时，$i_L = i_L(0_+) = i_L(0_-)$，故

$$i_L(t) = i_L(0_+)e^{-\frac{R}{L}t} \qquad (3.29)$$

这就是放电过程中电感电流 i_L 的表达式。

电感电压为

$$u_L = L\frac{\mathrm{d}i_L(t)}{\mathrm{d}t} = L\frac{\mathrm{d}}{\mathrm{d}t}[i_L(0_+)e^{-\frac{R}{L}t}] = -Ri_L(0_+)e^{-\frac{R}{L}t}$$

从以上表达式可以看出，电感电压 u_L 和电流 i_L 都是按照同样的指数规律衰减的，它们衰减的快慢取决于指数中 R/L 的大小。令

$$\tau = \frac{L}{R} \qquad (3.30)$$

式中，τ 称为 RL 电路的时间常数。则上述各式可以写为

$$i_L(t) = i_L(0_+)\mathrm{e}^{-\frac{t}{\tau}}, \quad u_L(t) = -Ri_L(0_+)\mathrm{e}^{-\frac{t}{\tau}} \tag{3.31}$$

2. RL 电路的零状态响应

在图 3.20 所示电路中，开关 S 闭合前，电感中没有电流通过，其电流 $i_L = i_L(0_-) = 0$。开关 S 闭合后，电感中的电流逐渐增大到一个恒定值。把开关动作时刻取为计时起点（$t=0$），开关 S 闭合后，即 $t \geq 0_+$，根据 KVL 可得

$$u_R + u_L = U_\mathrm{S}$$

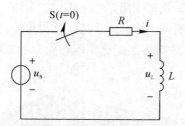

图 3.20 RL 电路的零状态响应

由于电流 i_L 与 u_L 参考方向为关联参考方向，且 U_S/R 其实也是电感充满电后的稳态电流的 $I_L(\infty)$，故

$$i_L(t) = \frac{U_\mathrm{S}}{R}(1 - \mathrm{e}^{-\frac{t}{\tau}}) = I_L(\infty)(1 - \mathrm{e}^{-\frac{t}{\tau}}) \tag{3.32}$$

这就是充电过程中电感电流 i_L 的表达式。

电感电压为

$$u_L = L\frac{\mathrm{d}i_L(t)}{\mathrm{d}t} = L\frac{\mathrm{d}}{\mathrm{d}t}\left[I_L(\infty)\mathrm{e}^{-\frac{t}{\tau}}\right] = RI_L(\infty)\mathrm{e}^{-\frac{t}{\tau}}$$

3. RL 电路的全响应

在图 3.21 所示电路中，开关 S 闭合前，电感已充电，其电流 $i_L = i_L(0_-) \neq 0$。开关 S 闭合后，电路接入直流电压源 U_S。把开关动作时刻取为计时起点（$t=0$），开关 S 闭合后，根据 KVL 可得：

$$u_R + u_L = U_\mathrm{S}$$

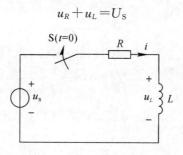

图 3.21 RL 电路的全响应

由于电流 i_L 与 u_L 参考方向为关联参考方向，且 U_S/R 其实也是电感充满电后的稳态电流的 $I_L(\infty)$，故

$$i_L(t) = i_L(0_+)\mathrm{e}^{-\frac{t}{\tau}} + I_L(\infty)(1 - \mathrm{e}^{-\frac{t}{\tau}}) \tag{3.33}$$

这就是充电过程中电感电流 i_L 的表达式，其中 $\tau = L/R$。

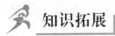

通过上式可以看出，RL 电路的全响应也是零输入响应和零状态响应的叠加。

知识拓展

蓄电池的充/放电原理

蓄电池通常是指铅酸蓄电池，它是电池中的一种，能够进行反复充电与放电，属于二次电池。它的作用是能把有限的电能存储起来，在合适的地方使用。铅蓄电池的电压是 2 V，通常把三个铅蓄电池串联起来使用，电压是 6 V。汽车上用的是 6 个 2 V 的铅蓄电池串联成 12 V 的电池组。蓄电池工作原理是：充电时利用外部的电能使内部活性物质再生，把电能存储为化学能；需要放电时再次把化学能转换为电能输出。图 3.22 所示为蓄电池的外形图。

图 3.22　蓄电池外形图

1. 蓄电池的放电

蓄电池对外电路输出电能时叫做蓄电池的放电。金属铅是负极，发生氧化反应，被氧化为硫酸铅；二氧化铅是正极，发生还原反应，被还原为硫酸铅。电池在用直流电充电时，两极分别生成铅和二氧化铅。移去电源后，它又恢复到放电前的状态，组成化学电池。铅蓄电池在使用一段时间后要补充蒸馏水，使电解液中保持含有浓度为 22％～28％ 的稀硫酸。

2. 蓄电池的充电

蓄电池从其他直流电源获得电能的过程叫做充电。充电时，在正、负极板上的硫酸铅会被分解还原成硫酸、铅和氧化铅，同时在负极板上产生氢气，正极板产生氧气，电解液中酸的浓度逐渐增加，电池两端的电压上升。当正、负极板上的硫酸铅都被还原成原来的活性物质时，充电就结束了。在充电时，在正、负极板上生成的氧和氢会在电池内部氧合成水回到电解液中。

目标测评

1. 供电局向某一企业供电电压为 10 kV，在切断电源瞬间，电网上遗留电压有 $10\sqrt{2}$ kV。已知送电线路长 $L=30$ km，电网对地绝缘电阻为 500 MΩ，电网的分布为 $C_0=0.08$ μF/km。试问：

（1）拉闸后 1 min，电网对地的残余电压为多少？

（2）拉闸后 10 min，电网对地的残余电压为多少？

2. 图 3.23 所示是一台 300 kW 汽轮发电机的励磁回路。已知励磁绕组的电阻 $R=0.189\ \Omega$，感 $L=0.189$ H，直流电压 $U=35$ V。电压表的量程为 50 V，内阻 $R_V=5$ kΩ。开关未断开时，电路中电流已经恒定不变。在 $t=0$ 时，断开开关。求：

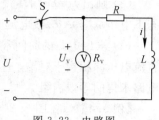

图 3.23　电路图

（1）电阻、电感回路的时间常数。

（2）电流 i 的初始值和开关断开后电流 i 的稳态值。

（3）电流 i 和电压表处的电压 U_V。

（4）开关断开时，电压表处的电压 U_V。

任务4　一阶线性电路暂态分析的三要素法

 知识目标

1. 理解一阶线性电路暂态分析的三要素法。
2. 掌握一阶线性电路暂态分析的三要素法的步骤。

 能力目标

1. 能够根据电路求解初始值、稳态值和时间常数。
2. 能够应用三要素法求解一阶线性电路的暂态过程。

 相关知识

由前面所介绍的知识可知，无论是把全响应分解为零状态响应和零输入响应，还是分解为稳态分量和瞬态分量，都不过是从不同的角度去分析全响应的。而全响应总是有初始值 $f(0_+)$、稳态分量 $f(\infty)$ 和时间常数 τ 三个要素决定的。在直流电源激励下，全响应 $f(t)$ 可写为

$$f(t) = f(\infty) + [f(0_+) - f(\infty)]\mathrm{e}^{-\frac{t}{\tau}} \tag{3.34}$$

由式（3.34）可以看出，若已知初始值 $f(0_+)$、稳态分量 $f(\infty)$ 和时间常数 τ 三个要素，就可以根据式（3.34）直接写出直流激励下一阶电路的全响应，这种方法称为三要素法。而前面介绍的通过微分方程求解的方式求得储能元件响应函数的方法称为经典法。

由于零输入响应和零状态响应是全响应的特殊情况，因此，三要素法适用于求解一阶暂态电路的任一种响应，具有普遍适用性。

三要素法简单，容易计算，特别是在求解复杂的一阶电路时尤为方便。下面归纳出用三要素法求解的一般步骤：

（1）画出换路前（$t=0_-$）的等效电路，求出电容电压 $u_C(0_-)$ 或电感电流 $i_L(0_-)$。

（2）根据换路定律 $u_C(0_+)=u_C(0_-)$，$i_L(0_+)=i_L(0_-)$，求出响应电压 $u(0_+)$ 或电流 $i(0_+)$ 的初始值，即 $f(0_+)$。

電工基础与技能训练

（3）画出 $t=\infty$ 时的稳态电路（稳态时电容相当于开路，电感元件相当于短路），求出稳态下电压响应 $u(\infty)$ 或电流 $i(\infty)$，即 $f(\infty)$。

（4）求出电路的时间常数 τ。$\tau=RC$ 或 L/R，其中 R 值是换路后断开储能元件 C 或 L，直流电压源相当于短路，直流电流源相当于断路，由储能元件两端看进去，用戴维南等效电路求得的等效内阻。

【例 3.4】 在图 3.24 所示电路中，开关 S 断开前电路处于稳态。已知 $U_s=20\ \text{V}$，$R_1=R_2=1\ \text{k}\Omega$，$C=1\ \mu\text{F}$。求开关断开后，$u_C$ 和 i_C 的解析式。

解 选定各电流与电压的参考方向如图 3.24 所示。

因为换路前电容上电流 $i_C(0_-)=0$，故有

$$i_1(0_-)=i_2(0_-)=\frac{U_s}{R_1+R_2}=\frac{20}{10^3+10^3}$$
$$=10\times10^{-3}=10\ \text{mA}$$

换路前电容上电压为

$$u_C(0_-)=i_2(0_-)R_2=10\times10^{-3}\times1\times10^3=10\ \text{V}$$

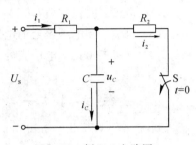

图 3.24 例 3.4 电路图

由于 $u_C(0_-)<U_s$，因此换路后电容将继续充电，其充电时间常数为

$$\tau=R_1C=1\times10^3\times1\times10^{-6}=10^{-3}=1\ \text{ms}$$

电容充满电后的稳态电压 $U(\infty)=U_s=20\ \text{V}$，将上述数据代入式（3.34），得

$$u_C=U(\infty)+[U_C(0_+)-U(\infty)]\mathrm{e}^{-\frac{t}{\tau}}=20+(10-20)\mathrm{e}^{-\frac{t}{10^{-3}}}$$
$$=20-10\mathrm{e}^{-1000t}\ \text{V}$$

$$i_C=C\frac{\mathrm{d}u_C}{\mathrm{d}t}=\frac{U(\infty)-U_C(0_+)}{R}\mathrm{e}^{-\frac{t}{\tau}}=\frac{20-10}{1000}\mathrm{e}^{-\frac{t}{10^{-3}}}=0.01\mathrm{e}^{-1000t}$$
$$=10\mathrm{e}^{-1000t}\ \text{mA}$$

【例 3.5】电路如图 3.25 所示，$U_{S1}=12\ \text{V}$，$U_{S2}=10\ \text{V}$，$R_1=2\ \text{k}\Omega$，$R_2=2\ \text{k}\Omega$，$C=10\ \mu\text{F}$，开关 S 闭合在 1 端，电路处于稳态；在 $t=0$ 时刻，开关 S 由 1 端闭合到 2 端，试求换路后电路中各量的初始值及电容电压的响应 $u_C(t)$。

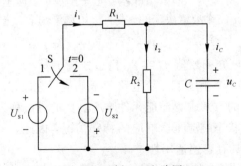

图 3.25 例 3.5 电路图

解 （1）求初始值。当开关 S 闭合在 1 端时，有

$$u_C(0_-)=\frac{U_{S1}}{R_1+R_2}\times R_2=6\ \text{V}$$

根据换路定律，当 S 闭合到 2 端的瞬间，有

$$u_C(0_+) = u_C(0_-) = 6 \text{ V}, \quad u_{R2}(0_+) = u_C(0_+) = 6 \text{ V}$$

则

$$i_2(0_+) = \frac{u_C(0_+)}{R_2} = \frac{6}{2 \times 10^3} = 3 \text{ mA}$$

由基尔霍夫电压定律可得

$$i_1(0_+)R_1 + u_C(0_+) + U_{S2} = 0$$

则

$$i_1(0_+) = -\frac{U_{S2} + u_C(0_+)}{R_1} = -\frac{10+6}{2 \times 10^3} = -8 \text{ mA}$$

$$u_{R1}(0_+) = i_1(0_+)R_1 = -8 \text{ (mA)} \times 2 \text{ (k}\Omega) = -16 \text{ V}$$

$$i_C(0_+) = i_1(0_+) - i_2(0_+) = -8 - 3 = -11 \text{ mA}$$

（2）求稳态值。当开关闭合到 2 端后，电路达到稳态时 C 相当于开路，则

$$u_C(\infty) = -\frac{U_{S2}}{R_1+R_2} \times R_2 = -\frac{10}{2+2} \times 2 = -5 \text{ V}$$

（3）求时间常数。电阻 R 为从 C 的两端看进去的无源二端网络的等效电阻，得

$$R = R_1 /\!/ R_2 = \frac{2 \times 2}{2+2} = 1 \text{ k}\Omega$$

则时间常数为

$$\tau = RC = 1 \times 10^3 \times 10 \times 10^{-6} = 0.01 \text{ s}$$

由一阶电路的三要素法可得

$$u_C(t) = -5 + [6-(-5)]e^{-\frac{t}{\tau}} = -5 + 11e^{-100t} \text{ V}$$

 知识拓展

经典法与三要素法分析一阶暂态电路的区别

经典法与三要素法求解 RC 电路和 RL 电路的比较如表 3.3 所示

表 3.3　经典法与三要素法求解 RC 和 RL 电路比较表

名　称	微分方程求解	三要素表示法
RC 电路的零输入响应	$u_C(t) = U_C(0_+)e^{-\frac{t}{\tau}}$ $i_C(t) = \dfrac{U_C(0_+)}{R}e^{-\frac{t}{\tau}}$	$f(t) = f(0_+)e^{-\frac{t}{\tau}}$
RC 电路的零状态响应	$u_C(t) = U(\infty)(1-e^{-\frac{t}{\tau}})$ $i_C(t) = I_C(0_+)e^{-\frac{t}{\tau}}$	$f(t) = f(\infty)(1-e^{-\frac{t}{\tau}})$ $f(t) = f(0_+)e^{-\frac{t}{\tau}}$
RL 电路的零输入响应	$i_L(t) = I_L(0_+)e^{-\frac{t}{\tau}}$ $u_L(t) = -RI_L(0_+)e^{-\frac{t}{\tau}}$	$f(t) = f(0_+)e^{-\frac{t}{\tau}}$
RL 电路的零状态响应	$i_L(t) = I_L(\infty)(1-e^{-\frac{t}{\tau}})$ $u_L(t) = U_L(0_+)e^{-\frac{t}{\tau}}$	$f(t) = f(\infty)(1-e^{-\frac{t}{\tau}})$ $f(t) = f(0_+)e^{-\frac{t}{\tau}}$
一阶 RC 电路的全响应	$u_C(t) = U_S + [U_C(0_+)-U_S]e^{-\frac{t}{\tau}}$ $i_C(t) = \dfrac{U_S - U_C(0_+)}{R}e^{-\frac{t}{\tau}}$	$f(t) = f(\infty) + [f(0_+)-f(\infty)]e^{-\frac{t}{\tau}}$ $f(t) = f(0_+)e^{-\frac{t}{\tau}}$

目标测评

1. 在图 3.26 所示电路中，$t=0_-$ 时处于稳态，设 $U_{S1}=38$ V，$U_{S2}=20$ V，$R_1=20$ Ω，$R_2=5$ Ω，$R_3=6$ Ω，$L=0.2$ H。求 $t \geqslant 0$ 时的电流 i_L。

2. 在图 3.27 所示电路中，已知 $R_1=100$ Ω，$R_2=400$ Ω，$C=125$ μF，$U_S=200$ V，在换路前电容上有电压 $u_C(0_-)=50$ V。求 S 闭合后电容电压和电流的变化规律。

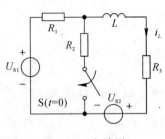
图 3.26 电路图

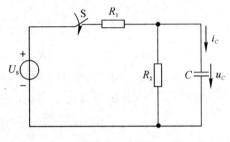
图 3.27 电路图

＊任务 5　微分电路与积分电路

知识目标

了解微分电路与积分电路的工作原理及电路的基本形式。

能力目标

能够认识微分电路与积分电路。

相关知识

微分电路和积分电路是由电阻 R 和电容 C 构成的两个重要电路，这两种电路的处理信号多为脉冲信号，通过选择合适的时间常数可进行脉冲整形和产生脉冲信号。

一、微分电路

微分电路即为输出信号与输入信号的微分成正比关系的电路，一般可用于电子开关加速电路、整形电路和触发信号电路中。RC 微分电路如图 3.28 所示，当 R、C 参数选择合适时，可以满足微分电路的条件。

当 $\dfrac{1}{\omega C} \gg R$ 时，根据基尔霍夫电压定律列写方程：

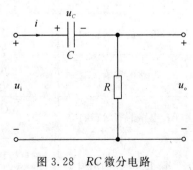
图 3.28 RC 微分电路

$$u_i = u_C + u_o \approx u_C \rightarrow u_o = iR = RC\frac{\mathrm{d}u_i}{\mathrm{d}t}$$

即输出信号与输入信号的微分成正比,其条件为 $\tau \ll T$(即要求电路的时间常数 τ 远小于方波信号的脉冲宽度 T)。

微分电路可将矩形波转化为尖脉冲,尖脉冲常用作触发器或晶闸管的触发信号(如图 3.29 所示)。用微分电路构成的放大器加速电容电路,可以加快三极管的导通和截止的转换速度。

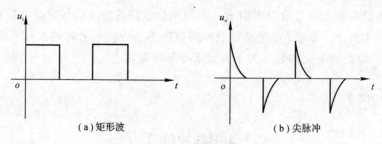

(a)矩形波 (b)尖脉冲

图 3.29 微分电路的波形变换

二、积分电路

积分电路即为输出信号与输入信号的积分成正比关系的电路。这种电路可用于电视机的扫描电路中,积分电路如图 3.30 所示。

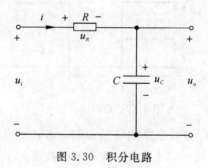

图 3.30 积分电路

当 $R \gg \dfrac{1}{\omega C}$ 时,根据基尔霍夫电压定律可列写方程:

$$u_i = u_R + u_o \approx u_R \rightarrow u_i = RC\frac{\mathrm{d}u_o}{\mathrm{d}t} \rightarrow u_o \approx \frac{1}{RC}\int u_i \mathrm{d}t$$

即输出信号与输入信号的积分成正比,其条件为 $\tau \gg T$,电路的时间常数 τ 远大于方波信号脉冲的宽度 T。积分电路可以将矩形波转化为锯齿波或三角波,如图 3.31 所示。

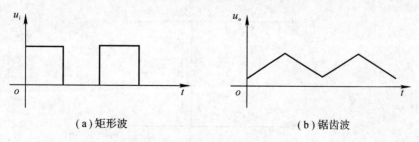

(a)矩形波 (b)锯齿波

图 3.31 积分电路的波形变换

　　积分电路可构成电视机场扫描电路中的场积分电路，此电路可在混合的同步信号中，取出场脉冲信号。

　　微分电路与积分电路的总结与对比如下：

　　① 微分电路与积分电路在电路形式上同前面介绍的电阻分压电路相似，但是电路的工作原理和分析方法是不同的。

　　② 微分电路的输出信号取自电阻 R 上，而积分电路的输出信号取自电容 C 上。

　　③ 在微分电路中，要求 RC 电路的时间常数远小于方波信号脉冲宽度；而在积分电路中，则要求 RC 电路的时间常数远大于方波信号脉冲宽度。

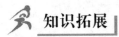 **知识拓展**

矩形脉冲信号

　　在数字电路中，经常会碰到如图 3.32 所示的波形，此波形称为矩形脉冲信号。其中 U_s 为脉冲幅值，t_p 为脉冲宽度，T 为脉冲周期。

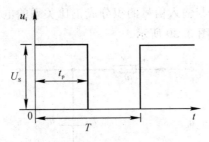

图 3.32　矩形脉冲信号

　　当矩形脉冲信号作为 RC 串联电路的激励源时，选取不同的时间常数及输出端，就可得到我们所希望的某种输出波形，以及激励与响应的特定关系。如本任务中的微分电路和积分电路。

目标测评

　　1. 如图 3.33 所示电路，已知 $R = 20\ \text{k}\Omega$，$C = 200\ \text{pF}$，若输入 $f = 10\ \text{kHz}$ 的连续方波，试问此 RC 电路是微分电路还是一般的阻容耦合电路？

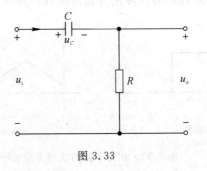

图 3.33

　　2. 简述积分电路和微分电路的区别。

工程案例分析　触摸延时开关(二)

图 3.34 所示为一种简单、实用的触摸延时开关电路原理图。该触摸延时电路是基于芯片 NE555 构成的，通过开关闭合后控制电路在一段时间后自动断开来达到延时的目的。NE555 是一种数字和模拟混合型的中规模集成定时器，可用作各种仪器、仪表、自动化装置、各种民用电器的定时器、时间延时器等时间功能电路。

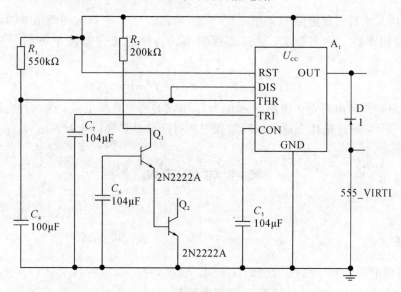

图 3.34　触摸延时开关电路原理

平时由于触摸端无感应电压，电容 C_4 通过 NE555 第 7 脚放电完毕，第 3 脚输出为低电平，动作继电器释放，电灯不亮；当需要开灯时，用手触碰一下触摸端，触发信号电压由 C_7 加至 NE555 的触发端，使 NE555 的输出由低电平变成高电平，动作继电器吸合，电灯点亮。同时 NE555 第 7 脚内部截止，电源便通过 R_1 给 C_4 充电，这就是延时的开始。当电容 C_1 的电压上升至电源电压的 2/3 时，NE555 第 7 脚导通使 C_4 放电，使第 3 脚输出由高电平变回到低电平，继电器释放，电灯熄灭，延时结束。由此可知，延时其实是由电容 C 的充/放电过程形成的，延时的时间长短是由 R_1、C_4 的值决定的，即 $\tau = R_1 \times C_4$。

本项目总结

本项目主要介绍了电感元件和电容元件，换路定律，初始值的计算，RC 和 RL 电路的零输入响应、零状态响应及全响应，一阶电路的三要素法，微分电路和积分电路等。

电容元件是实际电容器的理想化模型，它只具有存储电荷从而存储电场能量的作用；电感元件是实际电感器的理想化模型，它只具有产生磁通从而存储磁场能量的作用，因此电容和电感都是储能元件。

把由电路的结构(如电路的接通、断开、短路等)、参数和电源变化所引起的电路状态的变化统称为换路。换路定律就是指换路前、后瞬间,电容元件两端的电压和电感元件中的电流不能突变的规律。换路后的最初一瞬间的电压值、电流值统称为初始值。

RC 和 RL 电路的响应分为零输入响应、零状态响应和全响应三种。零输入响应指动态电路中无外施激励电源,仅由动态元件的初始储能的释放所产生的响应。零状态响应就是电路在零初始状态下由外施激励引起的响应。全响应是零输入响应和零状态响应的叠加。

三要素法是求解一阶电路的常用方法,即:若已知动态电路的初始值 $f(0_+)$、稳态分量 $f(\infty)$ 和时间常数 τ 三个要素,就可以根据下式直接写出直流激励下的一阶电路的全响应。

$$f(t) = f(\infty) + [f(0_+) - f(\infty)]e^{-\frac{t}{\tau}}$$

微分电路和积分电路是由电阻 R 和电容 C 构成的两个重要电路,这两种电路的处理信号多为脉冲信号,通过选择合适的时间常数可进行脉冲整形和产生脉冲信号。

思考与练习题

一、填空题

1. 换路前电路已处于稳态,已知 $U_{S1}=10$ V, $U_{S2}=1$ V, $C_1=0.6\ \mu$F, $C_2=0.4\ \mu$F。$t=0$ 时,开关由 a 掷向 b,则图 3.35 所示电路在换路后瞬间的电容电压 $u_{C1}(0_+)=$ _____ V, $u_{C2}(0_+)=$ _____ V。

2. 图 3.36 所示电路的时间常数 $\tau=$ _____ s。

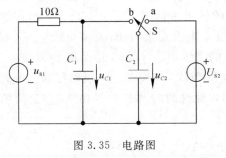

图 3.35 电路图

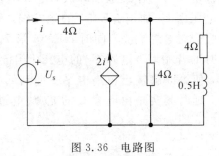

图 3.36 电路图

3. 某 RC 串联电路中,u_C 随时间的变化曲线如图 3.37 所示,则 $t \geqslant 0$ 时的 $u_C(t)=$ _____。

4. 换路后瞬间($t=0_+$),电容可用 _____ 等效替代,电感可用 _____ 等效替代。若储能元件初值为零,则电容相当于 _____,电感相当于 _____。

5. 在图 3.38 所示电路中,开关在 $t=0$ 时刻动作,开关动作前电路已处于稳态,则 $i_1(0_+)=$ _____。

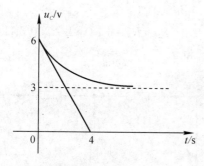

图 3.37 变化曲线

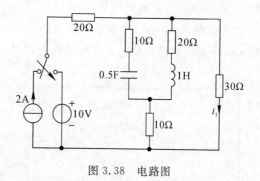

图 3.38 电路图

二、选择题

1. 由于线性电路具有叠加性，因此(   )。

A. 电路的全响应与激励成正比

B. 响应的暂态分量与激励成正比

C. 电路的零状态响应与激励成正比

D. 初始值与激励成正比

2. 动态电路在换路后出现过渡过程的原因是(   )。

A. 储能元件中的能量不能跃变

B. 电路的结构或参数发生变化

C. 电路有独立电源存在

D. 电路中有开关元件存在

3. 图 3.39 所示电路中的时间常数为(   )。

A. $(R_1+R_2)C_1C_2/(C_1+C_2)$

B. $R_2C_1C_2/(C_1+C_2)$

C. $R_2(C_1+C_2)$

D. $(R_1+R_2)(C_1+C_2)$

4. RC 一阶电路的全响应 $u_C=10-6\mathrm{e}^{-10t}$ V，若初始状态不变而输入增加一倍，则全响应 $u_C(t)$ 变为(   )。

A. $20-12\mathrm{e}^{-10t}$ B. $20-6\mathrm{e}^{-10t}$

C. $10-12\mathrm{e}^{-10t}$ D. $20-16\mathrm{e}^{-10t}$

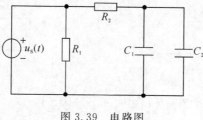

图 3.39 电路图

三、计算题

1. 在图 3.40 所示电路中，已知 $U_S=12$ V，$R_1=4$ kΩ，$R_2=8$ kΩ，$C=1$ μF，当 $t=0$

时，闭合开关 S。试求初始值 $i_C(0_+)$、$i_1(0_+)$、$i_2(0_+)$ 和 $u_C(0_+)$。

2. 在图 3.41 所示电路中，已知 $U_S=10$ V，$R_1=2$ Ω，$R_2=R_3=4$ kΩ，$L=200$ mH。开关 S 断开前电路已达稳态，求开关断开后的 i_1、i_2、i_3 和 u_L。

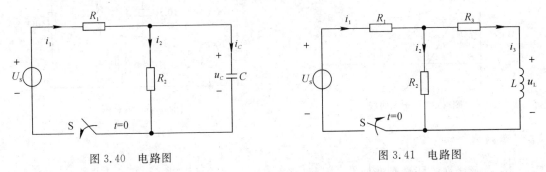

图 3.40　电路图　　　　　　　　　　图 3.41　电路图

3. 一个 $C=2$ μF 的电容元件和 $R=5$ Ω 的电阻元件串联组成无分支电路，在 $t=0$ 时与一个 $U_S=100$ V 的直流电压源接通。求 $t \geqslant 0$ 时 i 的表达式。

4. 在图 3.42 所示电路中，电路原先已达稳态，$t=0$ 时闭合开关 S。试求初始值 $i_L(0_+)$、$u_L(0_+)$ 及稳态值 $u_L(\infty)$、$i_L(\infty)$。

5. 在图 3.43 所示电路中，电路原先已达稳态，$t=0$ 时断开开关 S。试求初始值 $i_C(0_+)$、$u_C(0_+)$ 及稳态值 $u_C(\infty)$、$i_C(\infty)$ 及时间常数 τ。

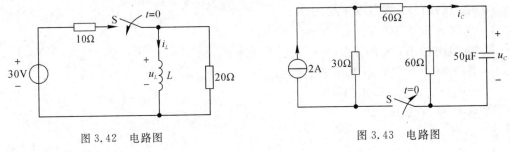

图 3.42　电路图　　　　　　　　　　图 3.43　电路图

6. 在图 3.44 所示电路中，已知 $U_S=6$ V，$R_1=10$ Ω，$R_2=20$ Ω，$C=1000$ pF，且原先未储能。试用三要素法求开关闭合后 R_2 两端的电压 u_{R2}。

7. 在图 3.45 所示电路中，已知 $U_S=100$ V，$R_1=6$ Ω，$R_2=4$ Ω，$L=20$ mH，$t=0$ 时闭合开关 S。试用三要素法求换路后的 i 和 u_L 的表达式。

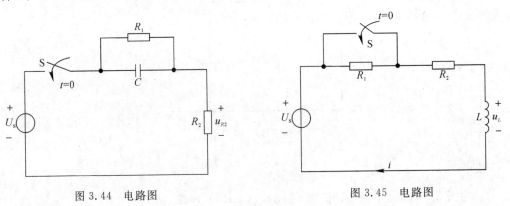

图 3.44　电路图　　　　　　　　　　图 3.45　电路图

技能训练五 一阶 *RC* 电路的分析

一、训练目的

1. 加深对一阶电路动态过程的理解。
2. 掌握用示波器等仪器测试一阶电路动态过程的方法。
3. 学习测定一阶电路时间常数的方法。

二、预习要求

1. 复习实验中所用到的相关知识要点。
2. 预习实验中所用到的实验仪器的使用方法及注意事项。
3. 根据实验电路计算所要求测试的理论数据，填入实验表中。
4. 写出完整的预习报告。

三、设备清单

RC 电路板 1 块，双束示波器 1 台，方波发生器 1 台，单刀双掷开关 1 只。

四、原理说明

1. 零输入响应

1) 响应曲线

RC 充/放电电路如图 3.46 所示，当电容充电至直流稳压电源的电压时（即 $U_0 = U_S$），将开关 S 闭合至 2（计时开始，$t=0$），*RC* 电路便短接放电。电容电压 u_C 和放电电流 i 分别为

$$u_C = U_0 e^{-\frac{t}{\tau}}, \qquad i = -\frac{U_0}{R} e^{-\frac{t}{\tau}}$$

电容电压和放电电流的曲线如图 3.47 所示。

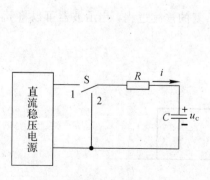

图 3.46 *RC* 充/放电电路

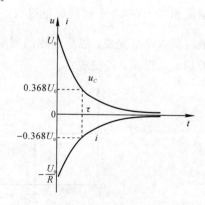

图 3.47 一阶零输入响应的电压和电流变化曲线

2）时间常数的测定

在电容充电过程中，当 $t=\tau$ 时，$u_C=0.632U_S$；在电容放电过程中，当 $t=\tau$ 时，$u_C=0.368U_S$。故由充/放电过程 u_C 的曲线可测得时间常数 τ。改变 R 和 C 的数值，也就改变了 τ。若增大 τ，充/放电过程变慢，过渡过程的时间增长；反之则缩短。

2. 零状态响应

如图 3.46 所示的 RC 充/放电电路。电容的初始电压为零，当 $t=0$ 时，开关 S 闭合至 1，电源向电容充电，则电容电压 u_C 和充电电流 i 分别为

$$u_C=U_S(1-\mathrm{e}^{-\frac{t}{\tau}}),\quad i=\frac{U_S}{R}\mathrm{e}^{-\frac{t}{\tau}}$$

其中
$$\tau=RC$$

u_C 和 i 随时间变化的一阶零状态响应曲线如图 3.48 所示。当 $t=4.6\tau$ 时，$u_C=99\%U_S$，$i=1\%\times\frac{U_S}{R}$，充电过程可认为已结束，电路进入稳定状态。

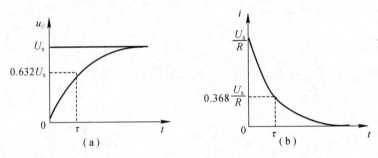

图 3.48　一阶零状态响应曲线

3. RC 电路的矩形脉冲响应

将图 3.49 所示的矩形脉冲电压接到 RC 电路两端，在 $0<t<\frac{T}{2}$ 时，$u=U$，电路的工作情况相当于在 $t=0$ 时 RC 电路被短接到直流电源的充电过程。在 $\frac{T}{2}<t<T$ 时，$u=0$，电路的工作情况相当于在 $t=\frac{T}{2}$ 时的放电过程。如果 $\tau=RC\ll T$，电容的充电和放电过程均在半个小时的时间内全部完成，以后出现的则是多次重复的连续过程，用示波器可以将 u_C 连续变化的波形显示出来，以便观察。

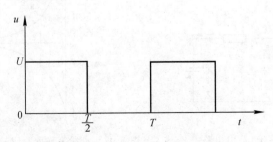

图 3.49　RC 电路输入方波的波形

五、训练内容

1. 训练电路如图 3.50 所示。选择方波的频率为 1 kHz，幅值为 4 V，电路参数为 $R=$ 5 kΩ、$C=0.02\ \mu F$、$R_0=1\ \Omega$。使方波的半周期（$T/2$）与时间常数 RC 保持约 5：1 的关系。

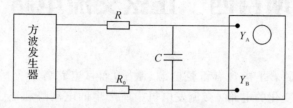

图 3.50　用示波器观察 RC 电路的方波响应

2. 调节示波器的有关旋钮，使屏幕上显示稳定的 u_C 和 i 的波形，并把波形描绘出来。确认 RC 放电过程。

3. 改变电路的参数，使 R 分别等于 500 Ω 和 50 kΩ，即分别使 $\frac{T}{2}\gg 5\tau$ 及 $\frac{T}{2}\ll 5\tau$，观察 u_C 和 i 的波形。

六、注意事项

1. 要严格遵守训练规程和安全操作规程。
2. 注意电解电容器的正、负极性。

七、预习与思考

1. 复习示波器的使用方法。
2. 复习有关响应的理论知识。
3. 定性画出实验中的零输入响应波形。

项目四　正弦交流电路

　　所谓正弦交流电路，是指含有正弦电源（激励）而且电路各部分所产生的电压和电流（响应）均按正弦规律变化的电路。交流发电机中所产生的电动势和正弦信号发生器所输出的电压信号，都是随时间按正弦规律变化的。它们是常用的正弦电源。生产上和日常生活中所用的交流电，一般都是指正弦交流电。这些电气设备都是由单相交流电源供电的，因此本项目研究的方法适用于大多数单相交流电气设备的分析。

　　分析与计算正弦交流电路，主要是确定不同参数和不同结构的各种正弦交流电路中电压和电流之间的关系和现象，因此在学习本项目时，必须建立交流的概念，否则容易引起错误。

工程案例　吸血鬼功率（一）

　　生活中常见的电子设备，即使在我们不使用的情况下，仍然可能消耗功率，这种功率称为"待机功率"。它可能用于运行一个内部时钟，给电池充电，显示时间或其他参数，监控温度或其他环境指标，或用于搜索接收信号，如电视机在关机状态时仍然要不断地监测遥控器的唤醒信号，空调在关机时的指示灯也会显示空调的关机状态，这些设备的状态都会消耗功率。

　　图4.1所示的这种用于给许多便携式设备充电的交流适配器，是一种常见的具有待机功率的设备。如果适配器插在墙上的插座里，即使没有设备连在适配器上，适配器也会继续耗电。适配器上的插头看起来就像是吸血鬼的獠牙，所以这个待机功率又被称为"吸血鬼功率"，即使在用电设备停止工作时，它也在消耗电能。

图4.1　吸血鬼功率

　　家庭中常见的电气设备在一年中到底会消耗多少"吸血鬼功率"？有没有一种减少或消除吸血鬼功率的方法呢？这些问题可通过学习本项目的内容来寻找答案。

任务1　正弦交流电的基本概念

 知识目标

1. 掌握正弦量一般解析式的形式。
2. 理解正弦量的三要素及其物理意义。
3. 掌握正弦量之间相位差的求解办法。

 能力目标

1. 能够根据正弦量的一般解析式写出对应的三要素。
2. 能够根据正弦量的三要素写出对应的一般解析式。
3. 能够求解出不同相量之间的相位差。

 相关知识

正弦电压源能够产生随时间按正弦规律变化的电压信号；正弦电流源能够产生随时间按正弦规律变化的电流信号。一个按正弦规律变化的函数既可以用正弦函数表示，也可以用余弦函数表示。在下面的讨论中采用正弦函数，因此正弦电压可以表示为

$$u = U_m \sin(\omega t + \varphi) \tag{4.1}$$

正弦量的特征表现在变化的快慢、大小及初始值三个方面，而它们分别由频率（或周期）、幅值（或有效值）和初相位来确定，所以频率、幅值和初相位称为**正弦量的三要素**。

一、频率与周期

正弦交流电是时间的正弦函数，如图4.2所示。

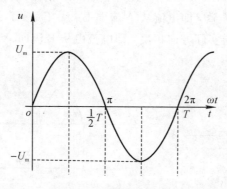

图4.2　正弦函数波形图

正弦量变化一个循环所需要的时间（秒）称为**周期**，用英文字母 T 表示，在国际单位制中，周期的单位是秒（s）；每秒时间内变化的次数称为**频率**，用英文字母 f 表示。频率的 SI 主单位是每秒（s^{-1}），常称为赫［兹］（Hz）。常用的频率单位有千赫（kHz）和兆赫（MHz），它

们之间的进制为 10^3 。

频率是周期的倒数，即

$$f = \frac{1}{T} \tag{4.2}$$

每秒内所经历的电角度称为**角频率**，用符号 ω 来表示。因为在一个周期内正弦量对应的角度变化了 2π 弧度，所以

$$\omega = \frac{2\pi}{T} = 2\pi f \tag{4.3}$$

它的 SI 主单位为弧度每秒(rad/s)

注：周期、频率、角频率都是表示交流电变化快慢的量，显然频率越低，则周期越长，因此直流电可看做频率为零或周期为无穷大的交流电。我国和大多数国家都采用 50 Hz 作为工业标准频率，称为工频。

在作波形图时，横坐标既可以是时间 t (单位是秒)，又可以是角度 ωt (单位是弧度)，两者的差别是后者乘常量 ω，当 $t = T/2$ 时，$\omega t = \pi$；当 $t = T$ 时，$\omega t = 2\pi$，其余类推。

【例 4.1】 已知 $f = 50$ Hz。试求 T 和 ω。

解 因为 $f = \frac{1}{T}$，所以

$$T = \frac{1}{50} = 0.02 \text{s}, \quad \omega = \frac{2\pi}{T} = 2\pi f = 2\pi \times 50 \approx 314 \text{ rad/s}$$

二、瞬时值、幅值及有效值

正弦量在任一瞬间的值称为**瞬时值**，常用小写字母来表示，如 i、u 及 e 分别表示电流、电压及电动势的瞬时值。瞬时值中最大的值称为幅值或最大值，用带下标 m 的大写字母来表示，如 I_m、U_m、E_m 分别表示电流、电压及电动势的幅值。

在交流电路中，交流电的方向随时间而变化，因此只有选定参考方向，瞬时值的正、负才有意义。例如，在图 4.3(a)中，当选取电流的参考方向是从 A 流向 B 时，其函数表达式为 $i = I_m \sin(\omega t + \varphi)$，波形如图 4.3(b)所示。从 $0 \rightarrow T/2$ 的时间内，$i > 0$，称正半周，表示选定的参考方向与实际方向一致，即电流从 A 流向 B；从 $T/2 \rightarrow T$ 的时间内，$i < 0$，称为负半周，表示选定的参考方向与实际方向相反，即电流由从 B 流向 A。

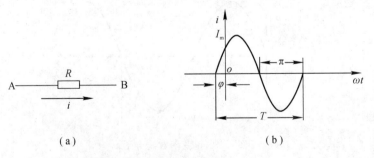

$$(a) \qquad\qquad\qquad\qquad (b)$$

图 4.3 正弦交流电压参考方向

正弦电流、电压和电动势的量值往往不是用它们的幅值或瞬时值来计量的，而是用有效值。交流电的有效值是根据其热效应来确定的。设有两个相同的电阻 R，分别通以周期

电流 i 和直流电流 I。当周期电流 i 流过电阻 R 时，该电阻在一个周期 T 内所消耗的电能为 $\int_0^T i^2 R \mathrm{d}t$；而直流电流 I 流过电阻 R 时，在相同的时间 T 内所消耗的电能为 $I^2 RT$。如果在周期电流的一个周期的时间内，这两个电阻 R 所消耗的电能相等，则该直流电流的 I 的数值为周期电流 i 的**有效值**。

根据上述知识，可以得出 $\int_0^T Ri^2 \mathrm{d}t = RI^2 t$，即

$$I = \sqrt{\frac{1}{T} \int_0^T i^2 \mathrm{d}t} \tag{4.4}$$

再将正弦交流电流 $i = I_\mathrm{m} \sin(\omega t + \varphi)$ 代入式（4.4）中，化简可得正弦交流电流的有效值为

$$I = \sqrt{\frac{1}{T} \int_0^T I_\mathrm{m}^2 \sin^2(\omega t + \varphi) \mathrm{d}t} = \frac{I_\mathrm{m}}{\sqrt{2}} \tag{4.5}$$

因此 $i = I_\mathrm{m} \sin(\omega t + \varphi)$ 又可写为 $i = \sqrt{2} I \sin(\omega t + \varphi)$。

同理，正弦电压和正弦电动势的有效值与幅值的关系式分别为

$$\begin{cases} U = \dfrac{U_\mathrm{m}}{\sqrt{2}} \\[2mm] E = \dfrac{E_\mathrm{m}}{\sqrt{2}} \end{cases} \tag{4.6}$$

注： 一般所讲的正弦电压或电流的量值，若无特殊声明都是指有效值，交流测量仪表上指示的电流、电压都是有效值。

三、相位、初相角和相位差

正弦交流电流用一般正弦函数表达式表示，可写为

$$i = I_\mathrm{m} \sin(\omega t + \varphi) \tag{4.7}$$

其波形图如图 4.3(b) 所示。其中 $\omega t + \varphi$ 代表正弦电流 i 变动的进程，称为正弦量的**相位**。由于相位是以角度表示的，故又称为相位角。

正弦量在开始计时（$t=0$）的相位角称为**初相角**，简称**初相**，用字母 φ 表示，其取值范围为 $|\varphi| \leqslant \pi$。

初相反映了正弦量在 $t=0$ 时刻的大小和变化趋势，如图 4.4 所示。若 $t=0$ 时，瞬时值为零，则初相 φ 为零；若 $t=0$ 时瞬时值为正，则初相为正值；若 $t=0$ 时瞬时值为负，则初相值为负值。

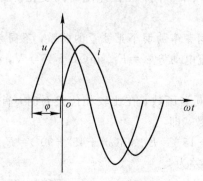

图 4.4　u 和 i 的波形

在研究两个同频率的正弦交流电时，常需要比较它们的相位。在一个正弦交流电路中，电压 u 和电流 i 的频率是相同的，但它们的相位可以不同，它们的相位之差称为**相位差**，用字母 φ 表示，其取值范围为 $|\varphi| \leqslant \pi$。图 4.4 中 u 和 i 的波形可用函数表达式表示为

$$u = U_m \sin(\omega t + \varphi_1)$$
$$I = I_m \sin(\omega t + \varphi_2)$$

它们的相位差用 φ 表示，则

$$\varphi = (\omega t + \varphi_1) - (\omega t + \varphi_2) = \varphi_1 - \varphi_2 \qquad (4.8)$$

式(4.8)说明，两个同频率正弦量之间的相位差恒等于它们的初相之差。从图 4.5 可知：

(1) 如果 $\varphi > 0$，如图 4.5(a)所示，此时 u 的变化比 i 的变化领先，则称 u **超前** i 一个 φ 角度。

(2) 如果 $\varphi < 0$，如图 4.5(b)所示，此时 u 的变化比 i 的变化慢，则称 u **滞后** i 一个 φ 角度。

(3) 如果 $\varphi = 0$，如图 4.5(c)所示，u 和 i 同步变化，此时 $\varphi_1 = \varphi_2$，则称 u 和 i **同相**。

(4) 如果 $\varphi = \pm\pi$，如图 4.5(d)所示，此时一个正弦量达到正的最大值，另一个正弦量恰好达到负的最大值，它们之间的相位关系是相反的，则称 u 和 i **反相**。

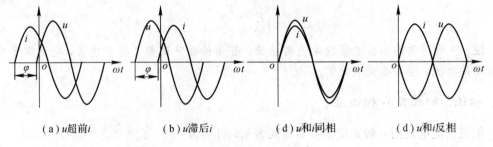

(a)u超前i (b)u滞后i (d)u和i同相   (d)u和i反相

图 4.5 u 和 i 的相位关系

注：在分析和计算交流电路时，常需要选其中一个正弦量的初相为零，此正弦量称为**参考正弦量**，然后求其他正弦量与参考正弦量之间的相位关系。

【例 4.2】 已知两个正弦交流电压 $u_1 = U_{1m} \sin(\omega t + 60°)$ V，$u_2 = U_{2m} \sin(2\omega t + 60°)$ V。试比较哪个超前，哪个滞后？

解 根据式(4.8)可知，相位差为

$$\varphi = (\omega t + \varphi_1) - (2\omega t + \varphi_2) = -\omega t + \varphi_1 - \varphi_2 = -\omega t$$

两个正弦交流电压的角频率不同，相位差随时间变化，没有固定的超前和滞后关系，因此不能比较。

注：相位差一般指的是同频率的两个正弦量的关系，不同频率的是不能比较的。

【例 4.3】 已知两个交流电动势 $e_1 = E_{1m} \sin(\omega t + 45°)$ V，$e_2 = E_{2m} \cos(\omega t + 45°)$ V，求它们的相位差。

解 两个交流电动势非同名函数，在比较相位关系时，首先应该将其变成同名函数。现在把余弦函数变成正弦函数，即

$$e_2 = E_{2m} \cos(\omega t + 45°) = E_{2m} \sin(\omega t + 45° + 90°) = E_{2m} \sin(\omega t + 135°)$$

根据式(4.8)可知，相位差为

$$\varphi = (\omega t + \varphi_1) - (\omega t + \varphi_2) = \varphi_1 - \varphi_2 = 45° - 135° = -90° < 0$$

表示 e_1 滞后 e_2 90°，或者说 e_2 超前 e_1 90°。

【例 4.4】 已知两个交流电流 $i_1 = I_{1m}\sin(\omega t - 30°)$ A。$i_2 = -I_{2m}\sin(\omega t + 30°)$ A，求它们的相位差。

解 两个交流电流是同名函数，但在比较相位关系时，应该首先把 i_2 函数前面的负号移到相位角内。负号表示反相，相位角相差 ±180°，如果超出初相的取值范围（$[-\pi, \pi]$），那么要在结果中 ±360°，于是有

$$i_2 = -I_{2m}\sin(\omega t + 30°) = I_{2m}\sin(\omega t + 30° + 180° - 360°) = I_{2m}\sin(\omega t - 150°)$$

或者 $\quad i_2 = -I_{2m}\sin(\omega t + 30°) = I_{2m}\sin(\omega t + 30° - 180°) = I_{2m}\sin(\omega t - 150°)$

根据式（4.8）可知，相位差为

$$\varphi = (\omega t + \varphi_1) - (\omega t + \varphi_2) = \varphi_1 - \varphi_2 = -30° - (-150°) = 120° > 0$$

表示 i_2 滞后 i_1 120°，或者说 i_1 超前 i_2 120°。

【例 4.5】 已知两个交流电流 $i_1 = I_{1m}\sin(\omega t + 150°)$ A，$i_2 = I_{2m}\sin(\omega t - 60°)$ A，求它们的相位差 φ。

解 两个交流电流是同名函数，都符合交流电的一般形式，因此可以直接做相位之差，如果超出初相的取值范围（$[-\pi, \pi]$），要在结果中 ±360°。于是根据式（4.8）可知，相位差为

$$\varphi = (\omega t + \varphi_1) - (\omega t + \varphi_2) = \varphi_1 - \varphi_2 = 150° - (-60°) = 210° > 180°$$

这说明相位差超出了其取值范围，应该在该结果中 ±360°，使其处于 $[-\pi, \pi]$ 之间，则结果为

$$\varphi = 210° - 360° = -150° < 0$$

这就表示 i_1 滞后 i_2 150°，或者说 i_2 超前 i_1 150°。

注： 在分析两个正弦量的相位差时，这两个正弦量应为同频率、同符号、同名函数，并且相位差应该在其取值范围之内，这样才能确定超前与滞后的关系。

通过以上分析，能够得到以下几条关于正弦信号的结论：

（1）如果电源信号是一个正弦交流信号，则电路中各个部分上的电压和电流信号也是同频率的正弦信号，且其波形的形状也相同（都是正弦波）。

（2）电路中各元件上的电压或电流的相位通常与电源信号的不同。

知道这些性质，有利于任务 3 中介绍的相量知识的理解和学习。求电路中各个元件上的电压或电流，实际上就是在求解它们的幅值和相位角，因为它们的频率和波形形状与电源信号的相同。

 **知识拓展**

电流表和电压表的读数

电压表和电流表都是根据电流的磁效应制作的，电流越大，电压表所产生的磁力越大，表现出的就是电压表上的指针的摆幅越大。大部分电压表和电流表都有两个量程。

下面以两种测量上常用电压表和电流表为例，介绍一下读数规则。其中电流表量程有两种，分别为 0～0.6 A 和 0～3 A；电压表量程也有两种：0～3 V 和 0～15 V，如图 4.6 所示。因为同一个电流表、电压表有不同的量程，而对应不同的量程，每个小格所代表的电

流、电压值也不相同，所以电流表、电压表的读数比较复杂，测量值的有效数字位数比较容易出错。

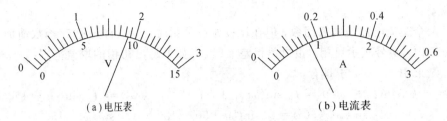

（a）电压表　　　　　　　　（b）电流表

图 4.6　电压表和电流表及标记读数示意图

下面是电压表和电流表不同量程下的读数规则。

电压表、电流表若用 0～3 V、0～3 A 量程，其最小刻度（精确度）分别为 0.1 V 和 0.1 A，读数时只需在精确度后加一估读数即可。在图 4.6 中，电压表读数为 1.87 V，电流表读数为 0.84 A。若电压表指针恰好指在 2 上，则读数为 2.00 V。

电压表若用 0～15 V 量程，则其最小刻度为 0.5 V，所读数值小数点后只能有一位小数，也必须有一位小数，如图 4.6(a)中所示电压表读数应为 9.3 V。若指针指在整刻度线上，如指在 10 上应读做 10.0 V。

电流表若用 0～0.6 A 量程，则其最小刻度为 0.02 A，其读数规则与 0～15 V 电压表相似，所读数值小数点后只能有两位小数。如图 4.6(b)所示，电流表读数为 0.17 A。若指针指在第 11 条刻度线上，则读数为 0.22 A。

工业用电压表和电流表大多数为单量程，如图 4.7 所示，其读数规则与上面介绍的相似。除此之外，随着电子工业的不断发展，数字式电压表和电流表应用越来越多，其外形如图 4.8 所示，其读数完全按显示屏数字读取即可。

图 4.7　工业用表　　　　　　　　　图 4.8　数字式仪表

目标测评

1. 求正弦电流 $i(t)$ 的特征参数。电流 i 的幅值 $I_m = 20$ A，周期 $T = 1$ ms，$t = 0$ 的电流值为 10 A。

（1）求电流的频率 f，单位为 Hz。

（2）求电流的角频率 ω，单位为 rad/s。

（3）求电流 $i(t)$ 的正弦函数表达式，其中初相 φ 的单位为度。

（4）求电流的有效值 I，单位为 A。

2. 求正弦电压 $u(t)$ 的特征参数。已知电压 $u = 300 \sin(120\pi t + 30°)$ V。

（1）求电压周期 T，单位为 s。

(2) 求频率 f，单位为 Hz。

(3) 求幅值 U_m。

(4) 求电流的有效值 I，单位为 A。

(5) 求初相 φ，单位为度。

(6) 求周期及 $t = 2.778$ ms 时的电压值。

3. 求上述 1 和 2 中的正弦电压 $u(t)$ 和正弦电压 $u(t)$ 的相位差 φ，单位为度，并说明它们的相位关系。

任务 2　正弦交流量的相量表示

 知识目标

1. 理解相量的概念和四种形式。
2. 掌握相量不同形式之间相互转换的方法。
3. 掌握相量和正弦量之间相互转换的方法。

 能力目标

1. 能够进行相量的四则运算。
2. 能够进行相量和正弦量之间的转换。
3. 能够利用相量形式进行正弦量的四则运算。

 相关知识

根据任务 1 的知识可知，一个正弦量具有幅值、频率和初相这三个要素，而这些要素可以用一些方法表示出来。正弦量的各种表示方法是分析与计算正弦交流电路的工具。前面我们已经介绍了其两种表示方法：一种是用三角函数式表示，如 $i_1 = I_{1m}\sin(\omega t + 150°)$ A，这是正弦量的基本表示法；另一种是用正弦波形来表示，如图 4.5 所示。此外，正弦量还可以用相量表示，相量表示法的基础是复数，就是用复数来表示正弦量。

一、复数

复数的一般表达式为 $A = a + jb$，其中 a、b 都为实数，a 称为复数的实部，b 称为复数的虚部，$j = \sqrt{-1}$ 称为虚单位。每一个复数在复数平面（简称复平面）上都有一个点 $A(a, b)$ 和它对应，如图 4.9 所示。

从复平面的原点到复数对应的点 A 作一个矢量，这个矢量也与复数 $A = a + jb$ 对应，所以复数又可用复平面上的矢量来表示。这个矢量的长度 r 叫做它所表示的复数的模；这个矢量与正实轴的夹角 θ 叫做它所表示的复数的辐角。从图 4.9 中可知：

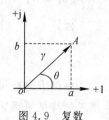

图 4.9　复数

$$a = r\cos\theta , \quad b = r\sin\theta$$

且 $r = \sqrt{a^2 + b^2}$ ，$\theta = \arctan \dfrac{b}{a}$

二、复数的四种形式

(1) 复数的代数形式：

$$A = a + jb \tag{4.9}$$

(2) 复数的三角形式：

$$A = r\cos\theta + jr\sin\theta \tag{4.10}$$

(3) 复数的指数形式：

$$A = re^{j\theta} \tag{4.11}$$

(4) 复数的极坐标形式：

$$A = r\angle\theta \tag{4.12}$$

三、复数的四则运算

设有两个复数：

$$A_1 = a_1 + jb_1 = r_1\angle\theta_1 = r_1 e^{j\theta_1}$$
$$A_2 = a_2 + jb_2 = r_2\angle\theta_2 = r_2 e^{j\theta_2}$$

(1) 复数的加、减运算：

$$A_1 \pm A_2 = (a_1 + jb_1) \pm (a_2 + jb_2) = (a_1 \pm a_2) + j(b_1 \pm b_2)$$

即复数相加（或相减）时，将实部和实部相加（或相减），虚部和虚部相加（或相减）。因此复数的代数形式最适合于复数的加、减运算。复数与复平面上的矢量对应，复数的相加（或相减）与表示复数的矢量相加（或相减）对应，并且复平面上矢量的相加（或相减）可用对应的复数相加（或相减）来计算。

(2) 复数的乘、除运算：

$$A_1 A_2 = r_1 r_2 e^{j(\theta_1 + \theta_2)} = r_1 r_2 \angle(\theta_1 + \theta_2)$$
$$\frac{A_1}{A_2} = \frac{r_1}{r_2} e^{j(\theta_1 - \theta_2)} = \frac{r_1}{r_2} \angle(\theta_1 - \theta_2)$$

即复数相乘，模相乘、辐角相加；复数相除，模相除、辐角相减。因此复数的极坐标形式最适合于复数的乘、除运算。

注： 在进行代数形式和极坐标形式间的相互转换时，一定要注意复数所在的象限。

【例 4.6】 已知 $A = 3 + j4$，$B = 4 - j3$。求 AB 和 $\dfrac{A}{B}$。

解
$$AB = (3 + j4) \times (4 - j3) = 5\angle 53.1° \times 5\angle -36.9° = 25\angle 16.2°$$
$$\frac{A}{B} = \frac{3 + j4}{4 - j3} = \frac{5\angle 53.1°}{5\angle -36.9°} = 1\angle 90°$$

由以上分析可知，一个复数由模和辐角两个特征来确定，而正弦量由幅值、频率和初相三个特征来确定。但在分析线性电路时，正弦激励和响应均为同频率的正弦量，频率是已知的，因此可以不用考虑，那么一个正弦量由幅值（或者有效值）和初相就可以确定了。

比照复数与正弦量，正弦量可以用复数来表示。复数的模表示正弦量的有效值，复数的辐角为正弦量的初相位。为了与一般的复数相区别，把表示正弦量的复数称为**相量**，并在其大写字母上加"·"。于是正弦量 $i_1 = I_m\sin(\omega t + \varphi)$A 的相量表示为

$$\dot{I} = I(\cos\varphi + j\sin\varphi) = Ie^{j\varphi} = I\angle\varphi$$

注： 在此必须指出，正弦量可以用相量表示，但相量不等于正弦量。例如 $\dot{U}_m = U_m\angle\varphi_u \neq U_m\sin(\omega t + \varphi_u)$，读者应注意区分 i、I、I_m、$\dot{I}_m$、$\dot{I}$（或 u、U、U_m、$\dot{U}_m$、$\dot{U}$）五种符号的不同含义。

四、相量的加与减

现用相量法分析几个同频率正弦量之和（或差）的问题。设已知

$$\begin{cases} i_1 = \sqrt{2}\,I_1\sin(\omega t + \varphi_1) \\ i_2 = \sqrt{2}\,I_2\sin(\omega t + \varphi_2) \end{cases}$$

则电流 i_1 对应的相量为

$$\dot{I}_1 = I_1\angle\varphi_1 = I_1(\cos\varphi_1 + j\sin\varphi_1)$$

电流 i_2 对应的相量为

$$\dot{I}_2 = I_2\angle\varphi_2 = I_2(\cos\varphi_2 + j\sin\varphi_2)$$

合成电流 i 对应的相量为

$$\dot{I} = \dot{I}_1 + \dot{I}_2 = I_1(\cos\varphi_1 + j\sin\varphi_1) + I_2(\cos\varphi_2 + j\sin\varphi_2)$$
$$= (I_1\cos\varphi_1 + I_2\cos\varphi_2) + j(\sin\varphi_1 + \sin\varphi_2)$$

由此可见，用相量来表示正弦量，则同频率正弦量的相加（或相减）就变成对应相量的相加（或相减），相量之间的相加（或相减）运算可按复数代数形式进行。

【例 4.7】 正弦电流和正弦电压的表达式分别为 $i = 141.4\sin(\omega t + 30°)$ A 和 $u = 311.1\sin(\omega t - 60°)$ V。试用相量表示电流和电压。

解 瞬时值电流和电压也可用相量来表示，i 和 u 的相量可分别写成

$$\dot{I} = \frac{141.4}{\sqrt{2}}\angle 30° = 100\angle 30°\text{ A}$$

$$\dot{U} = \frac{311.1}{\sqrt{2}}\angle -60° = 220\angle -60°\text{ V}$$

它们的相量图如图 4.10 所示，在图中可清晰看出它们之间的相位关系，电流 $\dot{I}$ 超前电压 $\dot{U}$，相位差为 $\varphi = 30° - (-60)° = 90°$。

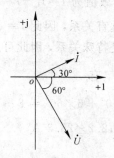

图 4.10　例 4.7 相量图

【例 4.8】 已知 $i_1=1.41\sin\left(\omega t+\dfrac{\pi}{6}\right)$ A，$i_2=4\sqrt{2}\sin\left(\omega t-\dfrac{\pi}{3}\right)$ A。写出 i_1 和 i_2 的相量并画出相量图。

解 i_1 的相量为

$$\dot{I}_1=\frac{1.41}{\sqrt{2}}\angle\frac{\pi}{6}=1\angle\frac{\pi}{6}\ \text{A}$$

i_2 的相量为

$$\dot{I}_2=\frac{4\sqrt{2}}{\sqrt{2}}\angle-\frac{\pi}{3}=4\angle-\frac{\pi}{3}\ \text{A}$$

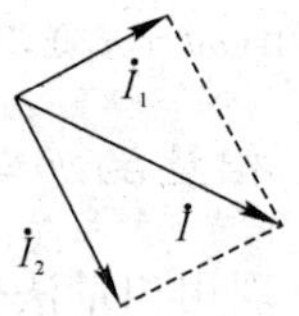

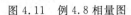

图 4.11 例 4.8 相量图

画出的相量图参见图 4.11。

【例 4.9】 已知 $i_1=6\sqrt{2}\sin\omega t$ A，$i_2=8\sqrt{2}\sin(\omega t+90°)$ A。求 $i=i_1+i_2$。

解 解法一：

因为 $\dot{I}_1=6\angle 0°$A，$\dot{I}_2=8\angle 90°$ A，则

$$\dot{I}=\dot{I}_1+\dot{I}_2=6\angle 0°+8\angle 90°=6+8\text{j}=10\angle 53.1°\ \text{A}$$

所以

$$i=i_1+i_2=10\sqrt{2}\sin(\omega t+53.1°)\ \text{A}$$

解法二：

先画出相量图，如图 4.12 所示。根据平行四边形法则，由图可得

$$I=\sqrt{I_1^2+I_2^2}=\sqrt{6^2+8^2}=10\ \text{A}$$

$$\varphi=\arctan\frac{8}{6}=53.1°$$

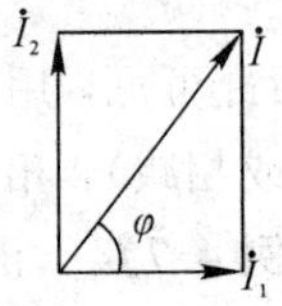

图 4.12 例 4.9 相量图

所以 $i=10\sqrt{2}\sin(\omega t+53.1°)$ A

【例 4.10】 两个频率相同的正弦交流电流，它们的有效值是 $I_1=8$ A，$I_2=6$ A。求在下面各种情况下，合成电流的有效值。

(1) i_1 与 i_2 同相；(2) i_1 与 i_2 反相；(3) i_1 超前 i_2 90°角度；(4) i_1 滞后 i_2 60°角度

解 (1) 由于两个正弦量方向相同，其对应的相量在一条直线上，因此它们的数值能直接加、减运算，故合成电流的有效值为 $I=I_1+I_2=8+6=14$ A。

(2) 由于两个正弦量的方向相反，因此它们对应的相量在一条直线上，故它们的数值能直接加、减运算，故合成电流的有效值为 $I=I_1-I_2=8-6=2$ A。

(3) 由于两个正弦量的方向是垂直关系，因此 $I=\sqrt{I_1^2+I_2^2}=\sqrt{8^2+6^2}=10$ A。

(4) 由于两个正弦量的方向不是特殊关系，因此可用相量加、减运算。

设 $\dot{I}_1=8\angle 0°$ A，则 $\dot{I}_2=6\angle 60°$，有

$$\begin{aligned}\dot{I}&=\dot{I}_1+\dot{I}_2=8\angle 0°+6\angle 60°=8+6\cos 60°+\text{j}6\sin 60°\\&=11+3\sqrt{3}\text{j}=12.2\angle 25.3°\text{A}\end{aligned}$$

故 $I=12.2$ A。

知识拓展

复数的由来与计算

一、复数的由来

"复数"、"虚数"这两个名词，都是人们在解方程时引入的。1572 年，意大利数学家邦别利正式使用"实数"和"虚数"这两个名词。大约在 1777 年，欧拉第一次用 i 来表示 -1 的平方根。德国数学家高斯在 1831 年，用实数组 (a, b) 代表复数 $a+ib$，并建立了复数的某些运算，使得复数的某些运算也像实数一样地"代数化"，并且在 1832 年第一次提出了"复数"这个名词。（说明：为了区别于电流，本书复数均用 j 表征）。

经过许多数学家长期不懈的努力，深刻探讨并发展了复数理论。之后人们又将复数与平面矢量联系起来，并使其在电工学、流体力学、振动理论、机翼理论中得到广泛的实际应用。

二、复数的计算

平行四边形定则解决相量加法的方法：将两个相量平移至公共起点，以相量的两条边作平行四边形，结果为公共起点的对角线。

平行四边形定则解决相量减法的方法：将两个相量平移至公共起点，以相量的两条边作平行四边形，结果由减相量的终点指向被减相量的终点。

简单地讲，相量的加、减就是相量对应分量的加、减。

目标测评

1. 求下列函数的相量。

(1) $i(t)=10\sin(314t+20°)$ A；　　(2) $u(t)=100\sqrt{2}\sin(314t+90°)$ V

(3) $u(t)=100\sin(377t-40°)$ V

2. 求下列相量对应的正弦量（即时域表达式）。

(1) $\dot{I}=10\angle45°$ A；　　(2) $\dot{U}=18.6\angle53.1°$ V

任务 3　单一元件的正弦交流电路

知识目标

1. 掌握三个单一元件的伏安特性。

2. 掌握三个单一元件的相量关系。

3. 掌握有功功率和无功功率的概念和物理意义。

能力目标

1. 能够根据各个元件的伏安关系分析电路。
2. 能够根据各个元件的功率关系计算电路中的各个部分的功率。

相关知识

前面分析了交流电的基本概念和正弦量的各种表示法,下面将分析正弦交流电路,首先讨论单一元件的正弦交流电路。

在交流供电系统中,如船用电动机、加热器、照明灯具等各种电气设备的作用尽管不同,但都可归纳为三类元件:电阻、电感和电容元件。在电路分析中,当应用相量法分析电路时,首先就要建立电流相量与无源电路元件两端的电压相量之间的关系式,即元件上的相量关系。本任务主要讨论电阻、电感和电容元件在交流电路中的电压与电流之间的大小与相位关系,并分析能量的转换和功率问题,为分析几种元件组成的混合电路打下基础。

一、电阻元件的交流电路

1. 电压和电流

图 4.13(a)所示是只有电阻的交流电路,选电阻电压 u 和电流 i 的参考方向为关联参考方向,则根据欧姆定律有

$$u = iR \tag{4.13}$$

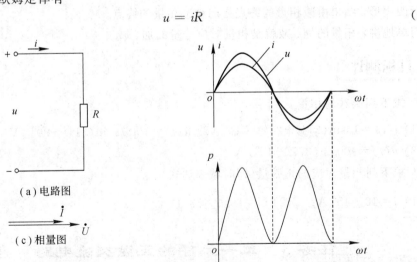

(a)电路图

(c)相量图

(b)电压与电流及功率的波形图

图 4.13　电阻元件的交流电路

为了分析方便起见,选择电流经过零值并将向正值增加的瞬间作为计时起点($t=0$),即取电流为正弦参考量,此时

$$i = \sqrt{2} I_R \sin\omega t$$

则

$$u = \sqrt{2}\,I_R R \sin\omega t = \sqrt{2}\,U_R \sin\omega t \qquad\qquad (4.14)$$

由此可见，当正弦电流 i_R 通过电阻 R 时，电阻两端的电压 u 为同频率的正弦量，而且 u 与 i 同相，它们的波形如图 4.13(b)所示。电阻电压有效值 U_R（或幅值 U_{Rm}）与电阻电流有效值 I_R（或幅值 I_{Rm}）符合欧姆定律，即

$$U_R = RI_R \qquad\qquad (4.15)$$

将电阻电流 i_R、电压 u_R 用相应的相量 $\dot{I}_R$、$\dot{U}_R$ 表示，则有

$$\dot{U}_R = \dot{I}_R R \quad 或 \quad \dot{U}_{Rm} = \dot{I}_{Rm} R \qquad\qquad (4.16)$$

式(4.16)不仅表示出电压有效值 U 与电流有效值 I 的大小关系（$U = IR$），而且表示出电阻电压与电阻电流同相的相位关系，相应的相量图如图 4.13(c)所示。

2. 功率

在任一瞬间，电压瞬时值 u 与电流瞬时值 i 的乘积为瞬时功率，用 p 表示。图 4.13(a) 中的 u 与 i 为关联参考方向，故电阻元件吸收的瞬时功率为

$$p_R = ui \qquad\qquad (4.17)$$

将 u、i 的表达式代入式(4.17)（设 $\varphi_u = \varphi_i = 0$）得

$$p_R = 2U_R I_R \sin^2\omega t = U_R I_R (1 - \cos2\omega t) \qquad\qquad (4.18)$$

瞬时功率 p 随时间变化的规律如图 4.13(b)所示。式(4.18)中的前一部分是常量 UI，后一部分是以两倍频率变化的正弦量，由于 u、i 是同相，它们同时为正或同时为负，因此 $p > 0$，这表明电阻始终是消耗功率的，所以称电阻为耗能元件。

由于瞬时功率随时间而变化，不便计量，通常都计算一个周期内瞬时功率的平均值，称为平均功率，又叫有功功率，简称功率，用 P 表示，因此

$$P_R = \frac{1}{T}\int_0^T p_R \mathrm{d}t$$

把式(4.18)代入上式有

$$P_R = \frac{1}{T}\int_0^T U_R I_R (1 - \cos2\omega t)\,\mathrm{d}t = U_R I_R = I_R^2 R = \frac{U_R^2}{R} \qquad\qquad (4.19)$$

有功功率的单位为瓦［特］（W）和千瓦（kW）。

【例 4.11】 已知一电阻 $R = 100\ \Omega$，R 的两端的电压 $u_R = 100\sqrt{2}\sin(\omega t - 30°)$ V。求：

(1) 通过电阻 R 的电流 I_R 和 i_R。

(2) 电阻 R 接收的功率 P_R。

解 (1) 因为

$$i_R = \frac{u_R}{R} = \frac{100\sqrt{2}\sin(\omega t - 30°)}{100} = \sqrt{2}\sin(\omega t - 30°)\ \mathrm{A}$$

所以

$$I_R = \frac{\sqrt{2}}{\sqrt{2}} = 1\ \mathrm{A}$$

(2)

$$P_R = U_R I_R = 100 \times 1 = 100\ \mathrm{W}$$

或

$$P_R = I_R^2 R = 1^2 \times 100 = 100\ \mathrm{W}$$

二、电感元件的交流电路

1. 电压和电流

电感线圈在工程中的应用十分广泛，如果线圈的内阻很小，可以忽略不计，那么就可以把它看成只有电感的电感线圈。当电流通过电感线圈时，在线圈内就会产生磁通，当电流变化时，磁通也是变化的，根据电磁感应定律，变化的磁通在线圈里又会产生感应电动势，这种感应电动势是通过线圈自身变化电流所产生的，称为自感电动势 e_L；由自感电动势造成自感电压 u_L。如果自感电动势 e_L、自感电压 u_L 和电流 i_L 为关联参考方向，如图 4.14(a)所示，则有

$$u_L = - e_L = L \frac{\mathrm{d}i}{\mathrm{d}t} \tag{4.20}$$

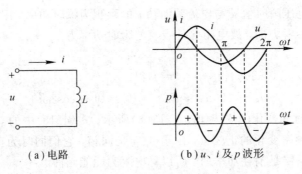

（a）电路　　　　　　　（b）u、i 及 p 波形

图 4.14　电感电路及其 u、i 及 p 波形

设通过电感线圈的电流为 $i_L = \sqrt{2}\,I_L \sin\omega t$，则电感两端的电压为

$$u_L = L \frac{\mathrm{d}}{\mathrm{d}t}(\sqrt{2}\,I_L \sin\omega t) = \sqrt{2}\,\omega L I_L \cos\omega t = \sqrt{2}\,U_L \sin(\omega t + 90°) \tag{4.21}$$

由此可见，当正弦电流通过电感时，电感电压是同频率的正弦量，但电感电压的相位超前于电感电流 90°，即电感电压与电流的相位差 $\varphi = \varphi_u - \varphi_i = 90°$。电感电压、电流的波形参见图 4.14(b)。由式(4.21)可知：

$$U_L = \omega L I_L = X_L I_L \tag{4.22}$$

式中，$X_L = \omega \cdot L = 2\pi f \cdot L$，具有电阻的量纲，且带有限制电流通过的性质，称为**感抗**，它的 SI 主单位仍为欧[姆]（Ω）。当 L 的单位为亨、ω 的单位为弧度每秒时，X_L 的单位是欧。

在电感一定的情况下，电感的感抗与频率成正比，只有在一定的频率下，感抗才是一个常量。而且从式(4.22)可看出，当 U_L 一定时，X_L 越大，则 I_L 越小，那么对于直流电来说，频率是零，即 $\omega = 0$，所以 $X_L = \omega t = 0$，电感相当短路。

用相量表示相应的电流 i_L 和电压 u_L，则有

$$\dot{I}_L = I_L \angle 0°$$

$$\dot{U}_L = U_L \angle 90° = \omega L I_L \angle 90°$$

考虑到 $\mathrm{j} = 1\angle 90°$，故得

$$\dot{U}_L = \mathrm{j}\omega L \dot{I}_L = \mathrm{j} X_L \dot{I}_L \tag{4.23}$$

式(4.23)为电感元件电压与电流的相量关系，它不但表明电压有效值和电流有效值之间的

关系，而且也表示出电压与电流的相位关系。图 4.15(a)是用相量表示正弦量的电路图；图 4.15(b)是相应的相量图(设 $\varphi_i=0°$)。

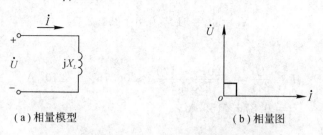

（a）相量模型　　　　（b）相量图

图 4.15　电感的电压、电流相量模型和相量图

2. 功率

将 u_L、i_L 的表达式代入瞬时功率 $p=ui$，即得 u_L、i_L 关联参考方向下电感元件吸收的瞬时功率 p_L(设 $\varphi_i=0°$)为

$$p_L = 2U_L I_L \sin\omega t \cos\omega t = U_L I_L \sin2\omega t \tag{4.24}$$

图 4.14(b)中已画出了 p_L 随时间变化规律，瞬时功率也是一个正弦量，其最大值为 $U_L I_L$，频率为电流或电压频率的两倍。在第一个 1/4 周期，u_L 与 i_L 方向一致，瞬时功率 p_L 为正值，表示电感在吸收能量，并把吸收的能量转化为磁场能量；在第二个 1/4 周期内，u_L 与 i_L 方向相反，p_L 为负值，表示电感发出能量，原先存储在磁场中的能量逐渐释放，直到全部放出。下两个 1/4 周期过程与前面相似，不再重复。

由上述过程可见，电感元件是储能元件，它在电路中的作用是存储与释放能量，但它并不消耗功率，即它的平均功率为零，即

$$P_L = \frac{1}{T}\int_0^T p_L \, dt = \frac{1}{T}\int_0^T U_L I_L \sin2\omega t \, dt = 0 \tag{4.25}$$

电感元件是个储能元件，它只是与电源之间发生能量的交换，但不同的电感，它们与电源之间互相交换能量的情况各不相同，因此这种能量互换的大小用瞬时功率的最大值来反映，称为电感的无功功率，用 Q_L 来表示，即

$$Q_L = I_L U_L = I_L^2 X_L = \frac{U_L^2}{X_L} \tag{4.26}$$

无功功率并不等于单位时间内交换了多少的能量，它的单位用乏(Var)或千乏(kVar)表示。

注：电感元件和后面将要介绍的电容元件都是储能元件，它们与电源之间进行能量交换是工作所需，这对电源来说也是一种负担，但是对储能元件来说没有能量消耗，故将往返于电源和储能元件之间的功率命名为无功功率。无功功率是发电机、变压器等电气设备能够正常工作的必要条件。

【例 4.12】 把一个 0.8 H 的电感元件接到电压为 $u=220\sqrt{2}\sin(314t-120°)$ V 的电源上。求解下列问题：

(1) 试求线圈的电流表达式和无功功率。

(2) 若电源的频率为 150 Hz，电压有效值不变，则电感元件的电流为多少？

解　(1) 电压相量为

$$\dot{U} = 220\angle -120° \text{ V}$$

电感元件感抗为

$$X_L = \omega L = 314 \times 0.8 = 251.2 \ \Omega$$

由式(4.23)得

$$\dot{I} = \frac{\dot{U}}{jX_L} = \frac{220\angle -120°}{j251.2} \approx 0.876\angle -210° \text{ A}$$
$$= 0.876\angle 150° \text{A}$$

电流表达式为

$$i = 0.876\sqrt{2}\sin(314t + 150°) \approx 1.24\sin(314t + 150°) \text{ A}$$

由式(4.26)得线圈的无功功率为

$$Q_L = U \times I = 220 \times 0.876 = 192.7 \text{ Var}$$

(2) 感抗与频率成正比,当频率改为原来的 150/50=3 倍时,感抗增加为原来的 3 倍,电压有效值不变,则电流减小为原来的三分之一,即

$$I'_L = \frac{U}{X'_L} = \frac{U}{3X_L} = \frac{I_L}{3} = 0.292 \text{ A}$$

三、电容元件的交流电路

1. 电压和电流

当电容两端电压发生变化时,其内部存储的电荷也发生相应的变化,在电路中就有电荷移动,形成电流,图 4.16(a)所示为电容电路,选取电压和电流参考方向为关联参考方向,则

$$i_C = \frac{\mathrm{d}q}{\mathrm{d}t} = C\frac{\mathrm{d}u_C}{\mathrm{d}t} \tag{4.27}$$

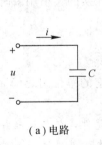
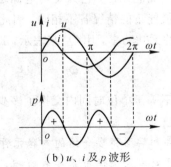

(a) 电路   (b) u、i 及 p 波形

图 4.16　电容电路及其 u、i 及 p 波形

设加在电容两端的电压为

$$u_C = \sqrt{2}U_C\sin\omega t \tag{4.28}$$

则通过电容的电流为

$$i = C\frac{\mathrm{d}}{\mathrm{d}t}(\sqrt{2}U_C\sin\omega t) = \sqrt{2}\omega CU_C\cos\omega t = \sqrt{2}\omega CU_C\sin(\omega t + 90°)$$
$$= \sqrt{2}I_C\sin(\omega t + \varphi_i) \tag{4.29}$$

由此可见，当电容两端电压为正弦量时，通过电容的电流是同频率的正弦量，但电容电流的相位超前于电压 $90°$，即电容电流与电压的相位差 $\varphi = \varphi_i - \varphi_u = 90°$。电容电流、电压的波形图 4.16(b)。由式(4.29)可知

$$I_C = \omega C U_C \quad \text{或} \quad U_C = \frac{1}{\omega C} I_C = X_C I_C \tag{4.30}$$

式中，$X_C = \dfrac{1}{\omega C} = \dfrac{1}{2\pi f_C}$ 称为**容抗**。从式(4.30)可知，当 U_C 一定时，X_C 越大，I_C 就越小，这说明 X_C 也具有限制电流的作用，那么对于直流电来说，频率是零，即 $\omega = 0$，$X_C = \dfrac{1}{\omega_C} = \infty$，电容相当于开路。式(4.30)表明电容的容抗和电源的频率有关，频率越大，电容上的容抗就越小。

用相量表示相应的电压 u_C 和电流 i_C，则有

$$\dot{U}_C = U_C \angle 0°$$

$$\dot{I}_C = I_C \angle 90° = \omega C U_C \angle 90° = \mathrm{j}\omega C \dot{U}_C \quad \text{或} \quad \dot{U}_C = \frac{1}{\mathrm{j}\omega C}\dot{I}_C = -\mathrm{j}X_C \dot{I}_C \tag{4.31}$$

式(4.31)为电容元件电压与电流的相量关系，它不但表明电压有效值和电流有效值之间的关系，而且也表示出电压与电流的相位关系。图 4.17(a)是用相量表示正弦量的电路图；图 4.17(b)是相应的相量图(设 $\varphi_u = 0$)。

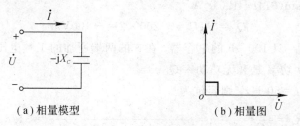

(a)相量模型　　　　　　　　(b)相量图

图 4.17　电容的电压、电流相量模型和相量图

2. 功率

将 u_C、i_C 的表达式代入瞬时功率 $p = ui$，即得 u_C、i_C 关联参考方向下电容元件吸收的瞬时功率(设 $\varphi_u = 0°$)为

$$p_c = \sqrt{2}U_C\sin\omega t \cdot \sqrt{2}I_C\sin(\omega t + 90°) = 2U_C I_C\sin\omega t \cdot \cos\omega t$$
$$= U_C I_C\sin 2\omega t \tag{4.32}$$

图 4.16(b)画出了 p_c 随时间变化的规律，瞬时功率也是一个正弦变量，其最大值为 $U_C I_C$，频率为电压或电流频率的两倍。在第一个 1/4 周期，u_C 与 i_C 方向一致，瞬时功率 p_c 为正值，表示电容在吸收能量，并把吸收的能量存储在电场中；在第二个 1/4 周期内，u_C 和 i_C 的方向相反，p_c 为负值，表示电容发出功率，原先存储在电场中的能量逐渐全部放出。以后的过程与前面相似，不再重复。

由上述过程可见，电容元件是储能元件，它在电路中的作用是存储与释放能量，但它并不消耗能量，即它的平均功率为零

$$P_C = \frac{1}{T}\int_0^T p_c \mathrm{d}t = \frac{1}{T}\int_0^T U_C I_C\sin 2\omega t\,\mathrm{d}t = 0 \tag{4.33}$$

为了表示电容的电场与电源之间能量交换的大小,可用瞬时功率的最大值来反映,称为电容的无功功率,用 Q_C 表示。

为了同电感元件电路的无功功率相比较,设电流为参考正弦量,即 $i=I_m\sin\omega t$,则电压的表达式为 $u=U_m\sin(\omega t-90°)$,于是可得到瞬时功率为

$$p=ui=p_C=-U_C I_C \sin2\omega t$$

由上式可知:

$$Q_C=-U_C I_C=-I_C^2 X_C=-\frac{U_C^2}{X_C} \qquad (4.34)$$

即电容性无功功率取负值,而电感的无功功率取正值,以资区别。

【例 4.13】 在图 4.16(a)所示电容电路中,已知 $u=200\sqrt{2}\sin(314t+30°)$ V,$C=31.8$ μF。求电流 i 和无功功率 Q_C。

解 由式(4.30)可知:

$$X_C=\frac{1}{\omega C}=\frac{1}{314\times31.8\times10^{-6}}=100\ \Omega$$

由式(4.31)可知:

$$\dot{I}=\frac{\dot{U}}{-jX_C}=\frac{200\angle30°}{100\angle-90°}=2\angle120°\ \text{A}$$

所以电流为 $i=2\sqrt{2}\sin(314t+120°)$ A

无功功率为 $\qquad\qquad Q_C=-UI=-200\times2=-400\text{Var}$

【例 4.14】 有一只 100 μF 的电容器,在它的两端所加的工频电压为 $U=220$ V。求容抗 X_C、电流 I、有功功率 P 和无功功率 Q_C。

解 工频电压 $f=50$ Hz,则容抗为

$$X_C=\frac{1}{\omega C}=\frac{1}{2\pi f C}=\frac{1}{2\times3.14\times50\times100\times10^{-6}}=31.8\ \Omega$$

以电压 U 作为参考相量 $\dot{U}=220\angle0°$ V,则

$$\dot{I}=j\frac{\dot{U}}{X_C}=j\frac{220\angle0°}{31.8}=j6.9=6.9\angle90°\ \text{A}$$

有功功率为 $\qquad\qquad\qquad\qquad P=0$

无功功率为 $\qquad\qquad Q_C=-UI=-220\times6.9=-1518$ Var

因为 $Q_C<0$,说明此时电容器给电路提供无功功率。

知识拓展

无功功率不是"无用功率"

无功功率的概念比较抽象,它主要是用于电路内电场与磁场,用来在电气设备中建立和维持磁场的电功率。凡是有电磁线圈的电气设备,要建立磁场,就要消耗无功功率,比如 40 W 的日光灯,除需要 40 W 有功功率(镇流器也需消耗一部分有功功率)来发光外,还需要 80 Var 左右的无功功率供镇流器的线圈建立交变磁场用,如图 4.18 所示。

由于无功功率对外不做功才被称为"无功"，因此无功功率绝不是无用功率，它的用处很大。电动机需要建立和维持旋转磁场，使转子转动，从而带动机械运动，电动机的转子磁场就是靠从电源取得无功功率建立的；变压器也同样需要无功功率，才能使变压器的一次线圈产生磁场，在二次线圈感应出电压。因此，没有无功功率，电动机就不会转动，变压器也不能变压，交流接触器也不会吸合。

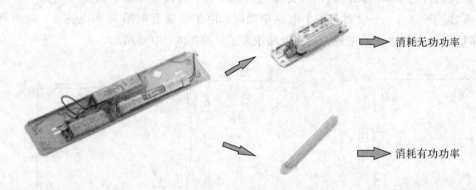

图 4.18　日光灯功率分析图

目标测评

1. 20 mH 的电感线圈上的电流为 $i(t)=10\sin(314t+30°)$ A。计算：

(1) 电感的感抗 X_L。

(2) 电压相量 $\dot{U}$。

(3) 电压的稳态表达式 $u(t)$。

2. 已知 5 μF 的电容两端的电压为 $u(t)=100\sin(314t+90°)$ V。求：

(1) 电容的容抗 X_C。

(2) 电流相量 $\dot{I}$。

(3) 电流的稳态表达式 $i(t)$。

任务 4　RLC 串联电路

 知识目标

1. 了解阻抗的概念。

2. 掌握阻抗三角形的意义。

3. 知道电路的三种性质。

4. 掌握单相交流电路功率的概念。

 能力目标

1. 能够计算电路的阻抗。

2. 能够辨识电路的性质。

3. 能够计算单相交流电路的功率。

相关知识

前面我们讨论了单一元件的正弦交流电路，那是一种理想电路，而实际电路不可能只有一个参数，例如当一个线圈和一个电容串联时，由于线圈有电阻 R 和电感 L，因而就是 R、L 和 C 三种参数串联的电路，这种电路很常见，如图 4.19(a) 所示。

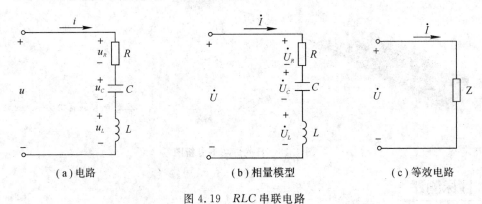

(a) 电路　　　　　　　(b) 相量模型　　　　　　　(c) 等效电路

图 4.19　RLC 串联电路

一、电压和电流的关系

在图 4.19(a) 中，根据基尔霍夫电压定律可列出：

$$u = u_R + u_L + u_C$$

若用相量表示电压和电流的关系，则为

$$\dot{U} = \dot{U} = \dot{U}_R + \dot{U}_L + \dot{U}_C = \left(R + j\omega L + \frac{1}{j\omega C} \right)\dot{I}$$

$$= \left[R + j\left(\omega L - \frac{1}{\omega C} \right) \right]\dot{I} = \left[R + j(X_L - X_C) \right]\dot{I} = (R + jX)\dot{I} = Z\dot{I} \tag{4.35}$$

式中，$X = X_L - X_C$ 称为**电抗**；Z 则称为电路的**等效阻抗**，如图 4.19(c) 所示。

$$Z = |Z| \angle\varphi = R + jX = R + j(X_L - X_C) = R + jX \tag{4.36}$$

由式 (4.36) 可知阻抗模和阻抗角分别为

$$|Z| = \sqrt{R^2 + X^2} = \sqrt{R^2 + (X_L - X_C)^2} \tag{4.37}$$

$$\varphi = \arctan\frac{X}{R} = \arctan\frac{X_L - X_C}{R} \tag{4.38}$$

由式 (4.37) 和式 (4.38) 可知，R、X 和 $|Z|$ 组成一直角三角形，称为**阻抗三角形**，如图 4.20 所示。

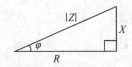

图 4.20　阻抗三角形

电压与电流的相量关系式为 $\dot{U}=\dot{I}Z$，也称为**相量形式的欧姆定律**。

由于 $Z=\dfrac{\dot{U}}{\dot{I}}$，即 $Z=|Z|\angle\varphi=\dfrac{U\angle\varphi_u}{I\angle\varphi_i}=\dfrac{U}{I}\angle(\varphi_u-\varphi_i)$，因此电压和电流之间的关系为

大小关系： $$|Z|=\dfrac{U}{I} \tag{4.39}$$

相位关系： $$\varphi=\varphi_u-\varphi_i \tag{4.40}$$

由式(4.40)可知阻抗角 φ 就是电压与电流间的相位差，其大小由电路参数决定。根据式(4.38)可知：

① 如果 $X>0$（即 $X_L>X_C$），$\varphi>0$，u 超前 i，则电路呈电感性；

② 如果 $X<0$（即 $X_L<X_C$），$\varphi<0$，u 滞后 i，则电路呈电容性；

③ 如果 $X=0$（即 $X_L=X_C$），$\varphi=0$，u 与 i 同相，则电路呈电阻性。

以电流为参考相量，根据纯电阻、电感和电容的电压与电流的相量关系，以及总电压相量等于各部分电压相量之和，可画出电路中的电流和各部分电压的相量图，如图4.21所示。图中各电压组成一个直角三角形，利用相量图也可得到电压与电流的关系：

$$U=\sqrt{U_R^2+(U_L-U_C)^2}=I\sqrt{R^2+(X_L-X_C)^2}=I|Z| \tag{4.41}$$

$$\varphi=\arctan\dfrac{U_L-U_C}{U}=\arctan\dfrac{X_L-X_C}{R} \tag{4.42}$$

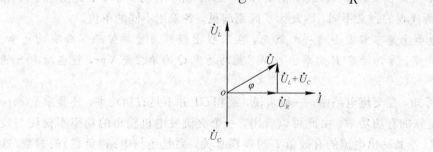

图 4.21 RLC 串联电路的相量图

二、电路的功率

1. 瞬时功率

RLC 串联电路的瞬时功率为

$$p=ui=U_m\sin(\omega t+\varphi)I_m\sin\omega t=U_m I_m\dfrac{1}{2}[\cos\varphi-\cos(2\omega t+\varphi)]$$
$$=UI[\cos\varphi-\cos(2\omega t+\varphi)]$$

2. 有功功率

因为电阻元件上要消耗电能，所以相应的平均功率为

$$P=\dfrac{1}{T}\int_0^T p\,\mathrm{d}t=\dfrac{1}{T}\int_0^T UI[\cos\varphi-\cos(2\omega t+\varphi)]\mathrm{d}t=UI\cos\varphi \tag{4.43}$$

式中，$\cos\varphi$ 称为电路的**功率因数**。式(4.43)表明，在交流电路中，有功功率的大小，不仅取决于电压和电流的有效值，而且和电压、电流间的相位差 φ（阻抗角）有关，即与电路的参

数有关。

由相量图中的电压三角形可知：$U_R = U\cos\varphi = IR$，故

$$P = I^2 R = U_R I = UI\cos\varphi \tag{4.44}$$

这说明交流电路中只有电阻元件消耗功率。电路中电阻元件消耗的功率就等于电路的有功功率。

3. 无功功率

电路中电感和电容元件要与电源交换能量，相应的无功功率为

$$Q = U_L I - U_C I = I(U_L - U_C) = UI\sin\varphi \tag{4.45}$$

由于 $IX = U_X = U_L - U_C$，$U_X = U\sin\varphi$，故得

$$Q = UI\sin\varphi = U_X I = I^2 X \tag{4.46}$$

对于感性电路，在相位上电流滞后于电压，$\varphi > 0$，$\sin\varphi > 0$，$Q > 0$，表示电路吸收（或输入、"消耗"）无功功率；对于容性电路，电流超前于电压，$\varphi < 0$，$\sin\varphi < 0$，$Q < 0$，表示电路吸收负的无功功率，意味着实际上是发出（或输出、"产生"）无功功率。

4. 视在功率

在交流电路中，电压有效值 U 与电流有效值 I 的乘积称为电路的视在功率，用 S 表示。

$$S = UI \tag{4.47}$$

视在功率的单位为伏安（V·A）或千伏安（kV·A）。由于有功功率 P、无功功率 Q 和视在功率 S 三者所代表的意义不同，因此为了区别起见，各采用不同的单位。

注：功率在电学上是非常重要的一个概念，在工程上经常通过单位来区分有功功率、无功功率和视在功率。有功功率 P 的单位为 W，无功功率 Q 的单位是 Var，视在功率 S 的单位是 V·A。

由式(4.43)可知，在交流电路中，一般来说，乘积 UI 并不是有功功率，还要乘上 $\cos\varphi$ 这一因数，才是电路的有功功率。由此可以看出，一个交流发电机输出的功率不仅仅与发电机的机端电压 U 及其输出电流的有效值 I 的乘积有关，而且还与电路（负载）的参数（性质）有关。电路的性质不同，则电压和电流的相位差 φ 就不同，在相同的电压 U 和电流 I 之下，这时电路的有功功率 P 和无功功率 Q 也就不同了。因而将电路（或负载）端口电压与端口电流的相位差 φ 的余弦 $\cos\varphi$ 称为**功率因数**；角 φ 称为**功率因数角**。

由阻抗三角形可知

$$\cos\varphi = \frac{R}{|Z|} \tag{4.48}$$

式(4.44)、式(4.45)、式(4.47)和式(4.48)是计算交流电路有功功率、无功功率、视在功率和功率因数的一般公式，根据这些公式可得

$$P^2 + Q^2 = S^2 \tag{4.49}$$

$$\cos\varphi = \frac{P}{S} \tag{4.50}$$

可见 P、Q 和 S 的关系也可用直角三角形来表示，如图 4.22 所示。显然，功率三角形相似于阻抗三角形和电压三角形，功率因数角 φ 也就是阻抗角，但是由于功率和阻抗不是正弦量，因此不能用相量表示。为了帮助读者分析与记忆，在此把三个三角形画在一起，如图 4.23 所示。有功功率 P 简称功率，以后所说的功率，除另有指明外，都指有功功率 P。

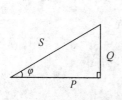

图 4.22　功率三角形

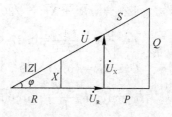

图 4.23

交流发电机和变压器等供电设备都是按照一定的输出额定电压 U_N 和额定电流 I_N 设计制造的,两者的乘积称为设备的额定视在功率 S_N,即

$$S_N = U_N I_N \qquad\qquad (4.51)$$

使用时,若实际视在功率超过额定视在功率,设备可能损坏,故其额定功率又称为额定容量,简称容量。

交流电路中电压和电流的关系有一定的规律性,是容易掌握的。现将三种单一元件的正弦交流电路中电压和电流的关系列入表 4.1 中(电压和电流为关联参考方向),以帮助读者总结和记忆。

表 4.1　单一元件的电压和电流关系式

电路	瞬时关系	大小关系	相位关系	相量关系	阻抗
R	$u = iR$	$U = IR$	$\varphi = \varphi_u - \varphi_i = 0$	$\dot{U} = R\dot{I}$	$Z_R = R$
L	$u = L\dfrac{di}{dt}$	$U = IX_L$ $X_L = \omega L$	$\varphi = \varphi_u - \varphi_i = 90°$	$\dot{U} = jX_L\dot{I}$	$Z_L = jX_L$
C	$i = C\dfrac{du}{dt}$	$U = IX_C$ $X_C = \dfrac{1}{\omega C}$	$\varphi = \varphi_u - \varphi_i = -90°$	$\dot{U} = -jX_C\dot{I}$	$Z_C = -jX_C$

【**例 4.15**】　有一个 RC 串联电路,如图 4.24 所示,其中 $R = 2\ \text{k}\Omega$, $C = 0.1\ \mu\text{F}$。输入端接正弦交流信号源,电源电压 $U_1 = 1\ \text{V}$,频率 $f = 500\ \text{Hz}$。

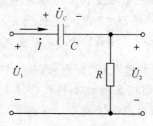

图 4.24　例 4.15 电路图

(1) 试求输出电压 U_2,并讨论输出电压与输入电压间的大小关系和相位关系。

(2) 当将电容 C 改为 $20\ \mu\text{F}$ 时,求(1)中各项。

(3) 将频率 f 调为 $4000\ \text{Hz}$ 时,再求(1)中各项。

解　(1)　$X_C = \dfrac{1}{\omega C} = \dfrac{1}{2\pi f C} = \dfrac{1}{2 \times 3.14 \times 500 \times (0.1 \times 10^{-6})} = 3200 = 3.2\ \text{k}\Omega$

$Z = R - jX_C = 2000 - j3200$

$$|Z| = \sqrt{R^2 + X_C^2} = \sqrt{2000^2 + 3200^2} \approx 3770 = 3.77 \text{ k}\Omega$$

$$I = \frac{U_1}{|Z|} = \frac{1}{3770} = 0.27 \times 10^{-3} = 0.27 \text{ mA}$$

$$U_2 = IR = (0.27 \times 10^{-3}) \times (2 \times 10^3) = 0.54 \text{ V}$$

$$\varphi = \arctan \frac{-X_C}{R} = \arctan \frac{-3.2}{2} = -58°$$

因此，输出电压与输入电压之间的大小关系为

$$\frac{U_2}{U_1} = \frac{0.54}{1} = 0.54$$

因为 $\dot{U}_2$ 是电阻上的电压，因此其相位与电流相同，故 $\dot{U}_1$ 与 $\dot{U}_2$ 之间的相位差即为阻抗角 φ，因此 $\dot{U}_1$ 滞后 $\dot{U}_2$ 58°。

(2)
$$X_C = \frac{1}{\omega C} = \frac{1}{2\pi f C} = \frac{1}{2 \times 3.14 \times 500 \times (20 \times 10^{-6})} = 16 \ \Omega$$

$$|Z| = \sqrt{R^2 + X_C^2} = \sqrt{2000^2 + 16^2} \approx 2 \text{ k}\Omega = R$$

$$U_2 = IR \approx U_1 = 1\text{V}, \ \varphi \approx 0°, \ U_C \approx 0 \text{ V}$$

因此，电压与电流同相位，输出电压与输入电压同相，大小近似相等。

(3)
$$X_C = \frac{1}{\omega C} = \frac{1}{2\pi f C} = \frac{1}{2 \times 3.14 \times 4000 \times (0.1 \times 10^{-6})} = 400 \ \Omega$$

$$|Z| = \sqrt{R^2 + X_C^2} = \sqrt{2000^2 + 400^2} \approx 2.04 \text{ k}\Omega$$

$$U_2 = IR = 0.98\text{V}, \ \varphi = \arctan \frac{-X_C}{R} = \arctan \frac{-0.4}{2} = -11.3°$$

因此，输出电压与输入电压之间的大小关系为

$$\frac{U_2}{U_1} = \frac{0.98}{1} = 0.98$$

$\dot{U}_1$ 滞后 $\dot{U}_2$ 11.3°。

注：通过例 4.15 可了解下列两个实际问题：① 图 4.24 实际上是三极管交流放大电路中常用的 RC 耦合电路，串联电容 C 的目的是为了要隔断直流（放大电路输入端往往有直流信号），但是在传递交流信号时，又不希望电容上有电压损失，即要求输入电压基本上完全传递到输出端。为此要根据信号频率选择电容器的大小，使得 $X_C \ll R$（比较本例题中的(1)和(2)）。图 4.24 也是一种移相电路，$\dot{U}_2$ 的相位与 $\dot{U}_1$ 的不同（参见本例题中的(1)），改变 C 或 R 的大小，都能达到移相的目的。② 输出电压的大小和相位随着信号频率的不同而发生变化（比较本例题中的(1)和(3)）。这是因为频率 f 越高，容抗 X_C 越小，电容的分压作用也就越小。

知识拓展

电动式功率表的使用

一、电动式功率表的结构及工作原理

电动式功率表的接线如图 4.25 所示，图中固定线圈串联在被测电路中，流过的电流就

是负载电流，因此这个线圈称为电流线圈。可动线圈在表内串联一个电阻值很大的电阻 R 后与负载电流并联，这个线圈称为电压线圈。固定线圈产生的磁场与负载电流成正比，该磁场与可动线圈中的电流相互作用，使可动线圈产生一力矩，并带动指针转动。在任一时刻，转动力矩的大小总是与负载电流以及电压瞬时值的乘积成正比，但由于转动部分存在机械惯性，因此偏转角取决于力矩的平均值，也就是电路的平均功率，即有功功率。

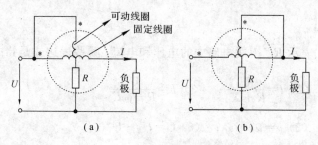

图 4.25　功率表的两种接线方式

由于电动式功率表是单向偏转，因此偏转方向与电流线圈和电压线圈中的电流方向有关。为了使指针不反向偏转，通常把两个线圈的始端都标有"＊"或"±"符号，习惯上称之为"同名端"，接线时必须将有相同符号的端钮接在同一根电源线上。当不清楚电源线在负载哪一边时，针指可能反转，这时只需将电压线圈端钮的接线对调一下，或将装在电压线圈中改换极性的开关转换一下即可。

在使用功率表时，不仅要求被测功率数值在仪表量程内，而且要求被测电路的电压和电流值也不超过仪表电压线圈和电流线圈的额定量程值，否则会烧坏仪表的线圈。因此选择功率表量程，就是选择其电压和电流的量程。

二、功率表的读数

功率表的电压线圈量程有几个，电流线圈的量程一般也有两个，如图 4.26 所示。如果电流量程换接片为图 4.26 中实线的接法，则功率表的两个电流线圈串联，其电流量程为 0.5 A；如换接片按虚线连接，即功率表两个电流线圈并联，量程为 1 A。表盘上的刻度为 150 格，若功率表电压量程选 300 V，电流量程选 1 A，我们用这种额定功率因数为 1 的功率表去测量，则每格为 $\dfrac{300 \text{ V} \times 1 \text{ A}}{150} = 2 \text{ W}$，即实数的格数乘以 2 才为实际被测功率值。

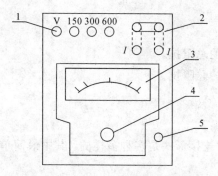

1—电压接线端子；2—电流接线端子；3—标度盘；4—指针零位调整器；5—转换功率正、负的旋钮

图 4.26　功率表前面板示意图

若电压量程选用 300 V，电流量程选 0.5 A，则每格为 $\dfrac{300 \text{ V} \times 0.5 \text{ A}}{150} = 1 \text{ W}$，即实数的格数乘 1 为被测功率数值，所以功率表实际测量的功率 P 应满足于下面的换算公式：

$$P = \frac{\text{选择的电压量程} \times \text{选择的电流量程} \times \text{功率表自身的功率因数}}{\text{仪表满刻度的格数}} \times \text{指针实测偏转格数}$$

目标测评

1. 用下列各式表示 RC 串联电路中的电压和电流，哪些表达式是错的？哪些是对的？

(1) $i = \dfrac{u}{|Z|}$；　(2) $I = \dfrac{U}{R + X_C}$；　(3) $\dot{I} = \dfrac{\dot{U}}{R - j\omega C}$

(4) $I = \dfrac{U}{|Z|}$；　(5) $u = u_R + u_C$；　(6) $U = U_R + U_C$

(7) $\dot{U} = \dot{U}_R + \dot{U}_C$；　(8) $u = Ri + \dfrac{1}{C} \int i \, dt$；　(9) $U_R = \dfrac{R}{\sqrt{R^2 + X_C^2}} U$

2. 已知 RL 串联电路的阻抗是 $Z = (4 + j3) \ \Omega$。

(1) 试问该电路的电阻和感抗是多少？

(2) 求出该电路的功率因数 $\cos\varphi$。

(3) 求电压和电流的相位差 φ。

(4) 当电源电压为 220V 时，求电路消耗的有功功率、无功功率和视在功率。

任务 5　阻抗的串联和并联

知识目标

1. 掌握阻抗的串联和并联的概念。

2. 了解阻抗串联和并联的特点。

3. 了解导纳的概念。

能力目标

1. 能够计算串联电路的总阻抗。

2. 能够计算并联电路的总阻抗。

相关知识

在交流电路中，阻抗的连接形式是多种多样的，其中最简单、最常用的是串联和并联。

一、阻抗的串联

阻抗的串联电路如图 4.27(a) 所示，其特点如下：

（1）各阻抗流过同一电流 $\dot{I}$。

（2）总电压 $\dot{U}=\dot{U_1}+\dot{U_2}=\dot{I}(Z_1+Z_2)=\dot{I}Z$。

两个阻抗串联可以等效成一个阻抗，等效后的阻抗用字母 Z 表示，如图 4.27(b) 所示。

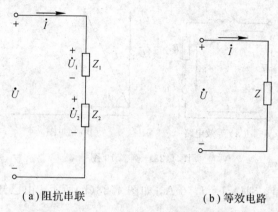

（a）阻抗串联　　　　（b）等效电路

图 4.27　阻抗串联及其等效电路

（3）等效阻抗 $Z=Z_1+Z_2$，即等效阻抗等于各串联阻抗之和。

一般当几个阻抗串联时，等效后的阻抗为

$$Z=\sum Z_k=\sum R_k+\mathrm{j}\sum X_k=|Z|\angle\varphi$$

其中，$\sum X_k$ 中的感抗 X_L 取正号，容抗 X_C 取负号。等效后的阻抗模和阻抗角分别为

$$|Z|=\sqrt{\left(\sum R_k\right)^2+\left(\sum X_k\right)^2}, \quad \varphi=\arctan\frac{\sum X_k}{\sum R_k}$$

（4）每个阻抗两端的电压为

$$\dot{U_1}=\frac{Z_1}{Z}\dot{U}, \quad \dot{U_2}=\frac{Z_2}{Z}\dot{U}$$

注：一般 $U\neq U_1+U_2$，$|Z|\neq|Z_1|+|Z_2|$。

【例 4.16】　一个 $R=5\ \Omega$、$L=150\ \mathrm{mH}$ 的线圈和 $C=100\ \mu\mathrm{F}$ 的电容器串联，接到 220 V 的工频电源上。求电路电流及线圈电压。

解　　　　　　　$X_L=\omega L=2\pi fL=100\pi\times150\times10^{-3}=47.12\ \Omega$

$$X_C=\frac{1}{\omega C}=\frac{1}{2\pi fC}=\frac{1}{100\pi\times100\times10^{-6}}=31.83\ \Omega$$

电路的阻抗为

$$Z=R+\mathrm{j}(X_L-X_C)=5+\mathrm{j}(47.12-31.83)=5+\mathrm{j}15.29=16.09\angle71.89°\ \Omega$$

设 $\dot{U}=220\angle0°\ \mathrm{V}$，则电流为

$$\dot{I}=\frac{\dot{U}}{Z}=\frac{220\angle0°}{16.09\angle71.89°}=13.67\angle-71.89°\ \mathrm{A}$$

线圈阻抗为

$$Z_{RL}=R+\mathrm{j}X_L=5+\mathrm{j}47.12=47.38\angle83.94°\ \Omega$$

线圈电压为

$$\dot{U}_{RL} = \dot{I}Z_{RL} = 47.38\angle 83.94° \times 13.67\angle -71.89° = 647.7\angle 12.05° \text{ V}$$

【例 4.17】 用电感降压来调整的电风扇的等效电路如图 4.28(a)所示，已知 $R=190$ Ω，$X_{L1}=260$ Ω，电源电压 $U=220$ V，$f=50$ Hz，要使 $U_2=180$ V，问串联的电感 L_x 应为多少？

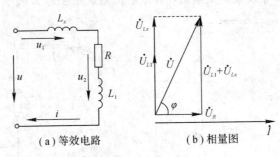

(a) 等效电路　　(b) 相量图

图 4.28　例 3.19 图

解　以 $\dot{I}$ 为参考量，即设 $\dot{I}=I\angle 0°$ A，如图 4.28(b)所示。由已知条件得电风扇的阻抗为

$$Z = R + jX_{L1} = 190 + j260 \text{ Ω} = 322\angle 53.8° \text{ Ω}$$

所以

$$I = \frac{U_2}{|Z|} = \frac{180}{322} = 0.56 \text{ A}$$

$$U_R = IR = 0.56 \times 190 = 106.4 \text{ A}$$

$$U_{L1} = IX_{L1} = 0.56 \times 260 = 145.6 \text{ A}$$

由相量图得

$$U = \sqrt{U_R^2 + (U_{L1} + U_{Lx})^2}$$

代入数据得

$$220 = \sqrt{106.4^2 + (145.6 + U_{Lx})^2}$$

解得

$$U_{Lx} = 46.96 \text{ V}, \quad X_{Lx} = \frac{U_{Lx}}{I} = \frac{46.96}{0.56} = 83.9 \text{ Ω}$$

二、阻抗的并联

阻抗的并联电路如图 4.29(a)所示。阻抗的并联电路，采用导纳并联分析比较方便，设

$$Y_1 = \frac{1}{Z_1}, \quad Y_2 = \frac{1}{Z_2}$$

由于阻抗的串联电路与导纳的并联电路是互为对偶的电路，根据对偶规则，容易推知导纳并联电路具有以下特点：

(1) 各导纳两端的电压是同一电压 $\dot{U}$。

(2) 总电流为

$$\dot{I} = \dot{I}_1 + \dot{I}_2 = \dot{U}\left(\frac{1}{Z_1} + \frac{1}{Z_2}\right) = \dot{U}(Y_1 + Y_2) = \dot{U}Y$$

式中，Y 为电路的等效导纳，如图 4.29(b)所示。

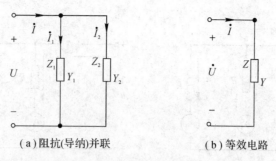

（a）阻抗(导纳)并联　　　　　（b）等效电路

图 4.29　阻抗(导纳)并联及其等效电路

（3）等效导纳 $Y=Y_1+Y_2$，即等效导纳等于并联导纳之和。一般几个导纳并联，采用

$$Y = \sum Y_k = \sum G_k + j\sum B_k = |Y|\angle\theta$$

其中，$\sum B_k$ 中的容纳 B_C 取正号，感纳 B_L 取负号。

$$|Y| = \sqrt{\left(\sum G_k\right)^2 + \left(\sum B_k\right)^2}, \quad \theta = \arctan\frac{\sum B_k}{\sum G_k}$$

（4）每个导纳中的电流为

$$\dot I_1 = \frac{Y_1}{Y}\dot I, \quad \dot I_2 = \frac{Y_2}{Y}\dot I$$

注：一般 $I\neq I_1+I_2$，$|Y|\neq|Y_1|+|Y_2|$。

【例4.18】　在图4.30所示电路中，已知 $R_1=3\ \Omega$，$R_2=8\ \Omega$，$X_C=6\ \Omega$，$X_L=4\ \Omega$，$\dot U=220\angle0°$ V。试求电路中的电流 $\dot I_1$、$\dot I_2$ 和 $\dot I$。

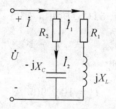

图 4.30　例 4.18 电路图

解　$Z_1=R_1+jX_L=3+4j=5\angle53°\ \Omega$

$Z_2=R_2-jX_C=8-6j=10\angle-37°\ \Omega$

$Y_1=\dfrac{1}{Z_1}=\dfrac{1}{5\angle53°}=0.2\angle-53°\ \text{S}$

$Y_2=\dfrac{1}{Z_2}=\dfrac{1}{10\angle-37°}=0.1\angle37°\ \text{S}$

$Y=Y_1+Y_2=0.2\angle-53°+0.1\angle37°=0.324\angle-26.5°\ \text{S}$

$\dot I_1=\dot U\cdot Y_1=220\angle0°\times0.2\angle-53°=44\angle-53°\ \text{A}$

$\dot I_2=\dot U\cdot Y_2=220\angle0°\times0.1\angle37°=22\angle37°\ \text{A}$

$\dot I=\dot U\cdot Y=220\angle0°\times0.324\angle-26.5°=49.2\angle-26.5°\ \text{A}$

【例4.19】　在图4.31所示电路中，已知电流表 A_1、A_2、A_3 都是 10 A。求电路中电流

表 A 的读数。

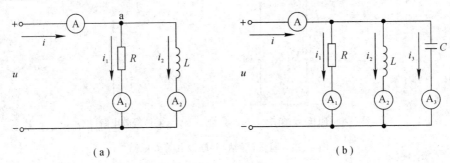

图 4.31 例 4.19 电路图

解 设端电压 $\dot{U}=U\angle 0°$ V。

(1) 选定电流的参考方向如图 4.31(a)所示,由于电阻的电流与电压同相,故

$$\dot{I}_1=10\angle 0° \text{ A}$$

由于电感的电流滞后电压90°,故

$$\dot{I}_2=10\angle -90° \text{ A}$$

对节点 a 列写 KCL 方程得

$$\dot{I}=\dot{I}_1+\dot{I}_2=10\angle 0°+10\angle -90°=10-\text{j}10=10\sqrt{2}\angle -45° \text{ A}$$

所以电流表 A 的读数为 $10\sqrt{2}$ A。

注:这与直流电路是不同的,总电流不是两个电流表读数之和,而是两个电流的相量和。

(2) 选定电流的参考方向如图 4.31(b)所示,则

$$\dot{I}_1=10\angle 0° \text{ A}, \dot{I}_2=10\angle -90° \text{ A}$$

由于电容电压滞后电流90°,因此

$$\dot{I}_3=10\angle 90° \text{ A}$$

由基尔霍夫电流定律可得

$$\dot{I}=\dot{I}_1+\dot{I}_2+\dot{I}_3=10\angle 0°+10\angle -90°+10\angle 90°=10-\text{j}10+\text{j}10=10 \text{ A}$$

所以电流表 A 的读数为 10 A。

【例 4.20】 在如图 4.32 所示电路中,已知电压表 V_1、V_2、V_3 都是 50 V。试分别求各电路中电压表 V 的读数。

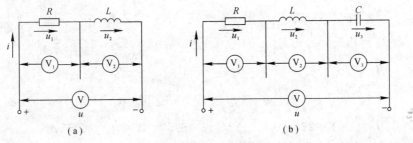

图 4.32 例 4.20 电路图

解 设总的电流 $\dot{I}=I\angle 0°$ A。

（1）选定电压的参考方向如图 4.32(a)所示，则

$$\dot{U}_1=50\angle 0°\text{ V（与电流同相）}$$

$$\dot{U}_2=50\angle 90°\text{ V（超前于电流}90°\text{）}$$

由 KVL 得

$$\dot{U}=\dot{U}_1+\dot{U}_2=50\angle 0°+50\angle 90°=50+\text{j}50=50\sqrt{2}\angle 45°\text{ V}$$

所以电压表 V 的读数为 $50\sqrt{2}$ V。

（2）选定电压的参考方向如图 4.32(b)所示，则

$$\dot{U}_1=50\angle 0°\text{ V}$$

$$\dot{U}_2=50\angle 90°\text{ V}$$

$$\dot{U}_3=50\angle -90°\text{ V（滞后于电流}90°\text{）}$$

由 KVL 得

$$\dot{U}=\dot{U}_1+\dot{U}_2+\dot{U}_3=50\angle 0°+50\angle 90°+50\angle -90°=50+\text{j}50-\text{j}50=50\text{ V}$$

所以电压表 V 的读数为 50 V。

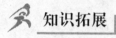 **知识拓展**

认识单相电度表

单相电度表是用来测量电能的一种仪表，又称电度表、火表或千瓦小时表。常见的单相电度表有机械式和电子式两种，其外形如图 4.33 所示。

（a）机械式电度表　　　　　　　　（b）电子式电度表

图 4.33　单相电度表外形图

单相电度表一般是民用的，接 220 V 的设备，它是我们家庭生活离不开的计电设备，其基本知识如下：

（1）结构组成。单相电度表由接线端子、电流线圈、电压线圈、计量转盘、计数器构成。

（2）组别代号。D代表单相，S代表三相三线。

（3）接线顺序。一般电度表是从左到右依次排列四个接线端为1、2、3、4，其中1和3分别接上输入电度表的火线和零线端，2和4分别接上输出电度表的火线和零线端。

（4）工作原理。利用电压和电流线圈在铝盘上产生的涡流，与交变磁通相互作用产生的电磁力，使铝盘转动，同时引入制动力矩，使铝盘转速与负载功率成正比，通过轴向齿轮传动，由计度器算出转盘转数而测出电能。

（5）使用。对于直接接入线路的电度表，要根据负载电压和电流选择合适的规格，使电度表的额定电压和额定电流等于或稍大于负载的电压或电流。另外，负载的用电量要在电度表额定值的10%以上，否则计量不准，甚至有时根本不能带动铝盘转动。所以电度表规格不能选得太大，但也不能选的太小，若选得太小则容易烧坏电度表。

目标测评

1. 一段信号传输线与负载相连，线路参数为$Z_l = (10 + j15)\ \Omega$，负载为$Z_L = (1 + j1.5)\ k\Omega$。计算：

（1）电路中总的等效电阻。

（2）电路中总的等效电抗。

（3）电路中总的阻抗。

（4）当电路中的电流为4 A时，求电路总的电压。

2. 电路如图4.34所示，试求各电路的阻抗。

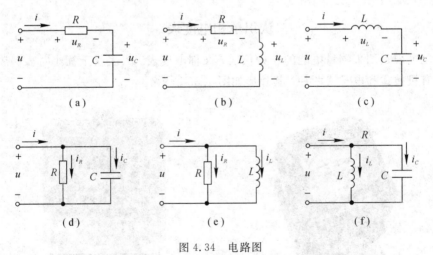

（a） （b） （c）

（d） （e） （f）

图4.34 电路图

任务6 谐振电路

 知识目标

1. 了解谐振的概念和分类。

2. 掌握发生谐振时的条件和特点。

 能力目标

1. 能够根据定义判定电路是否发生谐振。
2. 能够计算谐振频率、品质因数等参数。

 相关知识

通过前面的分析可知，在正弦交流电路中，一个含 R、L、C 的无源二端网络，通过阻抗的串/并联等效变换，可以用一个等效阻抗或等效导纳来表示，如图 4.35 所示。

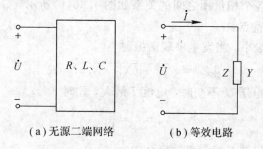

（a）无源二端网络　　　（b）等效电路

图 4.35　含 R、L、C 的无源二端网络及其等效电路

在图 4.35(b) 中，有

$$Z=|Z|\angle\varphi=R+\mathrm{j}X, \qquad Y=|Y|\angle\theta=G+\mathrm{j}B$$

等效阻抗 Z 或导纳 Y 都是 ω（或 f）的函数，且与电路参数有关，在一定条件下，其虚部 $X=0$（或 $B=0$）时，$\varphi=0$（或 $\theta=0$）电路呈电阻性，此时电压与电流同相，这种现象称为谐振。谐振是电路的一种特殊的工作状态，在电工和电子技术中得到广泛应用，谐振也可能产生过电压或过电流而造成设备或元件的损坏，因此在电力系统中严禁发生谐振现象。

按电路连接的方式不同，谐振可分为串联谐振和并联谐振。谐振发生在串联电路中称为**串联谐振**；发生在并联电路中则称为**并联谐振**。

一、串联谐振

R、L、C 串联的电路如图 4.36(a) 所示。

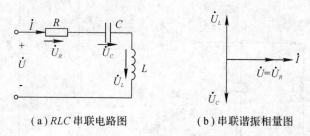

（a）RLC 串联电路图　　　（b）串联谐振相量图

图 4.36　RLC 串联谐振

电路中的阻抗为

$$Z=|Z|\angle\varphi=R+\mathrm{j}X=R+\mathrm{j}(X_L-X_C)=R+\mathrm{j}X$$

当其虚部为零时，有

$$X_L = X_C \qquad\qquad (4.52)$$

此时 $\varphi = 0$，u 与 i 同相，电路发生串联谐振。式(4.52)是发生串联谐振的条件，即

$$\omega L - \frac{1}{\omega C} = 0 \quad 或 \quad 2\pi f L = \frac{1}{2\pi f L} \qquad (4.53)$$

可见，无论改变电路参数 L 或 C，还是改变频率 f（或角频率 ω）都可满足上述谐振条件，使电路发生谐振。将改变参数的过程称为**调谐**。谐振角频率和谐振频率分别用 ω_0 和 f_0 表示，则得

$$\omega_0 = \frac{1}{\sqrt{LC}}, \quad f_0 = \frac{1}{2\pi\sqrt{LC}} \qquad (4.54)$$

发生串联谐振时，各个相量图之间的关系如图 4.36(b)所示。

串联谐振具有以下特点：

(1) 电路阻抗的模最小。当发生串联谐振时

$$|Z| = \sqrt{R^2 + (X_L - X_C)^2} = R$$

此时 Z 值最小。因此在电压 U 不变时，电流 I 最大，此时

$$I = I_0 = \frac{U}{R}$$

(2) 阻抗角 $\varphi = 0$，电路呈电阻性。故有

$$P = UI\cos\varphi = UI = S, \quad Q = UI\sin\varphi = 0$$

电源供给的能量全被电阻消耗，电源与电路不交换能量，L 和 C 间互换能量，互相补偿。

(3) 由图 4.36(b)可知

$$U = U_R, \quad U_L = U_C = I_0 X_L = I_0 X_C = \frac{U}{R} X_L = \frac{U}{R} X_C$$

当 $X_L = X_C > R$ 时，$U_L = U_C > U$。

由此可以看出，当发生串联谐振时，电感和电容上的电压可能高于电源电压，故串联谐振又称为**电压谐振**。由于过高的电压可能击穿线圈和电容器的绝缘，因此，在电力系统中应避免发生电压谐振。但在无线电技术中，常利用串联谐振在电容或电感元件两端产生高于信号源几十倍或几百倍的电压。收音机调谐电路如图 4.37(a)所示，其等效电路如图 4.37(b)所示，其中 R 为调谐线圈的电阻。

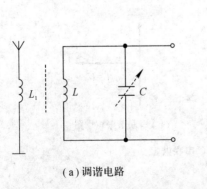

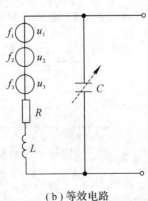

(a)调谐电路　　　　　　　　　　(b)等效电路

图 4.37　收音机调谐电路及其等效电路

天线线圈 L_1 接收到的各种不同频率的信号,在调谐线圈中感应出不同频率的信号源电压为 u_1、u_2、u_3……调节可变电容器 C,对所需信号频率发生串联谐振。此时 LC 调谐电路中该频率的电流最大,电容两端的电压也最大,经放大器进一步放大后,从而起到选择收听该频率电台广播的目的。

在无线电技术中,谐振电路选择性的好坏可用品质因数 Q 来衡量,其定义为

$$Q = \frac{U_L}{U} = \frac{U_C}{U} = \frac{X_L}{R} = \frac{X_C}{R} = \frac{\omega_0 L}{R} = \frac{1}{\omega_0 CR} \tag{4.55}$$

品质因数 Q 值越大,电路对信号的选择性越好。

【例 4.21】 在图 4.38 所示的 R、L、C 串联的电路中,$R=30\ \Omega$,$L=254\ \text{mH}$,$C=80\ \mu\text{F}$,电源电压 $u=220\sin(314t+20°)$ V。试求电路中的电流和各元件上的电压瞬时值表达式。

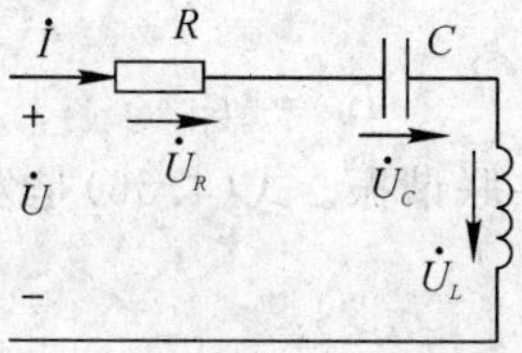

图 4.38 例 4.21 电路图

解 采用相量法进行计算。先写出已知相量,计算电路的阻抗,然后进行求解。电路的电压相量为

$$\dot{U} = 220\angle 20°\ \text{V}$$

电路的阻抗为

$$Z = R + \mathrm{j}\left(\omega L - \frac{1}{\omega C}\right) = 30 + \mathrm{j}\left(314 \times 254 \times 10^{-3} - \frac{1}{314 \times 80 \times 10^{-6}}\right)$$

$$= 30 + \mathrm{j}(79.8 - 39.8) = (30 + \mathrm{j}40)\ \Omega = 50\angle 53.1°\ \Omega$$

根据欧姆定律可知

$$\dot{I} = \frac{\dot{U}}{Z} = \frac{220\angle 20°}{50\angle 531°} = 4.4\angle -33.1\ \text{A}$$

各元件上的电压相量分别为

$$\dot{U}_R = R\dot{I} = 30 \times 4.4\angle -33.1° = 132\angle -33.1°\ \text{V}$$

$$\dot{U}_L = \mathrm{j}\omega L\dot{I} = \mathrm{j}79.8 \times 4.4\angle -33.1° = 351.1\angle 56.9°\ \text{V}$$

$$\dot{U}_C = -\mathrm{j}\frac{1}{\omega C}\dot{I} = -\mathrm{j}39.8 \times 4.4\angle -33.1°\ \text{V} = 175.1\angle -123.1°\ \text{V}$$

它们的瞬时值表达式为

$$i = 4.4\sqrt{2}\sin(314t - 33.1°)\text{A}, \quad u_R = 132\sqrt{2}\sin(314t - 33.1°)\ \text{V}$$

$$u_L = 351.1\sqrt{2}\sin(314t + 56.9°)\ \text{V}, \quad u_C = 175.1\sqrt{2}\sin(314t - 123.1°)\ \text{V}$$

二、并联谐振

R、L、C 并联电路,如图 4.39(a)所示。

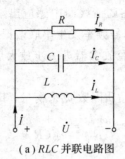 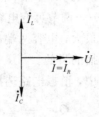

（a）RLC 并联电路图　　　　　（b）并联谐振相量图

图 4.39　RLC 并联谐振

因为三个元件 R、L、C 为并联关系，所以

$$Y=|Y|\angle\theta=G+jB=G+j(B_C-B_L)$$

当其虚部为零时，即

$$B_C=B_L \tag{4.56}$$

此时 $\theta=0$，u 与 i 同相，电路发生并联谐振。式（4.56）是发生并联谐振的条件，则谐振角频率和谐振频率分别为

$$\omega_0=\frac{1}{\sqrt{LC}},\quad f_0=\frac{1}{2\pi\sqrt{LC}} \tag{4.57}$$

并联谐振时的相量图如图 4.39（b）所示，可见该电路的谐振条件和谐振频率公式与 RLC 串联电路的相同。前面已经提到，RLC 串联电路与 RLC 并联电路是互为对偶的电路，故在两个电路中发生的串联谐振和并联谐振也是互为对偶的两种电路工作状态。

根据对偶原理可知并联谐振有如下特点：

（1）电路的导纳模最小。在发生并联谐振时，$|Y|=\sqrt{G^2+(B_C-B_L)^2}=G$，其值最小（即阻抗模最大）。在电流 I 不变时，电压 U 最大，此时

$$U=U_0=\frac{I}{G}$$

（2）导纳角 $\theta=0$，电路呈电阻性，故有

$$P=UI\cos\theta=UI=S,\quad Q=UI\sin\theta=0$$

（3）由相量图可知 $I=I_R$，有

$$I_L=I_C=U_0B_L=U_0B_C=\frac{U}{G}B_L=\frac{U}{G}B_C$$

当 $B_C=B_L>G$ 时，则

$$I_C=I_L>I$$

这就是说，并联谐振时的电容和电感支路电流可能大于总电流，故并联谐振又称为电流谐振。并联谐振在电子技术中也有广泛的应用。

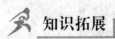 知识拓展

日常配电中电线的选择

在日常配电中，电线的选用是其中非常重要的一个环节，一旦选用不合适，将会给我

们的财产带来损失和人身带来伤害。

1. 常用导线的种类

常用的导线有 BV 和 BVR 两种。BV 是硬线，由一股铜丝组成；BVR 是软线，由多股铜丝组成。在日常配电中用 BV 线较多，如果布线的线管弯头较多，硬线难以穿线时，那么可以用 BVR 线。

2. 常用导线的横截面积

导线常见的尺寸有 1.5 个平方、2.5 个平方、4 个平方、6 个平方、10 个平方这几种，导线的平方实际上是指导线的横截面积，即导线圆形横截面的面积，单位为平方毫米。导线平方数和所能承载的电流之间可以换算，铜导线的换算关系如表 4.2 所示。

表 4.2　铜导线换算关系

导线截面/平方（mm²）	1.5	2.5	4	6	10	16	25
对应的电流/A	27	35	45	58	85	110	145

一般照明用线为 1.5 个平方，电器插座用 2.5 个平方，空调和热水器用 4 个平方，中央空调和即热式热水器用 6 个平方，进户线可根据房屋的大小用 10 个平方以上。

3. 注意事项

（1）观察合格证。选择导线时要仔细观察成卷导线的合格证（如图 4.40 所示）是否规范，合格证上有没有规格、执行尺度、额定电压、长度、厂名及厂址、检修章、出产日期，导线上是否有商标、规格、电压等，有无中国国家强制产品认证的"CCC"标志和出产许可证号，有没有质量体系认证书等。

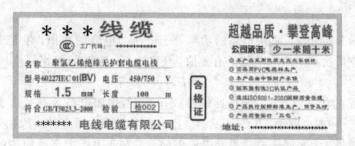

图 4.40　导线的产品合格证外形图

（2）观察长度和粗细。一卷导线通常长度为 100 m，国标长度误差不超多 0.5%，也就是不能少于 99.5 m；截面线径误差不能超过 0.02%。一般常用的截面积为 1.5 mm² 的塑料绝缘单股铜芯线，每 100 m 重量为 1.8~1.9 kg；2.5 mm² 的单股铜芯线，每 100 m 重量为 3~3.1 kg。质量差的导线一般重量不足，或长度不够，或铜芯杂质过多。

（3）观察导线的金属颜色。合格的导线铜芯应该是紫红色，手感软，有光泽；伪劣的导线铜芯为紫玄色，偏黄或偏白。

（4）观察导线的绝缘。导线绝缘层看上去好像很厚实，大多是用再生塑料制成的，只要挤压，挤压处会成白色状，并有粉末掉落。选取导线时，可取一根导线头用手反复弯曲，凡是手感柔软，抗疲劳强度好，塑料或橡胶手感弹性大且导线绝缘体上无龟裂的就是优等品。

导线外层塑料皮应光彩鲜亮、质地细密，用打火机点燃应无明火。

 目标测评

1. 一电感线圈与电容线圈串联电路，已知 $L=0.2$ H，当电源频率为 50 Hz 时，电路中的电流取得最大值 $I=0.5$ A，而电容上的电压为电源电压的 30 倍。求电容值、电感线圈上的电阻值以及电容上的电压。

2. 当 RLC 串联电路发生谐振时，$X_L=X_C=1$ kΩ，$R=20$ Ω，$L=50$ mH。求电路的谐振频率、电容值及电路的品质因数。

任务 7 功率因数的提高

 知识目标

1. 掌握功率因数的概念。
2. 了解提高功率因数的意义。
3. 知道提高功率因数的方法。

能力目标

能够根据电路对功率因数的要求来选择电容器。

 相关知识

通过前面的分析知道，直流电路的功率等于电压与电流的乘积，但是交流电路的有功功率的大小不仅取决于电压和电流的有效值，还和电压、电流间的相位差 φ 有关，即

$$P=UI\cos\varphi$$

$\cos\varphi$ 为电路的功率因数，它与电路的参数有关。纯电阻电路 $\cos\varphi=1$，纯电感和纯电容的电路 $\cos\varphi=0$。一般电路中，$0<\cos\varphi<1$。目前在各种用电设备中，除白炽灯、电阻炉等少数电阻性负载外，大多属于电感性负载。例如，工农业生产中广泛使用的三相异步电动机和日常生活中大量使用的日光灯、电风扇等都属于电感性负载，且它们的功率因数往往比较低，而功率因数低，就意味着电路中发生了能量交换，即出现了无功功率，这样会引起两个问题：降低了供电设备的利用率与增加了供电设备和线路的功率损耗。

一、供电设备的利用率

供电设备的额定容量 $S_N=U_N I_N$ 是一定的，其输出的有功功率为

$$P=U_N I_N\cos\varphi=S_N\cos\varphi \tag{4.58}$$

当 $\cos\varphi=1$ 时，$P=S_N$ 供电设备的利用率最高；一般 $0<\cos\varphi<1$，$P<S_N$；$\cos\varphi$ 越低，则输出的有功功率 P 越小，而无功功率 Q 越大，电源与负载交换能量的规模越大，供电设备所提供的能量就越不能被充分利用。

例如容量为 5000 kV·A 的变压器，如果 $\cos\varphi=1$，即能发出 5000 kW 的有功功率；而在 $\cos\varphi=0.5$ 时，则只能发出 2500 kW 的功率了。

二、供电设备和线路的功率损耗

负载从电源取用的电流为

$$I=\frac{P}{U\cos\varphi}$$

在 P 和 U 一定的情况下，$\cos\varphi$ 越低，I 就越大，供电设备和输电线路的功率损耗就越大。因此提高电路的功率因数就可以提高供电设备的利用率，减少供电设备和输电线路的功率损耗，也就是说，在同样的发电设备的条件下，能够发更多的电能。

功率因数不高，根本原因在于电路中存在感性负载。例如，生产中的异步电动机在额定负载时的功率因数为 0.7～0.9，如果处于轻载或空载时，功率因数会更低。电感性负载的功率因数之所以小于 1，是因为负载本身需要一定的无功功率。

提高电路的功率因数常用的方法是在电感性负载两端并联静电电容器（设置在用户或者变电所中），如图 4.41(a)所示。以电压为参考相量，可画出其相量图，如 4.41(b)所示。

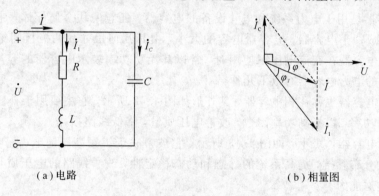

（a）电路　　　　　　　　　　　　（b）相量图

图 4.41　提高功率因数的方法

由图 4.41 可知，并联电容前，电路的电流为电感性负载的电流 $\dot{I}_1$，电路的功率因数为电感性负载的功率因数 $\cos\varphi_1$；并联电容后，电路的总电流 $\dot{I}=\dot{I}_1+\dot{I}_c$，电路的功率因数变为 $\cos\varphi$。可见，并联电容器后，流过感性负载的电流及其功率因数没有变，而整个电路的功率因数 $\cos\varphi>\cos\varphi_1$，比并联电容前提高了；电路的总电流 $I<I_1$，比并联电容前减少了。这是由于并联电容器后电感性负载所需的无功功率大部分可由电容的无功功率补偿，减小了电源与负载之间的能量交换。但要注意，并联电容后，电路的有功功率并未改变。根据相量图可得

$$I_C=I_1\sin\varphi_1-I\sin\varphi=\frac{P}{U\cos\varphi_1}\sin\varphi_1-\frac{P}{U\cos\varphi}\sin\varphi=\frac{P}{U}(\tan\varphi_1-\tan\varphi)$$

又因 $I_C=UB_C=U\omega C$，所以

$$C=\frac{P}{\omega U^2}(\tan\varphi_1-\tan\varphi) \tag{4.59}$$

根据式(4.59)可计算出将功率因数由 $\cos\varphi_1$ 提高到 $\cos\varphi$ 所需并联电容器的容量。

目前我国有关部门规定，高压供电的工业企业的平均功率因数不低于 0.95，其他单位

不低于 0.9。但是前面已经讨论过，当 $\cos\varphi=1$ 时，电路发生谐振，在电力电路中，这是不允许的，通常单位用户应把功率因数提高到略小于 1。

【例 4.22】 有一感性负载，接到 220 V、50 Hz 的交流电源上，消耗的有功功率为 4.8 kW，功率因数为 0.5。试问并联多大的电容才能将电路的功率因数提高到 0.95？

解 据题意 $P=4.8\ \text{kW}$，$U=220\ \text{V}$，$f=50\ \text{Hz}$，则未加电容时 $\cos\varphi_1=0.5$，

$$\varphi_1=\arccos 0.5=60°$$

并联电容后，$\cos\varphi=0.95$，则

$$\varphi=\arccos 0.95=18.2°$$

$$C=\frac{P}{2\pi f U^2}(\tan\varphi_1-\tan\varphi)=\frac{4800}{2\times 3.14\times 50\times 220^2}(\tan 60°-\tan 18.2°)$$
$$=433\ \mu\text{F}$$

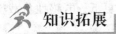 **知识拓展**

电力电容器简介

电力电容器是用于电力系统和电气设备的电容器。任意两块金属导体，中间用绝缘介质隔开，即构成一个电容器。电容器电容的大小，由其几何尺寸和两极板间绝缘介质的特性来决定。当电容器在交流电压下使用时，常以其无功功率表示电容器的容量，单位为乏或千乏。常见的电力电容器有以下几种：

(1) 并联电容器也称移相电容器，其外形如图 4.42 所示。它主要用于补偿电力系统感性负荷的无功功率，以提高功率因数，改善电压质量，降低线路损耗。

(2) 串联电容器，其外形如图 4.43 所示。它被串联于工频高压输电、配电线路中，用以补偿线路的分布感抗，提高系统的静态和动态稳定性，改善线路的电压质量，加长送电距离和增大输送能力。

图 4.42 移相电容器

图 4.43 高压串联电容器

(3) 耦合电容器，其外形如图 4.44 所示。它主要用于高压电力线路的高频通信、测量、控制、保护以及在抽取电能的装置中作部件用。

(4) 断路器电容器，也称均压电容器，其外形如图 4.45 所示。它被并联在超高压断路器的断口上起均压作用，使各断口间的电压在分断过程中均匀，并可改善断路器的灭弧特性，提高分断能力。

(5) 电热电容器，其外形如图 4.46 所示。它被用于频率为 40~24 000 Hz 的电热设备系统中，以提高功率因数，改善电路的电压或频率等特性。

图 4.44 耦合电容器　　　　图 4.45 断路器电容器　　　　图 4.46 电热电容器

 目标测评

1. 有一 JZ7 型中间继电器，其线圈数据为 380 V 和 50 Hz。线圈电阻为 2 kΩ，线圈电感是 43.3 H。试求线圈的额定电流和功率因数。

2. 要想把上题中的功率因数提高到 0.95，需要并联多大的电容器？并联电容器之后能省电吗，也就是说电度表会比并联电容器前转得慢吗？

＊任务8　非正弦周期电路

 知识目标

1. 了解非正弦的概念。
2. 了解非正弦电路的特点。
3. 理解谐波的概念。

 能力目标

能够根据函数表达式区分出正弦量是几次谐波。

相关知识

一、非正弦周期信号

在一个线性电路中，当一个正弦电源或多个同频电源同时作用时，电路各部分的稳态电压、电流都是同频的正弦量。但在生产实践和科学实验中，通常还会遇到按非正弦规律变动的电源和信号。例如，实际的交流发电机发出的电压波形与正弦波或多或少有些差别，严格地讲它是非正弦周期波；通信工程方面传输的各种信号，如收音机、电视机收到的电压或电流信号，它们的波形都是非正弦波；在自动控制、电子计算机等技术领域中用到的脉冲信号也都是非正弦波。另外，如果电路中存在非线性元件，即使在正弦电源的作用下，电路中也将产生非正弦的周期电压和电流。

非正弦信号可分为周期和非周期两种。含有周期性非正弦信号的电路，称为非正弦周期电路。本节主要讨论在非正弦周期信号的作用下，线性电路的稳态分析和计算方法。

二、非正弦周期函数分解为傅里叶级数

从高等数学中知道，凡是满足狄里赫利条件的周期函数可分解为傅里叶级数。在电工技术中所遇到的周期函数通常都满足这个条件，因此都可以分解为傅里叶级数。

设 $f(t)$ 为一个非正弦周期函数，其周期为 T，角频率 $\omega = \dfrac{2\pi}{T}$，则 $f(t)$ 的傅里叶级数展开式为

$$f(t) = a_0 + \sum_{k=1}^{\infty} (a_k \cos k\omega t + b_k \sin k\omega t) \tag{4.60}$$

式中，a_0 为 $f(t)$ 的直流分量；$a_k \cos k\omega t$ 为余弦项；$b_k \sin k\omega t$ 为正弦项；a_0、a_k、b_k 为傅里叶系数。

傅里叶系数 a_0、a_k、b_k 的计算公式如下：

$$\begin{cases} a_0 = \dfrac{1}{T}\int_0^T f(t)\mathrm{d}t = \dfrac{1}{2\pi}\int_0^{2\pi} f(t)\mathrm{d}(\omega t) \\ a_k = \dfrac{2}{T}\int_0^T f(t)\cos k\omega t\,\mathrm{d}t = \dfrac{1}{\pi}\int_0^{2\pi} f(t)\cos k\omega t\,\mathrm{d}(\omega t),\ k=1,2,3,\cdots \\ b_k = \dfrac{2}{T}\int_0^T f(t)\sin k\omega t\,\mathrm{d}t = \dfrac{1}{\pi}\int_0^{2\pi} f(t)\sin k\omega t\,\mathrm{d}(\omega t),\ k=1,2,3,\cdots \end{cases}$$

可见，将周期函数分解为傅里叶级数，实质上就是计算傅里叶系数 a_0、a_k、b_k。若把式中同频率的正弦项与余弦项合并，就得到傅里叶级数的另一种常用表达方式：

$$f(t) = A_0 + \sum_{k=1}^{\infty} A_{km}\sin(k\omega t + \theta_k) \tag{4.61}$$

且满足下列关系：

$$\begin{cases} A_0 = a_0 \\ A_{km} = \sqrt{a_k^2 + b_k^2} \\ \theta_k = \arctan\dfrac{a_k}{b_k} \\ a_k = A_{km}\sin\theta_k \\ b_k = A_{km}\cos\theta_k \end{cases}$$

在式(4.61)中，A_0 是不随时间变化的常数，称为 $f(t)$ 的直流分量，它就是 $f(t)$ 在第一个周期内的平均值。第二项 $A_{1m}\sin(\omega t + \theta_1)$，其周期或频率与原函数 $f(t)$ 的周期或频率相同，称为基波或一次谐波；其余各项的频率为基波频率的整数倍，分别为二次、三次、…、k 次谐波，统称为高次谐波。将 k 为奇数的谐波称为**奇次谐波**；将 k 为偶数的谐波称为**偶次谐波**。

图 4.47 所示波形是周期为 2π 的三角波电压波形，其傅里叶展开式为

$$u = \dfrac{8U_m}{\pi^2}\left(\sin\omega t - \dfrac{1}{9}\sin 3\omega t + \dfrac{1}{25}\sin 5\omega t - \cdots\right) \tag{4.62}$$

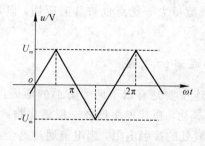

图 4.47　三角波波形

由于傅里叶函数具有收敛性，因此频率越高，则幅值越小，即高次谐波的幅值越小。

非正弦周期电流的有效值也是用有效值定义来计算的，即

$$I = \sqrt{\frac{1}{T}\int_0^T i^2\,\mathrm{d}t} \tag{4.63}$$

经计算后得出

$$I = \sqrt{I_0^2 + I_1^2 + I_2^2 + \cdots} \tag{4.64}$$

式中，I_1、I_2、…分别为基波、二次谐波等的有效值。因为它们本身都是正弦波，所以有效值等于各相应幅值的 $1/\sqrt{2}$。同理，非正弦周期电压 u 的有效值为

$$U = \sqrt{U_0^2 + U_1^2 + U_2^2 + \cdots} \tag{4.65}$$

由于傅里叶级数通常收敛很快，因此在工程实际中，对非正弦信号进行谐波分析时，只取其傅里叶级数展开式的前几项就能满足其准确度的要求，所取项数的多少，应根据波形情况和所需要计算的精确度来决定。

非正弦周期电路中的平均功率为瞬时功率在一个周期内的平均值。其定义为

$$P = \frac{1}{T}\int_0^T ui\,\mathrm{d}t \tag{4.66}$$

与求非正弦周期量有效值时的积分类似，不同频率电压与电流乘积的积分为零，同频率电压与电流乘积的积分不为零，故

$$P = U_0 I_0 + \sum_{k=1}^{\infty} U_k I_k \cos\varphi_k = P_0 + \sum_{k=1}^{\infty} P_k \tag{4.67}$$

即非正弦周期电路的平均功率等于各次谐波的平均功率之和（包括直流分量 $U_0 I_0$）。

同理，非正弦周期电路的无功功率等于各次谐波的无功功率之和，即

$$Q = \sum_{k=1}^{\infty} U_k I_k \sin\varphi_k = \sum_{k=1}^{\infty} Q_k \tag{4.68}$$

非正弦周期电路的视在功率定义为

$$S = UI = \sqrt{U_0^2 + \sum_{k=1}^{\infty} U_k^2} \times \sqrt{I_0^2 + \sum_{k=1}^{\infty} I_k^2} \tag{4.69}$$

注：视在功率不等于各次谐波视在功率之和。

知识拓展

铜线和铝线的连接

铝导线（简称铝线）具有成本低、质量轻等优点而被广泛应用，而铜导线（简称铜线）具

有电阻率低、线上损耗小、载流量大等优点也被普遍应用，但是铜线和铝线是不能直接连接的。

一、铝线与铜线不能直接连接的原因

铝线和铜线不能直接相连主要是有以下两个方面的原因：① 铝线和铜线的电阻率不同；② 铝线在空气中很容易氧化，在其表面形成一层氧化物，再加上铝比铜的硬度小，这样会大大增加铝线和铜线接驳处的接触电阻，当电流通过这个接驳处时，接触电阻会发热，如果是大电流，则发热会很严重，有可能把接驳处烧毁。因此按照安全操作规范，铝线是不能与铜线接驳的。

二、铝线与铜线直接连接的后果

当铜、铝导体直接连接时，这两种金属的接触面在空气中水分、二氧化碳和其他杂质的作用下极易形成电解液，从而形成以铝为负极、铜为正极的原电池，使铝产生电化腐蚀，造成铜、铝连接处的接触电阻增大。另外，由于铜、铝的弹性模量和热膨胀系数相差很大，在运行中经多次冷热循环（通电与断电）后，会使接触点处产生较大的间隙而影响接触，也增大了接触电阻。接触电阻的增大，会在运行中引起温度升高，高温下腐蚀氧化就会加剧，产生恶性循环，使连接质量进一步恶化，最后导致接触点温度过高甚至会发生冒烟、烧毁等事故。

三、铝线与铜线连接的方法

1. 单股小截面铜、铝导线连接，应将铜线搪锡后再与铝线连接。

2. 多股大截面铜、铝导线连接时，应采用铜铝过渡连接管或铜铝过渡接线板（如图4.48所示）。

3. 若铝导线与开关的铜接线端连接时，则应采用铜铝过渡线鼻子（如图4.49所示）。

图 4.48　铜铝过度接线板图　　　　　　　图 4.49　铜铝过渡线鼻子

四、铜线和铝线连接的注意事项

在干燥的室内，铜导体应搪锡；在室外或空气相对湿度接近100％的室内，应采用铜铝过渡板，铜端应搪锡。与此相应，铜电缆与铝电缆连接时可采用铜铝连接管，铜电缆和铝导线连接时可采用铜铝端子，铜端应搪锡。

■ 目标测评

1. 举出非正弦周期电压或者电流的例子。

2. 铁芯线圈是一种非线性元件，在加上正弦电压 $u=311\sin314t$ V 后，其电流表达式为 $i=0.8\sin(314t-85°)+0.25\sin(314t-105°)$ A，已不再是一个正弦量。试求其电流的有效值。

工程案例分析　吸血鬼功率(二)

"吸血鬼功率"或待机功率的消耗可能会比我们想象的多得多。平均每个家庭大约有 10 个在关机状态下依然消耗功率的电器产品。约 5% 的典型住宅功耗是作为待机功率消耗的。表 4.3 提供了几种不同设备的功率消耗。需要注意的是，许多关闭状态下的设备仍然是要消耗功率的。

表 4.3　常用电气设备的有功功率消耗表

序号	电子设备名称	设备工作状态	消耗的有功功率/W
1	手机充电器	给手机充电	10
		在插座上但不给手机充电	0.5
2	多功能喷墨式打印机	连续打印	14
		待机模式	4.1
		睡眠模式	1.6
		关机模式	0.35
3	52 寸液晶电视	开机运行状态	135
		待机状态	0.5
4	电视机机顶盒	正常启动状态	6.8
		待机状态	6.6
5	微波炉	闭门预备状态	3.08
		开门预备状态	25.79
		工作状态	1433
6	空调	正常工作状态	810
		待机状态	1.11

由表 4.3 可知，家里面电视机的机顶盒使用和待机时的功率分别为 6.8 W 和 6.6 W，其待机功率远远大于其他设备的待机功率，甚至是电视机的 10 几倍，因此机顶盒是家庭中

最大的"吸血鬼"。机顶盒运行时,其消耗的电功率只是机顶盒消耗电能的一小部分。假设每天观看电视 4 小时,但是机顶盒每天 24 个小时都插在插座上,那么可以算出其正常运行一年消耗的电量(一年按 365 天计算)为

$$W_{总} = \frac{365 \times (4 \times 6.8 + 20 \times 6.6)}{1000} \approx 58.1 \text{ kW} \cdot \text{h}$$

机顶盒用于正常播放电视节目时消耗的电能为

$$W_{运行} = \frac{365 \times (4 \times 6.8)}{1000} \approx 9.9 \text{ kW} \cdot \text{h}$$

机顶盒用于正常播放电视节目时消耗的电能是其一年消耗总电能的 17%,83% 的电能都消耗在待机功率上。由此可见,在不使用电气设备时,应将电器设备的电源线从电源插座上拔下来,或者选用带有开关的插座,这样会使"吸血鬼功率"减少到最小。

本项目总结

按正弦规律变化的电压、电流、电动势信号,称为正弦交流电。正弦交流电的瞬时值可以用三角函数表示,如 $u = U_m \sin(\omega t + \varphi)$。正弦量的频率(或周期)、幅值(或有效值)和初相位称为正弦量的三要素,分别表征了正弦交流电变化的快慢、大小及初始时刻的大小和变化趋势。

两个同频率正弦交流电的相位差等于它们的初相之差,反映了它们在相位上的超前、滞后关系。

实际工程中,常用有效值来表示正弦交流电的大小。正弦交流电的有效值和最大值之间的关系为

$$U = \frac{U_m}{\sqrt{2}}, \quad E = \frac{E_m}{\sqrt{2}}, \quad I = \frac{I_m}{\sqrt{2}}$$

正弦交流电可以用三角函数形式、波形图和相量图三种方法来表示。同频率的正弦交流量的相量才能画在同一个相量图中进行分析。理解和明确相量复数形式,可以利用直流电路的分析方法来解决复杂的交流电路。

单一元件的正弦交流电路的电压与电流关系、功率计算是分析复杂交流电路的基础。在分析 RLC 串/并联电路时,常用到电压三角形、功率三角形和阻抗三角形。

电路的功率因数过低,电源设备得不到充分利用,在供电线路上会引起较大的电能损耗和电压损耗。提高电路的功率因数常用的方法是在电感性负载两端并联静电电容器(一般设置在用户或者变电所中)。

谐振是电路的一种特殊的工作状态,在电工和电子技术中得到广泛应用。谐振也可能产生过电压或过电流而造成设备或元件的损坏,因此在电力系统中严禁发生谐振现象。按电路连接的方式不同,谐振可分为串联谐振和并联谐振。谐振发生在串联电路中称为串联谐振;发生在并联电路中则称为并联谐振。掌握谐振时的特点是分析谐振电路的基础。

非正弦信号可分为周期和非周期两种。含有周期性非正弦信号的电路,称为非正弦周期电路。

思考与练习题

一、填空题

1. 交流电的周期是指_____，用符号_____表示，其单位为_____；交流电的频率是指_____，用符号_____表示，其单位为_____。它们的关系是_____。

2. 我国动力和照明用电的标准频率为_____Hz，习惯上称为工频，其周期是_____s，角频率是_____rad/s。

3. 正弦交流电的三要素是_____、_____和_____。

4. 已知一正弦交流电流 $i = \sin\left(314t - \dfrac{\pi}{4}\right)$，则该交流电的最大值为_____，有效值为_____，频率为_____，周期为_____，初相位为_____。

5. 在纯电阻电路中，已知端电压 $u = 311\sin(314t + 30°)$ V，其中 $R = 1000$ Ω，那么电流 $i =$_____A，电压与电流的相位差 $\varphi =$_____，电阻上消耗的功率 $P =$_____W。

6. 感抗是表示_____的物理量，感抗与频率成_____比，其值 $X_L =$_____，单位是_____；若线圈的电感为 0.6 H，把线圈接在频率为 50 Hz交流电路中，$X_L =$_____Ω。

7. 在纯电感正弦交流电路中，电压有效值与电流有效值之间的关系为_____，电压与电流在相位上的关系为_____。

8. 一个纯电感线圈接在直流电源上，其感抗 $X_L =$_____Ω，电路相当于_____。

9. 在正弦交流电路中，已知流过电感元件的电流 $I = 10$ A，电压 $u = 20\sqrt{2}\sin(1000t)$ V，则电流 $i =$_____A，感抗 $X_L =$_____Ω，电感 $L =$_____H，无功功率 $Q_L =$_____Var。

10. 一个电容器接在直流电源上，其容抗 $X_L =$_____Ω，电路稳定后相当于_____。

11. 在正弦交流电流中，已知流过电容元件的电流 $I = 10$ A，电压 $u = 20\sqrt{2}\sin(1000t)$ V，则电流 $i =$_____A，容抗 $X_C =$_____Ω，电容 $C =$_____F，无功功率 $Q_C =$_____Var。

12. 已知某交流电路，电源电压 $u = 100\sqrt{2}\sin\left(\omega t - \dfrac{\pi}{6}\right)$ V，电路中通过的电流 $i = 10\sqrt{2}I\sin\left(\omega t - \dfrac{\pi}{2}\right)$ A，则电压和电流之间的相位差是_____，电路的功率因数 $\cos\varphi =$_____，电路中消耗的有功功率 $P =$_____W，电路的无功功率 $Q =$_____Var，电源输出的视在功率 $P =$_____W。

二、选择题

1. 交流电的周期越长，说明交流电变化得(　　)。

A. 越快　　　　　　　B. 越慢　　　　　　　C. 无法判断

2. 已知交流电流，当 $t=0$ 时的值 $i_0=1$ A，初相位为 $30°$，则这个交流电的有效值为（　　）A。

A. 0.5　　　　　　　B. 1.414　　　　　　C. 1　　　　　　D. 2

3. 已知一个正弦交流电压波形如图 4.50 所示，其瞬时值表达式为（　　）V。

A. $u=10\sin\left(\omega t-\dfrac{\pi}{2}\right)$　　　　B. $u=-10\sin\left(\omega t-\dfrac{\pi}{2}\right)$　　　　C. $u=10\sin\left(\omega t+\pi\right)$

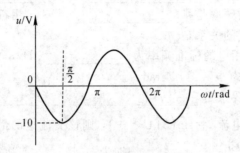

图 4.50　波形图

4. 已知 $i_1=10\sin(314t-90°)$ A，$i_2=10\sin(628t-30°)$ A，则（　　）。

A. i_1 比 i_2 超前 $60°$　　　　　　　　　B. i_1 比 i_2 后 $60°$

C. i_1 比 i_2 超前 $90°$　　　　　　　　　D. 不能判断相位差

5. 同一相量图中的两个正弦交流电，（　　）必须相同。

A. 有效值　　　　　　B. 初相　　　　　　C. 频率

6. 正弦电流流过电阻元件时，下列关系式正确的是（　　）。

A. $I_m=\dfrac{U}{R}$　　　　B. $I=\dfrac{U}{R}$　　　　C. $i=\dfrac{U}{R}$　　　　D. $I=\dfrac{U_m}{R}$

7. 在纯电感正弦交流电路中，当电流 $i=\sqrt{2}\,I\sin(314t)$ A 时，电压为（　　）V。

A. $u=\sqrt{2}\,IL\sin\left(314t+\dfrac{\pi}{2}\right)$　　　　　B. $u=\sqrt{2}\,I\omega L\sin\left(314t-\dfrac{\pi}{2}\right)$

C. $u=\sqrt{2}\,I\omega L\sin\left(314t+\dfrac{\pi}{2}\right)$　　　　　D. $u=\sqrt{2}\,IL\sin\left(314t-\dfrac{\pi}{2}\right)$

8. 在纯电容正弦交流电路中，当增大电源频率时，其他条件不变，电路中电流将（　　）。

A. 增大　　　　　　　B. 减少　　　　　　　C. 不变

9. 若电路某元件的电压 $u=36\sin\left(314t-\dfrac{\pi}{2}\right)$ V，电流 $i=4\sin(314t)$ A，则元件是（　　）。

A. 电阻　　　　　　　B. 电感　　　　　　　C. 电容

10. 如图 4.51 所示，三个灯泡均正常发光，当电源电压不变、频率 f 变小时，灯的亮度变化情况是（　　）。

A. HL$_1$ 变亮、HL$_2$ 变暗、HL$_3$ 不变　　　B. HL$_1$ 不变、HL$_2$ 变暗、HL$_3$ 变亮

C. HL$_1$ 不变、HL$_2$ 变暗、HL$_3$ 变暗　　　D. HL$_1$ 不变、HL$_2$ 变亮、HL$_3$ 变暗

11. 在图 4.52 所示 RL 串联电路中，电压表 PV$_1$ 的读数为 10 V，PV$_2$ 的读数也为 10 V，则电压表 V 的读数应为（　　）V。

A. 0　　　　　　　　B. 10　　　　　　C. 14.1　　　　　D. 20

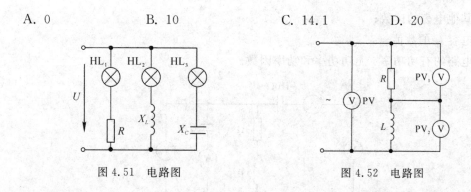

图 4.51　电路图　　　　　　　　　　图 4.52　电路图

三、计算题

1. 一个 220 V/500 W 的电炉丝，接到 $u=220\sqrt{2}\sin\left(\omega t-\dfrac{2}{3}\pi\right)$ V 的电源上。求流过电炉丝的电流解析式，并画出电压、电流相量图。

2. 把电感为 10 mH 的线圈接到 $u=141\sin\left(314t-\dfrac{\pi}{6}\right)$ V 的电源上。试求：

(1) 线圈中电流的有效值；(2) 写出电流瞬间时值表达式；

(3) 画出电流和电压相应的相量图；(4) 无功功率。

3. 把一个电阻为 20 Ω、电感为 48 mH 的线圈接到 $u=220\sqrt{2}\sin\left(314t+\dfrac{\pi}{2}\right)$ V 的交流电源上。求：

(1) 线圈的感抗；(2) 线圈的阻抗；

(3) 电流的有效值；(4) 电流的瞬时值表达式；

(5) 线圈的有功功率、无功功率和视在功率。

4. 在图 4.53 所示电路中，除 A_0 和 V_0 外，其余电流表和电压表的读数都在图上标出。试求电流表 A_0 或电压表 V_0 的读数，并画出它们的相量图（可以自己设一个基准相量）。

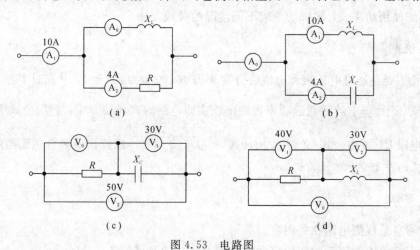

(a)　　　　　　　　　　　　　　(b)

(c)　　　　　　　　　　　　　　(d)

图 4.53　电路图

5. 图 4.54 所示电路中，已知电流表 A_1 的读数为 8 A，电压表 V_1 的读数为 50 V，交流电源的频率为 50 Hz。试求出：

(1) 其他电表的读数；

(2) 电容 C 的数值；

(3) 电路的有功功率、无功功率和功率因数。

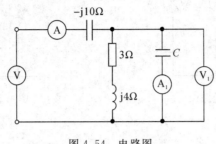

图 4.54 电路图

6. 有一电动机，其输入功率为 2 kW，接在 220 V/50 Hz 的交流电源上，通入电动机的电流为 20 A。

(1) 试计算：电动机的功率因数。如果要把电路的功率因数提高到 0.95，应该和电动机并联多大的电容器？

(2) 并联电容器后，电动机的功率因数、电动机中的电流、线路电流及电路的有功功率和无功功率各为多少？

技能训练六　线圈参数的测定

一、训练目标

1. 掌握用电压表、电流表和功率表(简称三表)测量自感线圈参数的原理，学会在实践中应用的方法。

2. 熟练使用功率表，掌握功率表不同情况的接线方法。

二、原理说明

本实验主要是通过电压表和电流表分别测出整个电路的 U 和 I，从而计算出该实验电路的阻抗模 $|Z| = \dfrac{U}{I}$。然后通过功率表测出该实验电路的有功功率 P，利用公式 $P = I^2 \times R$ 求出线圈电阻 R。再由公式 $|Z| = \sqrt{R^2 + X^2} = \sqrt{R^2 + (\omega L)^2}$ 推算出所测自感线圈的参数 L。其中，$\omega = 2\pi f = 2\pi \times 50 = 100\pi$ rad/s。

三、预习要求

1. 预习自感线圈电路相关内容。

2. 预习实验中所用到的实验仪器的使用方法及注意事项。

3. 根据实验电路计算所要求测试的理论数据，填入实验表中。

4. 写出完整的预习报告。

四、设备清单

单相调压器 1 台，电感线圈 1 只，交流电压表和交流电流表各 1 块，功率表 1 只。

五、训练内容

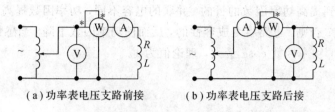

（a）功率表电压支路前接　　　（b）功率表电压支路后接

图 4.55 三表法测量线圈参数的实验电路

分别按图 4.55(a) 和 (b) 所示的两种接线测量线圈的参数 R 和 L，将测量值和计算值填于表 4.4 中。（表中 λ 为功率因数。）

表 4.4 实验测量数据和计算结果

接线方式	测 量 值			计 算 值				
	U/V	I/A	P/W	R/Ω	$|Z|/\Omega$	X_L/Ω	$L/\mu\text{F}$	λ
前接								
后接								

六、注意事项

单相调压器使用前，先把电压调节手轮调在零位，接通电源后再从零位开始逐渐升压。做完每一项实验后，把调压器调回零位，然后断开电源。

七、总结与思考

1. 写出用三表法求线圈参数 R、$|Z|$、X、L、λ 的计算公式。

2. 如何用实验方法判别负载是电感性还是电容性的？

3. 将两种接线方式所测得线圈的参数与线圈的铭牌值相比较，分析两种接线方式的适用范围。

技能训练七　日光灯功率因数的提高

一、训练目标

1. 掌握一种提高感性负载功率因数的方法。

2. 了解提高功率因数的实际意义。

3. 进一步熟悉功率表的使用方法。

二、原理说明

当负载为感性时，可在负载两端并联电容，利用电容性负载的超前电流来补偿滞后的电感性电流，以达到提高功率因数的目的。并联的电容不同，功率因数提高的亦不同，但并联的电容不能过大；否则，电路将变成容性的，反而使功率因数下降。当感性与容性完全抵消时，负载为阻性，功率因数 $\cos\varphi$ 最大，理论值为 1。

三、预习要求

1. 预习提高功率因数的相关内容。

2. 预习实验中所用到的实验仪器的使用方法及注意事项。

3. 根据实验电路计算所要求测试的理论数据，填入实验表中。

4. 写出完整的预习报告。

四、设备清单

日光灯电路板 1 块，交流电压表和交流电流表各 1 块，功率表 1 只，电容若干，单相调压器 1 只。

五、训练内容

实验电路如图 4.56 所示。

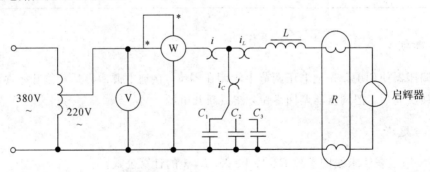

图 4.56　日光灯功率因数的提高原理图

1. 测量电感性负载的功率因数

在实验电路中，断开所有电容器，调整自耦调压器，使输出电压 U 等于 220 V，测量日光灯两端的电压 U_R 和镇流器两端电压 U_L 以及电流 I 和功率 P，记录的数据填于表 4.5 中，并计算出功率因数。

2. 提高电感性负载的功率因数

保持负载电压 U 等于 220 V，改变电容的数值，测量电流 I、电容电流 I_C、负载电流 I_L 和功率 P，计算出功率因数并记入表 4.5 中。

表 4.5　实验测量数据与计算结果

序号＼数值	$C/\mu F$	U_L/V	U_R/V	I/A	I_C/A	I_L/A	P/W	$\cos\varphi$
0								
1								
2								
3								
4								
5								
6								

六、注意事项

1. 注意自耦调压器的准确操作。

2. 功率表要正确接入电路，通电时要经指导教师检查。

3. 在实验过程中，一直要保持输出电压 U 等于 220 V，以便对实验数据进行比较。

4. 本实验用电流插头和插座测量三个支路的电流。

七、总结与思考

1. 能否用按钮开关代替启辉器？如何使用？

2. 试用相量图分析日光灯并联电容后，电路中各电流的变化情况？

3. 感性负载并联电容后电路总电流是增大还是减小？电路中功率的变化是怎样的？

4. 提高线路功率因数为什么只采用并联电容器法，而不用串联法？所并联的电容器是否越大越好？

5. 如何计算日光灯电路的参数？画出日光灯的电路模型图。

项目五 三相电路

目前，世界各国的电力系统中电能的生产、传输和供电方式绝大多数都采用三相制。三相电能够得到普及是因为三相输电比单相输电节省材料，同时三相电流能产生旋转磁场，从而能为结构简单、性能良好的三相异步电动机供电。三相电力系统由三相电源、三相输电线路和三相负载组成。

工程案例 "夭折"的会议（一）

某公司有一栋办公楼，高三层，如图5.1所示。夏季的某天晚上，公司决定在二楼会议室召开会议。会议开始前，二层楼的灯、会议室空调及电脑处于工作状态。而一楼和三楼除了走道的灯处于工作状态以外，其余办公室的灯熄灭，空调、电脑处于待机状态。会议开始时发现，二楼的所有电器设备无法正常工作，而一楼和三楼处于工作状态的灯以及待机状态的空调、电脑全部被烧坏。

图5.1 三层办公楼

此次事故造成了严重的经济损失，如果你是该公司的一名电气值班员，你应该怎么分析该次事故，怎么预防同类事故的发生？

任务 1 三相正弦交流电压

 知识目标

1. 理解三相正弦交流电产生的原理。
2. 掌握三相正弦交流电的电压之间的相位差。

3. 理解三相正弦交流电正序和反序之间的区别和联系。

 能力目标

1. 能够根据某一相正弦量的解析式写出其余两相正弦量的解析式。
2. 能够根据某一相正弦量的相量写出其余两相正弦量的相量。
3. 能够清楚表达三相正弦交流电正序和反序在实际中的应用。

 相关知识

　　三相交流电是由三相交流发电机产生的。图 5.2 是三相交流发电机的示意图。在磁极间放一圆柱形铁芯，圆柱表面上对称安置了三个完全相同的线圈，称为三相绕组；铁芯和绕组合称为转子。U_1、V_1、W_1 分别为绕组的首端，U_2、V_2、W_2 分别为绕组的末端，空间上依次相差120°的转子角。当发电机转子以角速度 ω 逆时针旋转时，在三相绕组的两端产生幅值相等、频率相同、相位依次相差120°的正弦交流电压。这一组正弦交流电压叫做**对称三相交流电压**。电压的参考方向规定为由绕组的首端指向末端，如图 5.3 所示。

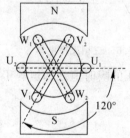

图 5.2　三相交流发电机原理图

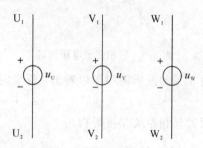

图 5.3　三相正弦电压源

　　以 U 相的电压为正弦参考量，它们的函数表达式为

$$\begin{cases} u_U = U_m \sin(\omega t + 0°) \text{ V} \\ u_V = U_m \sin(\omega t - 120°) \text{ V} \\ u_W = U_m \sin(\omega t + 120°) \text{ V} \end{cases} \quad (5.1)$$

其中，U_m 为绕组两端产生的正弦电压的幅值。三相交流电压的波形如图 5.4 所示。

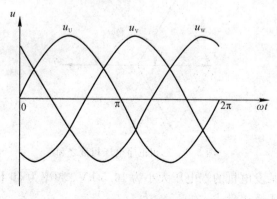

图 5.4　三相交流电压波形

式(5.1)对应的三相交流电压的相量为

$$\begin{cases} \dot{U}_U = U\angle 0° \text{ V} \\ \dot{U}_V = U\angle -120° \text{ V} \\ \dot{U}_W = U\angle 120° \text{ V} \end{cases} \tag{5.2}$$

其中，U 为绕组两端产生的正弦电压的有效值。三相交流电压的相量如图5.5所示。

三相交流电在相位上的先后次序称为相序。上述 U 相超前于 V 相、V 相超前于 W 相的顺序，叫做正序。一般的三相电源都是正序，工程上常以黄、绿、红三种颜色对应标记。V 相超前于 U 相、W 相超前于 V 相的顺序，叫做反序（逆序、负序），如图5.6所示。任意调换正序中两相的位置，正序就变成了反序。

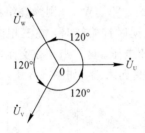

图5.5 三相交流电压相量

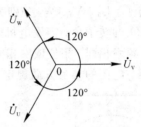

图5.6 三相反序电压

从图5.4的波形图中可以看出，任意时刻三个正弦电压的瞬时值之和恒等于零，即

$$u_U + u_V + u_W = 0 \tag{5.3}$$

也可以通过其相量关系推导得出

$$\dot{U}_U + \dot{U}_V + \dot{U}_W$$
$$= U\angle 0° + U\angle -120° + U\angle 120°$$
$$= (U\cos 0° + jU\sin 0°) + (U\cos(-120°) + jU\sin(-120°)) + (U\cos 120° + jU\sin 120°)$$
$$= U + \left(-\frac{1}{2}U - j\frac{\sqrt{3}}{2}U\right) + \left(-\frac{1}{2}U + j\frac{\sqrt{3}}{2}U\right) = 0$$

即对称的三个正弦量的相量之和为零，如图5.7所示。

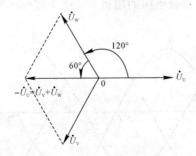

图5.7 三相正序电压相量之和

【例5.1】 已知某发电机的端电压大小为 10.5 kV、频率为 50 Hz，试写出该发电机三相端电压的函数表达式及相量式。

解 已知 $U = 10.5$ kV，则端电压的幅值

$$U_m = \sqrt{2}\,U = 10.5\sqrt{2}\ \text{kV}$$

因为频率 $f = 50\ \text{Hz}$，所以角频率为

$$\omega = 2 \times 180 \times 50 = 1800°/\text{s} \ \text{或} \ \omega = 2\pi f \approx 2 \times 3.14 \times 50 = 314\ \text{rad/s}$$

三相端电压的函数表达式为

$$\begin{cases} u_U = 10.5\sqrt{2}\sin(1800t + 0°)\ \text{V} \\ u_V = 10.5\sqrt{2}\sin(1800t - 120°)\ \text{V} \\ u_W = 10.5\sqrt{2}\sin(1800t + 120°)\ \text{V} \end{cases} \ \text{或} \ \begin{cases} u_U = 10.5\sqrt{2}\sin(314t + 0)\ \text{V} \\ u_V = 10.5\sqrt{2}\sin\left(314t - \dfrac{2\pi}{3}\right)\ \text{V} \\ u_W = 10.5\sqrt{2}\sin\left(314t + \dfrac{2\pi}{3}\right)\ \text{V} \end{cases}$$

三相端电压的相量式为

$$\begin{cases} \dot{U}_U = 10.5\angle 0°\ \text{V} \\ \dot{U}_V = 10.5\angle -120°\ \text{V} \\ \dot{U}_W = 10.5\angle 120°\ \text{V} \end{cases} \ \text{或} \ \begin{cases} \dot{U}_U = 10.5\angle 0\ \text{V} \\ \dot{U}_V = 10.5\angle -\dfrac{2\pi}{3}\ \text{V} \\ \dot{U}_W = 10.5\angle \dfrac{2\pi}{3}\ \text{V} \end{cases}$$

习惯上，我们采用角度来表示相位。

知识拓展

导线颜色的选择

在三相电路中常见的电线有黄、绿、红三种颜色，分别代表 U、V、W 三相。GB 50258—96《电气装置安装工程 1 kV 及以下配线工程施工及验收规范》第 3.1.9 条规定：当配线采用多相导线时，其相线的颜色应易于区分，相线与零线（即中性线 N）的颜色应不同，同一建筑物、构筑物内的导线，其颜色选择应统一；保护地线（PE 线）应采用黄绿颜色相间的绝缘导线；零线宜采用浅蓝色绝缘导线。

一、相线的颜色

当三相电源引入三相电度表箱时，相线宜采用黄、绿、红三色；当单相电源引入单相电度表箱时，相线宜分别采用黄、绿、红三色。由单相电度表箱引入到住户配电箱的三芯护套线，其相线颜色没有必要和所接的进户线相线颜色一致。只有当用户采用三相电度表箱时，从三相电度表箱引入到住户配电箱的相线颜色应和进三相电度表箱的颜色的相颜色一致。2～4 室进住户配电箱的相线可用黄、绿、红中的任意一种，因为"GB 50258—96"只规定配线采用多相导线时，相线颜色才要求易于区分。例如，2 室的用户出现断电时，根据 2 室的单相电度表箱的进线是红色，只要用验电笔检查进建筑物的红色相线是否有电，即可判断故障。

二、中性线颜色

规范规定中性线宜采用浅蓝色绝缘导线。"宜"的含义是：在条件许可时首先应采用浅

蓝色。有的国家中性线采用白色，如果其建筑物因业主要求采用白色作中性线，那么该建筑物内所有的中性线都应采用白色。如果中性线的颜色是深蓝色，那么相线颜色不宜采用绿色，因为在暗淡的灯光下，深蓝色与绿色差别不大，另外，当单相供电时，相线颜色应采用红色或黄色。

目标测评

1. 写出下面这组电压的相量，并说明其相序。

$u_U = 220\sqrt{2}\sin(\omega t + 63°)$，$u_V = 220\sqrt{2}\sin(\omega t - 57°)$，$u_W = 220\sqrt{2}\sin(\omega t - 177°)$

2. 已知三相对称电压中的 $u_U = 311\sin(\omega t - 36°)$，$u_V = 311\sin(\omega t + 84°)$，试根据对称关系求出电压 u_W。

任务 2 三相电源的连接

知识目标

1. 掌握三相电源星形连接时线电压与相电压的关系。
2. 掌握三相电源三角形连接时线电压与相电压的关系。
3. 理解三相电源星形连接时有无中线的区别。

能力目标

1. 能够已知线电压求出对应的相电压。
2. 能够已知相电压求出对应的线电压。
3. 能够清楚表达三相电源三角形连接时首端与末端依次相连的重要性。

相关知识

三相发电机的每一相绕组都是独立的电源，可以单独地接上负载，成为不相连接的三相电路，但这样使用时导线根数太多，所以实际中一般是不采用这种电路。三相电源的三相绕组一般按两种方式连接起来供电，一种方式是星形（Y 形）连接，另一种方式是三角形（△形）连接。

一、三相电源的星形连接

三相电源的星形连接方式如图 5.8 所示，将三个电压源的末端 U_2、V_2、W_2 连接在一起，成为一个公共点 N，叫做**中性点**（简称中点）；从三个首端 U_1、V_1、W_1 引出三根线与外电路相连，对外供电。由中性点引出的线称为**中性线**，俗称**零线**；由首端 U_1、V_1、W_1 引出的三根线称为**相线**，俗称**火线**。若三相电路中有中性线，则称为三相四线制；若无中性线，则称为三相三线制。

在三相电路中，每一相电压源两端的电压称为**相电压** u_p，各相相电压分别用 u_U、u_V、u_W 表示，参考方向规定为由首端指向末端；相线与相线之间的电压称为**线电压** u_l，各线电压分别用 u_{UV}、u_{VW}、u_{WU} 表示，参考方向规定为由 U 指向 V、由 V 指向 W、由 W 指向 U。

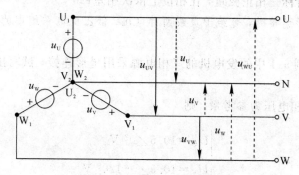

图 5.8　三相电源的星形连接

根据基尔霍夫电压定律可得

$$\begin{cases} u_{UV} = u_U - u_V \\ u_{VW} = u_V - u_W \\ u_{WU} = u_W - u_U \end{cases} \tag{5.4}$$

用相量可表示为

$$\begin{cases} \dot{U}_{UV} = \dot{U}_U - \dot{U}_V \\ \dot{U}_{VW} = \dot{U}_V - \dot{U}_W \\ \dot{U}_{WU} = \dot{U}_W - \dot{U}_U \end{cases} \tag{5.5}$$

在供配电系统中，电源的相电压对称，即 $U_U = U_V = U_W$，相位依次相差120°。如图 5.9 所示，以 U 相的相电压为参考量，即 $\dot{U}_U = U_U \angle 0°$ V，则线电压 $\dot{U}_{UV}$ 与相电压 $\dot{U}_U$ 的相量关系为

$$\dot{U}_{UV} = \sqrt{3}\dot{U}_U \angle 30° \tag{5.6}$$

同理可得

$$\dot{U}_{VW} = \sqrt{3}\dot{U}_V \angle 30°, \quad \dot{U}_{WU} = \sqrt{3}\dot{U}_W \angle 30° \tag{5.7}$$

即线电压的大小是相电压大小的 $\sqrt{3}$ 倍，在相位上线电压 $\dot{U}_l$ 超前对应相电压30°。

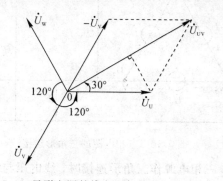

图 5.9　星形电源的线电压与相电压的相量关系

式(5.6)和式(5.7)也可表示为

$$\dot{U}_{UV} = \sqrt{3}\dot{U}_U\angle 30°, \quad \dot{U}_{VW} = \sqrt{3}\dot{U}_U\angle -90°, \quad \dot{U}_{WU} = \sqrt{3}\dot{U}_U\angle 150° \quad (5.8)$$

即线电压也是一组对称三相正弦量,在相位上依次相差120°。

注:电源作 Y 形连接时,可给予负载两种电压。低压配电系统中的线电压为 380 V,相电压为 220 V。

【例 5.2】 若例 5.1 中的发电机的三相电源采用星形连接,试写出该发电机线电压的相量及函数表达式。

解 以 U 相的相电压为参考量,则

$$\begin{cases} \dot{U}_U = 10.5\angle 0° \text{ V} \\ \dot{U}_V = 10.5\angle -120° \text{ V} \\ \dot{U}_W = 10.5\angle 120° \text{ V} \end{cases}$$

对应的线电压的相量为

$$\begin{cases} \dot{U}_{UV} = \sqrt{3}\dot{U}_U\angle 30° = 10.5\sqrt{3}\angle 30° \text{ V} \\ \dot{U}_{VW} = \sqrt{3}\dot{U}_V\angle 30° = 10.5\sqrt{3}\angle -90° \text{ V} \\ \dot{U}_{WU} = \sqrt{3}\dot{U}_W\angle 30° = 10.5\sqrt{3}\angle 150° \text{ V} \end{cases}$$

线电压的函数表达式为:

$$\begin{cases} \dot{U}_{UV} = 10.5\sqrt{6}\sin(\omega t + 30°) \text{ V} \\ \dot{U}_{VW} = 10.5\sqrt{6}\sin(\omega t - 90°) \text{ V} \\ \dot{U}_{WU} = 10.5\sqrt{6}\sin(\omega t + 150°) \text{ V} \end{cases}$$

二、三相电源的三角形连接

三相电源的三角形连接方式如图 5.10 所示,将三个电压源首端与末端依次相连,形成闭合回路,从三个连接点引出三根端线对外供电。当三相电源作△形连接时,只能接成三相三线制。

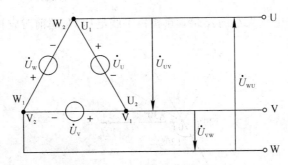

图 5.10 三相电源的三角形连接

由图 5.10 可以看出,三相电源作三角形连接时,线电压与对应的相电压大小相等、相位相同,即

$$\begin{cases} \dot{U}_{UV} = \dot{U}_U \\ \dot{U}_{VW} = \dot{U}_V \\ \dot{U}_{WU} = \dot{U}_W \end{cases} \tag{5.9}$$

其相量关系如图 5.11 所示。由图 5.11 可以看出，由于相电压三相对称，因此线电压仍然是一组三相对称正弦量，在相位上依次相差120°。根据基尔霍夫电压定律，三相电源回路中电压降之和等于零。

$$\dot{U}_{UV} + \dot{U}_{VW} + \dot{U}_{WU} = \dot{U}_U + \dot{U}_V + \dot{U}_W = 0 \tag{5.10}$$

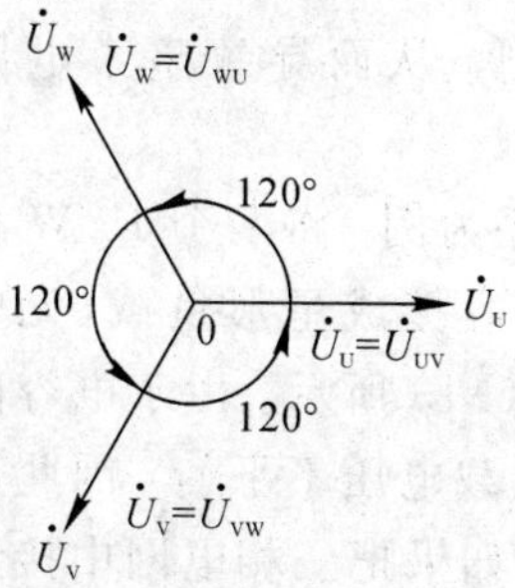

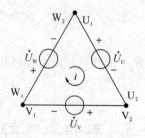

图 5.11　三角形电源的线电压与相电压的相量关系

【例 5.3】　若图 5.10 中三相电源中 V 相的首、末两端接反，如图 5.12 所示，则回路中会出现什么情况？

图 5.12　例 5.3 图相量图

解　已知

$$\begin{cases} \dot{U}_U = U\angle 0° \\ \dot{U}_V = U\angle -120° \\ \dot{U}_W = U\angle 120° \end{cases}$$

根据基尔霍夫电压定律可得

$$\dot{U}_U - \dot{U}_V + \dot{U}_W = U\angle 0° - U\angle -120° + U\angle 120°$$
$$= U - \left(-\frac{1}{2}U - j\frac{\sqrt{3}}{2}U\right) + \left(-\frac{1}{2}U + j\frac{\sqrt{3}}{2}U\right)$$
$$= U + j\sqrt{3}U = 2U\angle 60°$$

将计算结果与式(5.10)比较可以看出，若某一相的首端与末端接反，则回路中的电压降之和不为零，回路电压升高为相电压的 2 倍。考虑到三相电源的内阻抗，则会在回路中引起电流 i，严重时，该电流会将发电机绕组烧坏。

知识拓展

三相电压相序的测试方法

三相同步发电机并网时需要满足三个条件：电压相等、频率相同、相序一致。新装发电机或检修后的机组都要正确地找出其相序，以便能顺利并网；否则，在相序不同时强行合闸并网，会使发电机组受到冲击，产生强烈振动以致破坏，严重时会造成其他发电机组跳闸，从而导致整个电网的崩溃。

以低压 380 V 的三相电路测序为例，将两个 15 W 白炽灯与 1 个几微法耐压 400 V 的电容接成星形负载（无中性线），然后连到三相电网中，如图 5.13 所示。由于电容的存在，三相负载不对称，使得三相负载电压不平衡，因此产生一只灯泡亮、一只灯泡暗的现象。如果把三相电网中接到电

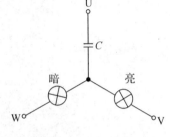

图 5.13　电路图

容的那一相定为 U 相，则灯泡较亮的一相为 V 相，而灯泡较暗的那一相为 W 相。

目标测评

1. 若三相电源星形连接，$\dot{U}_V = 220\angle -30°$ V。试分别写出另外两相的相电压的相量及三相的线电压的相量。

2. 若三相电源三角形连接，在连接的过程中，有两相绕组的极性接反，则三相绕组的回路中会出现什么情况？

任务 3　三相负载的连接

知识目标

1. 掌握三相对称负载星形连接时线电流与相电流的关系。
2. 掌握三相对称负载三角形连接时线电流与相电流的关系。
3. 理解三相不对称负载星形连接时中线的作用。

能力目标

1. 能够进行三相不对称负载的计算。
2. 能够进行三相对称负载的计算。
3. 能够对三相不对称负载星形连接中无中线的情况进行分析和计算。

相关知识

三相负载，即三相电源的负载，由互相连接的三个负载组成，其中每个负载称为一相负载。在三相电路中，负载有两种情况：一种负载是单相的，例如电灯、日光灯等照明负载，这种负载可以通过适当的连接形成三相负载；另一种负载是三相的，如三相异步电动机，其三相绕组中的每一相绕组也是单相负载。所以存在如何将三个单相绕组连接起来接入电网的问题。

在三相交流电路中，负载的连接方式有两种：星形（Y形）连接和三角形（△形）连接。如果构成三相负载的各相负载的复阻抗相等，则这种负载称为三相对称负载；如果构成三相负载的各相负载的复阻抗不相等，则这种负载称为三相不对称负载。

一、负载的星形连接

三相负载的 Y 形连接，就是把三个负载的一端连接在一起，形成一个公共端点 N′，负载的另一端分别与电源三根端线连接。如果电源为星形连接，则负载公共点 N′ 与电源中性点 N 的连线称为**中线**（俗称零线）；两点间的电压 $U_{N'N}$ 称为**中点电压**。若电路中有中线连接，则构成三相四线制电路；若没有中线连接，则构成三相三线制电路。

负载 Y 形连接的三相四线制电路如图 5.14 所示。其中，流过端线的电流为**线电流**；流过每一相负载的电流为**相电流**，参考方向选择从电源流向负载。从图 5.14 可以看出，流过端线的电流 $\dot I_U$、$\dot I_V$、$\dot I_W$ 同时也流过各自对应相的负载 Z_U、Z_V、Z_W，因此，在三相四线制电路中，负载的相电流等于线电流。流过中线的电流为**中线电流** $\dot I_N$，参考方向选择由负载中性点流向电源中性点。

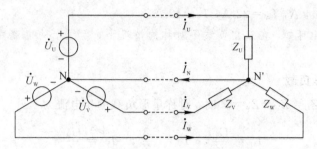

图 5.14 负载的星形连接（三相四线制）

1. 接不对称星形负载

当负载不对称，即 Z_U、Z_V、Z_W 不相等或不完全相等时，在中线的作用下，电压 $\dot U_U$ 加在 U 相负载 Z_U 的两端，电压 $\dot U_V$ 加在 V 相负载 Z_V 的两端，电压 $\dot U_W$ 加在 W 相负载 Z_W 的两端。由于电源的相电压 $\dot U_U$、$\dot U_V$、$\dot U_W$ 总是对称的（电压大小相等、相位依次相差120°），又由于中线的存在，因此，即使三相负载不对称，但各相负载的电压仍然是对称的。故不对称星形负载的相电流为

$$\dot I_U = \frac{\dot U_U}{Z_U}, \quad \dot I_V = \frac{\dot U_V}{Z_V}, \quad \dot I_W = \frac{\dot U_W}{Z_W} \tag{5.11}$$

对 N′ 点列写 KCL 方程可得中线电流 $\dot{I}_N$ 为

$$\dot{I}_N = \dot{I}_U + \dot{I}_V + \dot{I}_W \tag{5.12}$$

【例 5.4】 在三相四线制电路中，星形负载各相阻抗分别为 $Z_U = (8+j6)\,\Omega$，$Z_V = (3-j4)\,\Omega$，$Z_W = 10\,\Omega$，电源线电压为 380 V。求各相电流及中线电流。

解 由题意知

$$U_p = \frac{U_l}{\sqrt{3}} = \frac{380}{\sqrt{3}} = 220 \text{ V}$$

设 $\dot{U}_U = 220\angle 0° \text{ V}$，则各相负载的相电流分别为

$$\dot{I}_U = \frac{\dot{U}_U}{Z_U} = \frac{220\angle 0°}{8+j6} = \frac{220\angle 0°}{10\angle 36.9°} = 22\angle -36.9° \text{ A}$$

$$\dot{I}_V = \frac{\dot{U}_V}{Z_V} = \frac{220\angle -120°}{3-j4} = \frac{220\angle -120°}{5\angle -53.1°} = 44\angle -66.9° \text{ A}$$

$$\dot{I}_W = \frac{\dot{U}_W}{Z_W} = \frac{220\angle 120°}{10} = \frac{220\angle 120°}{10\angle 0°} = 22\angle 120° \text{ A}$$

中线电流为

$$\begin{aligned}
\dot{I}_N &= \dot{I}_U + \dot{I}_V + \dot{I}_W \\
&= 22\angle -36.9° + 44\angle -66.9° + 22\angle 120° \\
&= 17.6 - j13.2 + 17.3 - j40.5 - 11 + j19.1 \\
&= 23.9 - j34.6 \\
&= 42\angle -55.4° \text{ A}
\end{aligned}$$

故 $I_U = 22 \text{ A}$，$I_V = 44 \text{ A}$，$I_W = 22 \text{ A}$，$I_N = 42 \text{ A}$。

注：通过例 5.4 可知，在三相负载不对称的情况下，零线上的电流可能会大于火线上的电流。

2. 接对称星形负载

负载对称，即 $Z_U = Z_V = Z_W = Z$ 时，对称星形负载的相电流为

$$\dot{I}_U = \frac{\dot{U}_U}{Z}, \quad \dot{I}_V = \frac{\dot{U}_V}{Z}, \quad \dot{I}_W = \frac{\dot{U}_W}{Z} \tag{5.13}$$

由于电源相电压 $\dot{U}_U$、$\dot{U}_V$、$\dot{U}_W$ 对称，因此 V 相、W 相的相电流与 U 相的相电流存在如下关系：

$$\dot{I}_V = \dot{I}_U\angle -120°, \quad \dot{I}_W = \dot{I}_U\angle 120° \tag{5.14}$$

即对称星形负载的相电流大小相等、相位依次相差120°。

中线电流 $\dot{I}_N$ 为

$$\dot{I}_N = \dot{I}_U + \dot{I}_V + \dot{I}_W = \frac{\dot{U}_U + \dot{U}_V + \dot{U}_W}{Z} = 0 \tag{5.15}$$

由式(5.15)可以看出，对称星形负载的中线电流为零。因此，当三相对称负载接成星形时，中线可以省掉，成为三相三线制，如图 5.15 所示。

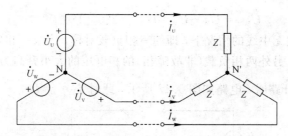

图 5.15 负载的星形连接（三相三线制）

【例 5.5】 在三相三线制电路中，已知三相电源星形连接，如图 5.15 所示。线电压为 $U_l = 380$ V，三相星形对称负载的各相的阻抗 $Z = (6 + j8)\Omega$。

(1) 求各相电流、相电压；

(2) 若 U 相负载短路，求 V 相、W 相的相电压；

(3) 若 U 相负载开路，求 V 相、W 相的相电压。

解 (1) 负载的相电压

$$U_p = \frac{U_l}{\sqrt{3}} = \frac{380}{\sqrt{3}} = 220 \text{ V}$$

设 $\dot{U}_{UV} = 380\angle 0° $ V，由于星形连接的电源的线电压超前相电压30°，因此

$$\dot{U}_U = 220\angle -30° \text{ V}$$

根据对称关系，有

$$\dot{U}_V = 220\angle -150° \text{ V}, \quad \dot{U}_W = 220\angle 90° \text{ V}$$

各相阻抗为

$$Z = 6 + j8 = 10\angle 53° \ \Omega$$

各相电流

$$\dot{I}_U = \frac{\dot{U}_U}{Z} = \frac{220\angle -30°}{10\angle 53°} = 22\angle -83° \text{ A}$$

$$\dot{I}_V = \dot{I}_U\angle -120° = 22\angle 157° \text{ A}$$

$$\dot{I}_W = \dot{I}_U\angle 120° = 22\angle 37° \text{ A}$$

(2) 当 U 相负载短路时，电路如图 5.16 所示。

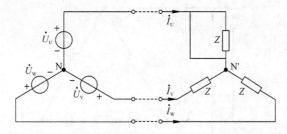

图 5.16 U 相负载短路电路图

根据基尔霍夫电压定律，有

$$\dot{U}_{VN'} = \dot{U}_V - \dot{U}_U = -\dot{U}_{UV} = 380\angle -180° \text{ V}$$

$$\dot{U}_{WN'} = \dot{U}_W - \dot{U}_U = \dot{U}_{WU} = 380\angle 120° \text{ V}$$

由此可以看出，在无中线的情况下，即使三相负载对称，当某一相发生短路时，三相负载的对称也遭到破坏，另外两相负载(非故障相)的相电压的大小升高为线电压的大小。

（3）当 U 相负载开路时，电路如图 5.17 所示，此时 $\dot{I}_V = -\dot{I}_W$。

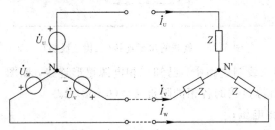

图 5.17　U 相负载开路电路图

根据欧姆定律和基尔霍夫电压定律列写方程组：

$$\begin{cases} \dot{U}_{VN'} = -\dot{U}_{WN'} \\ \dot{U}_{VN'} - \dot{U}_{WN'} = \dot{U}_V - \dot{U}_W = \dot{U}_{VW} \end{cases}$$

可得

$$\dot{U}_{VN'} = -\dot{U}_{WN'} = \frac{1}{2}\dot{U}_{VW} = 190\angle -120° \text{ V}$$

由此可以看出，在无中线的情况下，即使三相负载对称，当某一相发生开路时，三相负载的对称性也遭到破坏，另外两相(非故障相)负载的相电压的大小只有线电压大小的一半。

如果图 5.16 和图 5.17 中存在中线，那么 V 相、W 相的相电压仍然会等于各自电源的相电压，不会受到 U 相负载短路或开路的影响。

注：中性线的作用就是平衡三相负载的相电压，使得每相负载的电压均为电源相电压。

二、负载的三角形连接

三相负载的△形连接，就是将三相负载首尾连接，再将三个连接点与三根电源端线相连，如图 5.18 所示，此时也构成三相三线制，在此情况下无论负载是否对称，电源的线电压 $\dot{U}_{UV}$、$\dot{U}_{VW}$、$\dot{U}_{WU}$ 就是各相负载的相电压，各电流参考方向如图中所示。

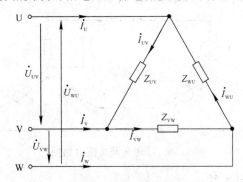

图 5.18　负载的三角形连接(三相三线制)

此时，电压 $\dot{U}_{UV}$ 加在 U 相负载 Z_{UV} 的两端，电压 $\dot{U}_{VW}$ 加在 V 相负载 Z_{VW} 的两端，电压 $\dot{U}_{WU}$ 加在 W 相负载 Z_{WU} 的两端。由于电源的线电压 $\dot{U}_{UV}$、$\dot{U}_{VW}$、$\dot{U}_{WU}$ 总是对称的（电压大小相等、相位依次相差120°），因此，各相负载的相电压仍然是对称的。

1. 接不对称三角形负载

负载不对称，即 Z_{UV}、Z_{VW}、Z_{WU} 不相等或不完全相等时，不对称三角形负载的相电流为

$$\dot{I}_{UV} = \frac{\dot{U}_{UV}}{Z_{UV}}, \quad \dot{I}_{VW} = \frac{\dot{U}_{VW}}{Z_{VW}}, \quad \dot{I}_{WU} = \frac{\dot{U}_{WU}}{Z_{WU}} \tag{5.16}$$

根据基尔霍夫电流定律，不对称三角形负载的线电流为

$$\dot{I}_{U} = \dot{I}_{UV} - \dot{I}_{WU}, \quad \dot{I}_{V} = \dot{I}_{VW} - \dot{I}_{UV}, \quad \dot{I}_{W} = \dot{I}_{WU} - \dot{I}_{VW} \tag{5.17}$$

2. 接对称三角形负载

负载对称，即 $Z_{U} = Z_{V} = Z_{W} = Z$ 时，对称三角形负载的相电流为

$$\dot{I}_{UV} = \frac{\dot{U}_{UV}}{Z}, \quad \dot{I}_{VW} = \frac{\dot{U}_{VW}}{Z}, \quad \dot{I}_{WU} = \frac{\dot{U}_{WU}}{Z} \tag{5.18}$$

由于电源线电压 $\dot{U}_{UV}$、$\dot{U}_{VW}$、$\dot{U}_{WU}$ 对称，因此 V 相、W 相的相电流与 U 相的相电流存在如下关系：

$$\dot{I}_{VW} = \dot{I}_{UV} \angle -120°, \quad \dot{I}_{WU} = \dot{I}_{UV} \angle 120° \tag{5.19}$$

即对称三角形负载的相电流大小相等、相位依次相差120°。

根据三角形负载的线电流与相电流的关系（参见式(5.17)、式(5.19)）进行推导，得

$$\dot{I}_{U} = \dot{I}_{UV} - \dot{I}_{WU} = \dot{I}_{UV} - \dot{I}_{UV} \angle 120°$$

$$= \sqrt{3} \dot{I}_{UV} \angle -30°$$

$$\dot{I}_{V} = \dot{I}_{VW} - \dot{I}_{UV} = \dot{I}_{UV} \angle -120° - \dot{I}_{UV}$$

$$= \sqrt{3} \dot{I}_{UV} \angle -150° = \sqrt{3} \dot{I}_{UV} \angle -120° \angle -30°$$

$$= \sqrt{3} \dot{I}_{VW} \angle -30°$$

$$\dot{I}_{W} = \dot{I}_{WU} - \dot{I}_{VW} = \dot{I}_{UV} \angle 120° - \dot{I}_{UV} \angle -120°$$

$$= \sqrt{3} \dot{I}_{UV} \angle 90° = \sqrt{3} \dot{I}_{WU} \angle 120° \angle -30° = \sqrt{3} \dot{I}_{WU} \angle -30°$$

则对称三角形负载的线电流为

$$\begin{cases} \dot{I}_{U} = \sqrt{3} \dot{I}_{UV} \angle -30° \\ \dot{I}_{V} = \sqrt{3} \dot{I}_{VW} \angle -30° \\ \dot{I}_{W} = \sqrt{3} \dot{I}_{WU} \angle -30° \end{cases} \tag{5.20}$$

式(5.20)也可以表示为

$$\begin{cases} \dot{I}_U = \sqrt{3}\,\dot{I}_{UV}\angle -30° \\ \dot{I}_V = \sqrt{3}\,\dot{I}_{UV}\angle -150° \\ \dot{I}_W = \sqrt{3}\,\dot{I}_{UV}\angle 90° \end{cases} \qquad (5.21)$$

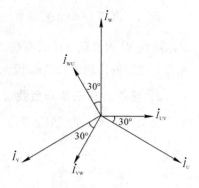

以上两式表明，对称三角形负载的线电流仍然是对称的，且是相电流的$\sqrt{3}$倍，滞后对应的相电流30°。取 U 相的相电流 $\dot{I}_{UV}$ 为参考相量，则对称三角形负载的线电流与相电流的相量关系如图 5.19 所示。

图 5.19　对称三角形负载的线电流与相电流的相量关系

【例 5.6】对称负载接成三角形，接入线电压为 380 V 的三相电源。若每相阻抗 $Z=(6+j8)\ \Omega$，求负载各相电流及各线电流。

解　设 $\dot{U}_{UV}=380\angle 0°$ V，又 $Z=6+8j=10\angle 53.1°\ \Omega$，则

$$\dot{I}_{UV}=\frac{\dot{U}_{UV}}{Z}=\frac{380\angle 0°}{6+j8}=\frac{380\angle 0°}{10\angle 53.1°}=38\angle -53.1°\ A$$

由于对称三相电源接了对称三相负载，因此得到对称三相电流，由对称关系可得

$$\dot{I}_{VW}=\dot{I}_{UV}\angle -120°=38\angle -173.1°\ A$$

$$\dot{I}_{WU}=\dot{I}_{UV}\angle 120°=38\angle 66.9°\ A$$

由负载三角形接线的电流相线关系可得，负载各线电流为

$$\dot{I}_U=\sqrt{3}\,\dot{I}_{UV}\angle -30°=\sqrt{3}\times 38\angle(-53.1°-30°)=66\angle -83.1°\ A$$

$$\dot{I}_V=\sqrt{3}\,\dot{I}_{VW}\angle -30°=\sqrt{3}\times 38\angle(-173.1°-30°)$$

$$=66\angle -203.1°=66\angle 156.9°\ A$$

$$\dot{I}_W=\sqrt{3}\,\dot{I}_{WU}\angle -30°=\sqrt{3}\times 38\angle(66.9°-30°)=66\angle 36.9°\ A$$

或

$$\dot{I}_U=\sqrt{3}\,\dot{I}_{UV}\angle -30°=\sqrt{3}\times 38\angle -53.1°\angle -30°=66\angle -83.1°\ A$$

$$\dot{I}_V=\sqrt{3}\,\dot{I}_{UV}\angle -150°=66\angle 156.9°\ A$$

$$\dot{I}_W=\sqrt{3}\,\dot{I}_{UV}\angle 90°=66\angle 36.9°\ A$$

知识拓展

零线与地线

在供电系统中，一般情况下居民用电负载是不相同的，即三相负载不平衡，三相变压器的三相绕组的中性点接在一起，并且接地，这条线引出来就是零线(N)。零线的干线部分

也叫中线，中线保证了三相不平衡负载每一相的电压相等，且都等于 220 V，故中线上不许安装保险丝或开关。

三相四线(U、V、W、N)从配电房来到民用建筑，每一幢建筑物在正常的情况下都要有符合国家技术标准的接地装置，从接地装置拉出来的线就是地线(PE)。一般在建筑物的一楼，地线和从配电房过来的零线，被合二为一地连接在一起，然后又一分为二变为零线和地线提供给大楼的每一个单元。这样做的目的是让中线(零线的干线部分)重复接地，提高系统的接零保护水平，减轻故障时的触电危险。国家标准要求零线用蓝色的外皮，而地线用黄绿双色线的外皮。

目标测评

1. 若三相对称负载三角形连接，V 相的相电流为 $\dot{I}_{VW}=10\angle-120°$ A，试写出其余两相的相电流相量及三相的线电流的相量。

2. 三相三线制电路中，三角形负载各相阻抗分别为 $Z_U=(8+j6)$ Ω，$Z_V=(3-j4)$ Ω，$Z_W=10$ Ω，电源线电压为 380 V，求各相电流及线电流。

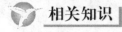

任务4　三相电路的功率

知识目标

1. 掌握三相不对称电路功率的计算方法。
2. 掌握三相对称电路功率的计算方法。
3. 了解三相不对称电路与对称电路的功率因数角的异同之处。

能力目标

1. 能够进行三相不对称电路功率的计算。
2. 能够进行三相对称电路功率的计算。

相关知识

一、不对称负载的三相功率

1. 三相电路的有功功率

三相电路总的有功功率等于各相有功功率之和，即
$$P = P_U + P_V + P_W = U_U I_U \cos\varphi_U + U_V I_V \cos\varphi_V + U_W I_W \cos\varphi_W \qquad (5.22)$$
由于电路中只有电阻消耗有功功率，故三相电路总的有功功率又等于各相电阻上消耗

的有功功率之和，即

$$P = \sum P_{RU} + \sum P_{RV} + \sum P_{RW} \tag{5.23}$$

式中，$\sum P_{RU}$ 为 U 相电阻消耗的有功功率之和；$\sum P_{RV}$ 为 V 相电阻消耗的有功功率之和；$\sum P_{RW}$ 为 W 相电阻消耗的有功功率之和。

2. 三相电路的无功功率

三相电路总的无功功率等于各相无功功率之和，即

$$Q = Q_U + Q_V + Q_W = U_U I_U \sin\varphi_U + U_V I_V \sin\varphi_V + U_W I_W \sin\varphi_W \tag{5.24}$$

其中，U_U、U_V、U_W 分别为负载各相电压有效值；I_U、I_V、I_W 分别为各相电流有效值；φ_U、φ_V、φ_W 分别为各相负载的阻抗角（功率因数角）。

由于电路中只有电感和电容消耗无功功率，故三相电路总的无功功率又等于各相电感上消耗的无功功率之和与各相电容上的无功功率之和之差，即

$$Q = \sum Q_L - \sum Q_C \tag{5.25}$$

式中，$\sum Q_L$ 为各相电感消耗的无功功率之和；$\sum Q_C$ 为各相电容上的无功功率之和。

3. 三相电路的视在功率

三相电路总的视在功率为

$$S = \sqrt{P^2 + Q^2} \tag{5.26}$$

注：负载不对称时，三相负载的视在功率不等于各相视在功率之和。

二、对称负载的三相功率

若三相负载对称，则 $U_U = U_V = U_W = U_p$，$I_U = I_V = I_W = I_p$，$\varphi_U = \varphi_V = \varphi_W = \varphi$，故式(5.22)和式(5.24)可分别表示为

$$P = 3U_p I_p \cos\varphi \tag{5.27}$$
$$Q = 3U_p I_p \sin\varphi \tag{5.28}$$

当对称负载 Y 形连接时，线电压是相电压的 $\sqrt{3}$ 倍，线电流等于相电流，即

$$U_l = \sqrt{3} U_p, \quad I_l = I_p$$

当对称负载 △ 形连接时，线电压等于相电压，线电流是相电流的 $\sqrt{3}$ 倍，即

$$U_l = U_p, \quad I_l = \sqrt{3} I_p$$

则

$$U_l \cdot I_l = \sqrt{3} U_p I_p$$

因此，在对称三相电路中，无论负载接成星形还是三角形，式(5.27)和式(5.28)可分别表示为

$$P = \sqrt{3} U_l I_l \cos\varphi \tag{5.29}$$
$$Q = \sqrt{3} U_l I_l \sin\varphi \tag{5.30}$$

而三相视在功率为

$$S = \sqrt{P^2 + Q^2} = \sqrt{3} U_l I_l = 3U_p I_p \tag{5.31}$$

【例 5.7】　一对称三相负载作星形连接，每相负载为 $Z=R+jX=(6+j8)\,\Omega$。已知 $U_1=380\,V$，求三相的 P、Q 和 S。

解　每相负载的功率因数为

$$\cos\varphi=\frac{R}{|Z|}=\frac{6}{\sqrt{6^2+8^2}}=0.6$$

相电压为

$$U_p=\frac{U_1}{\sqrt{3}}=\frac{380}{\sqrt{3}}=220\,V$$

负载相电流为

$$I_1=I_p=\frac{U_p}{|Z|}=\frac{220}{10}=22\,A$$

则

$$P=\sqrt{3}U_1I_1\cos\varphi=\sqrt{3}\times380\times22\times0.6=8.7\,kW$$

$$Q=\sqrt{3}U_1I_1\sin\varphi=\sqrt{3}\times380\times22\times0.8=11.6\,kVar$$

$$S=\sqrt{3}U_1I_1=\sqrt{3}\times380\times22=14.5\,kV\cdot A$$

【例 5.8】　在图 5.20 所示三相四线制电路中，三相电源对称，线电压为 $380\,V$，$X_L=X_C=R=40\,\Omega$。求：

(1) 三相相电压、相电流；

(2) 中线电流；

(3) 三相功率 P、Q 及 S。

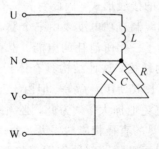

图 5.20　例 5.8 电路图

解　(1) 由于中线的存在，各相负载的相电压对称，因此

$$U_p=\frac{U_1}{\sqrt{3}}=\frac{380}{\sqrt{3}}=220\,V$$

取 U 相的相电压为 $\dot{U}_U=220\angle0°\,V$，则 V、W 两相的相电压分别为

$$\dot{U}_V=220\angle-120°\,V,\ \dot{U}_W=220\angle120°\,V$$

各相电流分别为

$$\dot{I}_U=\frac{\dot{U}_U}{Z_U}=\frac{220\angle0°}{j40}=5.5\angle-90°\,A$$

$$\dot{I}_V = \frac{\dot{U}_V}{Z_V} = \frac{220\angle -120°}{40} = 5.5\angle -120° \text{ A}$$

$$\dot{I}_W = \frac{\dot{U}_W}{Z_W} = \frac{220\angle 120°}{-\text{j}40} = 5.5\angle -150° \text{ A}$$

（2）中线电流 $\dot{I}_N$ 为

$$\dot{I}_N = \dot{I}_U + \dot{I}_V + \dot{I}_W = 5.5\angle -90° + 5.5\angle -120° + 5.5\angle -150°$$
$$= -7.513 - \text{j}13.013 = 15.026\angle -120° \text{ A}$$

（3）有功功率为

$$P = U_U I_U \cos 90° + U_V I_V \cos 0° + U_W I_W \cos(-90°) = 0 + 220\times 5.5 + 0 = 1210 \text{ W}$$

无功功率为

$$Q = U_U I_U \sin 90° + U_V I_V \sin 0° + U_W I_W \sin(-90°) = 220\times 5.5 + 0 - 220\times 5.5 = 0 \text{ Var}$$

视在功率为

$$S = \sqrt{P^2 + Q^2} = \sqrt{1210^2 + 0^2} = 1210 \text{ V}\cdot\text{A}$$

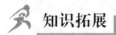 **知识拓展**

三相电度表

三相电度表用于测量三相交流电路中电源输出（或负载消耗）的电能。它的工作原理与单相电度表完全相同，只是在结构上采用多组驱动部件和固定在转轴上的多个铝盘的方式，以实现对三相电能的测量。根据被测电能的性质，三相电度表可分为有功电度表和无功电度表；由于三相电路有不同的接线形式，因此对其又有三相三线制和三相四线制之分。

与单相电度表相比，三相四线制有功电度表由三个驱动元件和装在同一转轴上的三个铝盘所组成，它的读数直接反映了三相所消耗的电能。也有些三相四线制有功电度表采用三组驱动部件作用于同一铝盘的结构，这种结构具有体积小、重量轻，减小了摩擦力矩等优点，有利于提高其灵敏度和延长其使用寿命等。但由于三组电磁元件作用于同一个圆盘，其磁通和涡流的相互干扰不可避免地加大了，为此，必须采取补偿措施，尽可能加大每组电磁元件之间的距离，因此，转盘的直径相应的要大一些，其使用接线如图 5.21 所示。

三相三线制有功电度表采用两组驱动部件作用于装在同一转轴上的两个铝盘（或一个铝盘）的结构，其原理与单相电度表完全相同，其使用接线如图 5.22 所示。

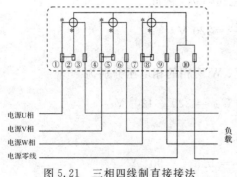

图 5.21　三相四线制直接接法

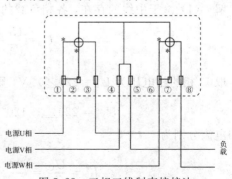

图 5.22　三相三线制直接接法

目标测评

1. 一对称三相负载作三角形连接,每相负载为 $Z = (3+j4)\ \Omega$,已知 $U_p = 220V$,求三相的 P、Q 及 S。

2. 已知三相电路的有功功率 $P = 60\ W$,无功功率 $Q = 80\ Var$,求三相电路的视在功率 S 和功率因数 $\cos\varphi$。

工程案例分析 "夭折"的会议(二)

某公司有一栋办公楼,高三层,为了尽量使办公楼的负载趋向于三相对称,该公司配电采用 U 相接一楼负载 Z_U,V 相接二楼负载 Z_V,W 相接三楼负载 Z_W。三层楼共用一根中线(零线)NN'。其配电形式如图 5.23 所示。

夏季的某天晚上,公司决定在二楼会议室召开会议。会议开始前,二层楼的灯、会议室空调及电脑处于工作状态;而一楼和三楼除了走道的灯处于工作状态以外,其余办公室的灯熄灭,空调、电脑处于待机状态。会议开始时发现,二楼的所有电器设备无法正常工作,而一楼和三楼处于打开状态的灯以及待机状态的空调、电脑全部被烧坏。

经电工查找原因发现,办公楼配电柜的中线虚接,即中线的接头未可靠地接在中性点 N 处。为什么零线的虚接会导致如此严重的事故?下面将做出分析。

不对称星形负载电路的计算首先是中点电压的计算,故称之为中点电压法。对于图 5.23 所示的电路,由于中线虚接,则相当于中线不存在,成为不对称负载下的三相三线制电路,如图 5.24 所示。$\dot{U}_{N'N}$ 即为三相三线制电路的中点电压。

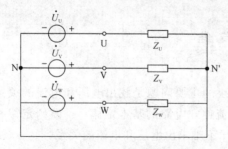

图 5.23 办公楼配电示意图

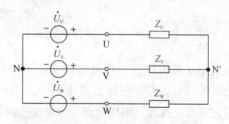

图 5.24 不对称负载的三相三线制电路

由弥尔曼定理可得

$$\dot{U}_{N'N} = \frac{\dfrac{\dot{U}_U}{Z_U} + \dfrac{\dot{U}_V}{Z_V} + \dfrac{\dot{U}_W}{Z_W}}{\dfrac{1}{Z_U} + \dfrac{1}{Z_V} + \dfrac{1}{Z_W}} \neq 0$$

此时,负载中点与电源中点电位不相等,称之为中点位移。根据基尔霍夫电压定律,负载各相电压分别为

$$\dot{U}_{UN'} = \dot{U}_U - \dot{U}_{N'N}, \quad \dot{U}_{VN'} = \dot{U}_V - \dot{U}_{N'N}, \quad \dot{U}_{WN'} = \dot{U}_W - \dot{U}_{N'N}$$

中点位移使负载端相电压不再对称,这种情形严重时,可能导致有的相电压太低以至于负载不能正常工作,有的相电压却又高出负载额定电压而造成负载烧毁。因此,三相三线制连接的电路一般不用于照明、家用电器等不对称负载,而多用于三相电动机等动力负载(三相对称负载)。

负载各相电流(线电流)为

$$\dot{I}_U = \frac{\dot{U}_{UN'}}{Z_U}, \quad \dot{I}_V = \frac{\dot{U}_{VN'}}{Z_V}, \quad \dot{I}_W = \frac{\dot{U}_{WN'}}{Z_W}$$

应当指出,三相四线制允许负载不对称,中线的作用是至关重要的,一旦中线发生断路事故,四线制成为三线制,负载不对称就可能导致相当严重的后果。因此,三相四线制应当保证中线的可靠连接。为防止意外,中线上绝对不允许安装开关或者保险丝,此外,如果中线电流过大,中线阻抗即使很小,其上的电压降也会引起中点的位移。所以,即使采用四线制供电,也应尽可能使用对称负载,用以限制中线电流。

由以上分析我们可以看出,某公司因为开会导致二楼负荷增加,远超过一楼和三楼的负荷。二楼负荷重,则负载 Z_V 很小;一楼和三楼负荷较轻,则负载 Z_U、Z_W 很大。若中线可靠连接,保证了各楼层的电压仍然对称,也就是电压的大小仍然相等,则各楼层的设备在正常工作电压下运行。

但是,由于配电柜中线虚接,中线的接头未可靠地接在中性点 N 处,因此导致了"中点位移"。由于中点电压 $\dot{U}_{N'N}$ 存在,使得 $U_{VN'} < U_V$,造成 V 相负载上的电压太低,二楼电器设备无法正常工作;又 $U_{UN'} > U_U$,$U_{WN'} > U_W$,U 相、W 相电压高于各自相的电源电压,从而烧坏了一楼和三楼待机状态的电器设备。

该工程案例中事故的严重性告诉我们一个事实:在三相负载不对称时,若采用星形接法,必须采用三相四线制,中线必须可靠连接,不得虚接;也不可装熔断器或开关,以防意外断开。

本项目总结

三相交流电路是一种复杂的交流电路,要解决的主要问题是找出电压和电流的关系以及功率的计算方法。三相交流电路中的电压与电流遵守电路的基本定律——欧姆定律和基尔霍夫定律,因此,根据电路图和电路的基本定律不难求出电压和电流的关系。

三相交流发电机发出的三相电压是对称的(大小相等、频率相同、相位互差120°)。电压的参考方向规定为由绕组的首端指向末端。若以 U 相的电压为正弦参考量,则它们的函数表达式为

$$\begin{cases} u_U = U_m \sin(\omega t + 0°) \text{ V} \\ u_V = U_m \sin(\omega t - 120°) \text{ V} \\ u_W = U_m \sin(\omega t + 120°) \text{ V} \end{cases}$$

当电源作星形连接时,线电压和相电压的大小关系是 $U_l = \sqrt{3} U_p$;在相位上线电压超前相电压30°。当电源作三角形连接时,线电压和相电压对应相等。

三相负载也有星形和三角形两种连接方式,用哪种连接方式需要根据负载的额定电压

而定。当负载作星形连接时，对于不对称负载，要接成三相四线制电路，中线必不可少，负载各相电流可根据欧姆定律逐相求解；对于对称负载，可省去中线，接成三相三线制电路，各相负载上的电流是对称的。负载的线电流是相电流的$\sqrt{3}$倍。当负载作三角形连接时，负载的线电压等于相电压；当负载对称时，负载的线电流是相电流的$\sqrt{3}$倍。

三相负载的有功功率和无功功率分别等于每相负载的有功功率和无功功率的代数和。若负载对称时，不论负载是星形连接还是三角形连接，均可以用下列公式计算：

$$P = 3U_\mathrm{p}I_\mathrm{p}\cos\varphi = \sqrt{3}U_\mathrm{l}I_\mathrm{l}\cos\varphi$$

$$Q = 3U_\mathrm{p}I_\mathrm{p}\sin\varphi = \sqrt{3}U_\mathrm{l}I_\mathrm{l}\sin\varphi$$

$$S = \sqrt{P^2 + Q^2} = \sqrt{3}U_\mathrm{l}I_\mathrm{l} = 3U_\mathrm{p}I_\mathrm{p}$$

思考与练习题

一、填空题

1. 三相对称电压就是三个频率_____、幅值_____、相位互差_____的三相交流电压。

2. 三相电源相线与中性线之间的电压称为_____。

3. 三相电源相线与相线之间的电压称为_____。

4. 有中线的三相供电方式称为_____。

5. 无中线的三相供电方式称为_____。

6. 在三相四线制的照明电路中，相电压是_____，线电压是_____。

7. 在三相四线制电源中，线电压等于相电压的_____倍，相位比相电压_____。

8. 三相四线制电源中，线电流与相电流_____。

9. 三相对称负载三角形电路中，线电压与相电压_____。

10. 三相对称负载三角形电路中，线电流大小为相电流大小的_____倍，线电流比相应的相电流_____。

二、选择题

1. 下列结论中错误的是(   )。

A. 当三相负载越接近对称时，中线电流就越小

B. 当负载作 Y 形连接时，必须有中线

C. 当负载作 Y 形连接时，线电流必等于相电流

2. 下列结论中错误的是(   )。

A. 当负载作△形连接时，线电流为相电流的$\sqrt{3}$倍

B. 当三相负载越接近对称时，中线电流就越小

C. 当负载作 Y 形连接时，线电流必等于相电流

3. 下列结论中正确的是(   )。

A. 当三相负载越接近对称时，中线电流就越小

B. 当负载作△形连接时，线电流为相电流的$\sqrt{3}$倍

C. 当负载作 Y 形连接时，必须有中线

4. 下列结论中正确的是（　　）。

A. 当负载作 Y 形连接时，必须有中线

B. 当负载作△形连接时，线电流为相电流的$\sqrt{3}$倍

C. 当负载作 Y 形连接时，线电流必等于相电流

5. 已知对称三相电源的相电压 $u_U = 10\sin(\omega t + 60°)$ V，相序为 U—V—W，则当电源星形连接时线电压 U_{UV}为（　　）V。

A. $10\sin(\omega t + 90°)$ 　　　　　　　 B. $17.32\sin(\omega t + 90°)$

C. $17.32\sin(\omega t - 30°)$ 　　　　　　 D. $17.32\sin(\omega t + 150°)$

6. 对称正序三相电压源星形连接，若相电压 $u_U = 100\sin(\omega t - 60°)$V，则线电压 $u_{UV} =$（　　）V。

A. $100\sqrt{3}\sin(\omega t - 150°)$ 　　　　 B. $100\sqrt{3}\sin(\omega t - 60°)$

C. $100\sqrt{3}\sin(\omega t + 150°)$ 　　　　 D. $100\sqrt{3}\sin(\omega t - 30°)$

7. 已知三相电源线电压 $U_1 = 380$ V，三角形连接对称负载 $Z = (6 + j8)\Omega$，则线电流 $I_1 =$（　　）A。

A. $22\sqrt{3}$ 　　　　 B. $38\sqrt{3}$ 　　　　 C. 38 　　　　 D. 22

8. 已知三相电源线电压 $U_1 = 380$ V，三角形连接对称负载 $Z = (6 + j8)\Omega$，则线电流 $I_1 =$（　　）A。

A. 38 　　　　 B. $22\sqrt{3}$ 　　　　 C. $38\sqrt{3}$ 　　　　 D. 22

9. 已知三相电源相电压 $U_1 = 380$ V，星形连接对称负载 $Z = (6 + j8)\Omega$，则线电流 $I_1 =$（　　）A。

A. 38 　　　　 B. $22\sqrt{3}$ 　　　　 C. 22 　　　　 D. $38\sqrt{3}$

10. 三相负载对称星形连接时，（　　）。

A. $I_1 = I_p$，$U_1 = \sqrt{3}U_p$ 　　　　　　 B. $I_1 = \sqrt{3}I_p$，$U_1 = U_p$

C. 不一定 　　　　　　　　　　　　 D. 都不正确

三、简答题

三相四线制系统中，中线的作用是什么？为什么中线（干线）上不能接熔断器或开关？

四、计算题

1. 有一台电动机绕组为星形连接，测得其线电压为 220 V，线电流为 50 A，已知电动机的三相功率为 4.4 kW，求电动机每相绕组的参数 R 和 X_L。

2. 电路如图 5.25 所示，已知三相电源对称，负载端相电压为 220 V，$R_1 = 20 \Omega$，$R_2 = 6 \Omega$，$X_L = 8 \Omega$，$X_C = 10 \Omega$，求：

（1）三相相电流；

（2）中线电流；

（3）三相功率 P、Q。

3. 对称三相电路如图 5.26 所示，负载阻抗 $Z=(150+\text{j}150)\ \Omega$，线路阻抗为 $Z_\text{l}=(2+\text{j}2)\ \Omega$，负载端线电压为 380 V，求电源端的线电压。

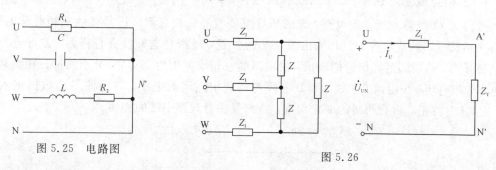

图 5.25　电路图

图 5.26

技能训练八　三相电源星形与三角形连接形式的接线和线－相关系的测定

一、训练目标

1. 练习三相负载的星形与三角形连接。
2. 验证星形及三角形连接负载的线电压和相电压的关系。
3. 了解中线的作用。

二、原理说明

1. 当电源和负载都对称时，线电压和相电压在数值上的关系为 $U=\sqrt{3}U_\text{相}$。

2. 当负载不对称，且无中线时，将出现中性点位移现象，中性点位移后，各相负载电压不对称；当有中线，且中线阻抗足够小时，各相负载电压仍对称，但这时的中线电流不为零。中线的作用在于使星形连接的不对称负载的相电压对称。在实际电路中，为了保证负载的相电压对称，不应让中线断开。

3. 在三相四线制情况下，中线电流等于三个线电流的相量和，当电源与负载对称时，中线电流应等于零；当电源或负载出现任何不对称时，中线电流不为零。

三、预习要求

1. 预习三相电路的相关内容。
2. 预习实验中所用到的实验仪器的使用方法及注意事项。
3. 根据实验电路计算所要求测试的理论数据，并填入实验表中。
4. 写出完整的预习报告。

四、设备清单

交流电压表、交流电流表、三相调压器、电流表插座各 4 只，白炽灯 9 只。

五、训练内容

1. 三相负载星形连接(三相四线制供电)

按图 5.27 线路连接实验电路,即三相灯组负载经三相自耦调压器接通三相对称电源,并将三相调压器的旋钮置于三相输出为 0 V 的位置,经指导老师检查合格后,方可合上三相电源开关;然后调节调压器的输出,使输出的三相线电压为 220 V,分别测量三相负载的线电压、相电压、线电流、中线电流、电源与负载中点间的电压,将所测得的数据记入表 5.1 中,观察各相灯组亮与暗的变化程度,特别要注意观察中线的作用。

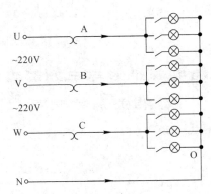

图 5.27 负载星形连接的实验电路

表 5.1 实 验 数 据

测量数据\实验内容	开灯盏数			线电流/A			线电压/V			相电压/V			中线电流 I_0/A	中点电压 U_{NO}/V
	U相	V相	W相	I_U	I_V	I_W	U_{UV}	U_{VW}	U_{WU}	U_{UO}	U_{VO}	U_{WO}		
Y_0 接平衡负载	3	3	3											
Y 接平衡负载	3	3	3											
Y_0 接不平衡负载	1	2	3											
Y 接不平衡负载	1	2	3											
Y_0 接 V 相断开	1		3											
Y 接 V 相断开	1		3											
Y 接 V 相短路	1		3											

注:表中 Y 代表负载星形连接无中线引出,Y_0 代表负载星形连接有中线引出。

2. 负载三角形连接（三相三线制供电）

按图 5.28 改接线路，经指导老师检查合格后合上三相电源开关；然后调节三相调压器的输出，使输出的三相线电压为 220 V，并按数据表 5.2 的内容进行测试。

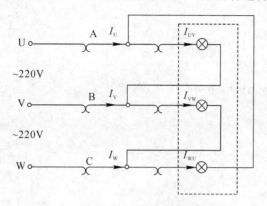

图 5.28　负载三角形连接的实验电路

表 5.2　实验数据

负载情况	开灯盏数			线电压＝相电压/V			线电流/A			相电流/A		
	U－V相	V－W相	W－U相	U_{UV}	U_{VW}	U_{WU}	I_U	I_V	I_W	I_{UV}	I_{VW}	I_{WU}
三相平衡												
三相不平衡												

六、注意事项

1. 实验时要注意人身安全，不可触及导电部分，以免发生意外。

2. 星形负载作短路实验时，必须首先断开中线，以免发生短路事故。

3. 每次实验完毕，均需将三相调压器旋钮调回零位；如果改接线，均需断开三相电源，以确保人身安全。

4. 每次接线完毕，同组学生应自查一遍，然后由指导老师检查后方可接通电源。

七、总结与思考

1. 三相负载根据什么条件作星形或三角形连接？

2. 复习三相交流电路的有关内容，试分析三相星形连接不对称负载在无中线情况下，当某相负载开路或短路时会出现什么情况？如果接上中线，情况又如何？

3. 在本次实验中，为什么要通过三相调压器将 380 V 的市电线电压降为 220 V 的线电压使用。

技能训练九　两瓦计测量三相电路功率

一、训练目标

1. 学习接功率表的方法。
2. 理解两瓦计测量三相电路功率的原理。

二、原理说明

当三相负载对称时，三相相电流之和等于零，即 $i_U + i_V + i_W = 0$，可得出 $i_W = -(i_U + i_V)$。

三相电路功率为

$$p = u_U \cdot i_U + u_V \cdot i_V + u_W \cdot i_W = u_U \cdot i_U + u_V \cdot i_V - u_W(i_U + i_V)$$
$$= (u_U - u_W)i_U + (u_V - u_W)i_V = u_{UW} \cdot i_U + u_{VW} \cdot i_V$$

式中，u_{UW} 为 U 相到 W 相的线电压；u_{VW} 为 V 相到 W 相的线电压；i_U 为 U 相的线电流；i_V 为 V 相的线电流。在图 5.29 中，一个功率表引用的是 u_{UW} 和 i_U，另一个功率表引用的是 u_{VW} 和 i_V，因此两个功率表的度数之和应为三相电路功率之和。

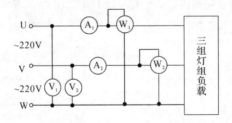

图 5.29　用两表法测量对称三相电路总功率的实验电路

三、预习要求

1. 预习三相电路的相关内容。
2. 预习实验中所用到的实验仪器的使用方法及注意事项。
3. 根据实验电路计算所要求测试的理论数据，填入实验表中。
4. 写出完整的预习报告。

四、设备清单

交流电压表、交流电流表、交流功率表、三相调压器、电流表插座各 4 只，白炽灯 9 只。

五、训练内容

1. 两瓦计测量三相功率

按图 5.29 接线，将负载接成三角形接法。

经指导老师检查合格后合上三相电源开关，然后调节三相调压器的输出，使输出的三相线电压为 220 V，并按表 5.3 的内容进行测试。

表 5.3　实　验　数　据

负载情况	开灯盏数			测 量 数 据						计算数据	
	U相	V相	W相	U_1/V	U_2/V	I_1/A	I_2/A	P_1/W	P_2/W	$\sum P/W$	$\cos\varphi$
平衡负载	3	3	3								
不平衡负载	1	2	3								

2. 用一表法测量对称负载功率

在三相四线制电路中，当电源和负载都对称时，由于各相功率相等，因此只要用一只功率表测量出任一相负载的功率即可。按图 5.30 接线，将测量数据记入表 5.4 中。

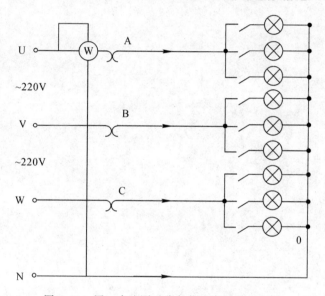

图 5.30　用一表法测对称负载功率的实验电路

表 5.4　实　验　数　据

负载情况	开灯盏数/盏			测量数据/W			计算数据/W
	U相	V相	W相	P_1	P_2	P_3	$\sum P$
三角形接平衡负载	3	3	3				
三角形接不平衡负载	1	2	3				

六、注意事项

1. 实验时要注意人身安全，不可触及导电部分，以免发生意外。

2. 每次实验完毕，均需将三相调压器旋钮调回零位；如果改接线，均需断开三相电源，以确保人身安全。

3. 每次接线完毕，同组同学应自查一遍，然后由指导老师检查后方可接通电源。

七、总结与思考

1. 两瓦计测量三相电路功率的前提是什么?

2. 两瓦计为什么可以测三相电路功率?

3. 本次实验中，为什么要通过三相调压器将 380 V 的市电线电压降为 220 V 的线电压使用?

4. 测量功率时，为什么在线路中通常都接有电流表和电压表?

项目六　磁路与变压器

在电气工程中，经常会用到变压器、电动机以及继电器、接触器等电气设备，这些设备的内部结构都有铁芯和线圈，其目的都是为了当线圈通有较小电流时，能在铁芯内部产生较强的磁场，使线圈上感应出电动势或者对线圈产生电磁力。线圈通电属于电路问题，而产生的磁场又局限于铁芯内部——称为铁芯磁路，属于磁路问题。

与前面的几个项目相比，本项目不仅关心电路问题，还关心磁路问题，所以研究对象比较复杂。电流具有磁效应，变化的磁场又能感生出电流，磁与电是分不开的，因而在电工基础中，磁路与电路的研究是相互联系的。然而在对该问题的研究分析过程中，却常常采用将磁路转化为电路、将电磁关系转化为电压电流关系的方法，这是学习和研究磁路非常重要的思想方法。

工程案例　汽车扬声器控制电路(一)

继电器是自动控制电路中常用的一种元件。它是一种传递信号的电器，用来接通和断开控制电路，是可以用较小的电流控制较大电流的一种自动开关。

在汽车电路中有多种形式的继电器用于控制不同的电路。图 6.1 所示为汽车扬声器继电器电路，继电器的触点可以做得很大，能够承受很大电流的冲击。汽车上继电器的作用就是利用铁芯线圈的小电流控制继电器的动合触点流经的大电流，从而保护扬声器按钮。扬声器控制电路主要由继电器构成，扬声器的驱动电路由继电器的动合触点、扬声器、蓄电池等构成。

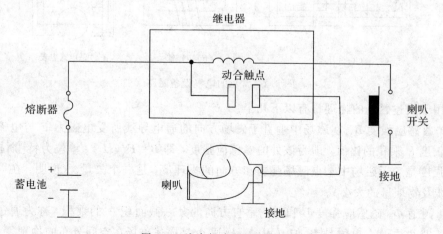

图 6.1　汽车扬声器继电器电路

任务1 磁路的基本知识

知识目标

1. 了解磁路的概念。
2. 掌握磁路的欧姆定律。
3. 了解铁磁材料的性能。

能力目标

1. 能够根据铁磁材料的性能分辨铁磁材料。
2. 能够根据磁路欧姆定律分析磁路性能。

一、磁路的概念

在电气设备中，常采用导磁性能良好的铁磁材料做成一定形状的铁芯，给绕在铁芯上的线圈通以较小的励磁电流，就会在铁芯中产生很强的磁场。相比之下，周围非磁性材料中的磁场就显得非常弱，可以认为磁场几乎全部集中在铁芯所构成的路径内，这种由铁芯所限定的磁场称为磁路。常见的几种电气设备的磁路如图6.2所示。磁路中的磁通可以由励磁线圈中的励磁电流产生，如图6.2(a)、(b)所示；也可以由永久磁铁产生，如图6.2(c)所示。磁路中可以有气隙，如图6.2(a)、(c)所示；也可以没有气隙，如图6.2(b)所示。

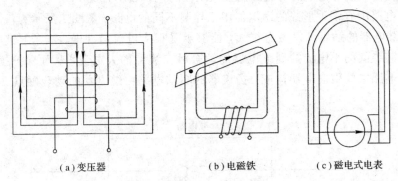

(a)变压器　　　　　　(b)电磁铁　　　　　(c)磁电式电表

图6.2　常见的电气设备磁路

常用于描述磁场的物理量有以下几个：

(1) 磁感应强度 B。在磁场中垂直于磁场方向的通电导线所受电磁力 F 与电流 I 和导线有效长度 L 乘积的比值，即为该处的磁感应强度，即 $B=F/(IL)$，单位为特[斯拉](T)。磁感应强度是表示磁场中某点磁场强弱和方向的物理量，是一个矢量。(说明：在以下介绍中，只涉及物理量的大小)。

(2) 磁通 Φ。磁感应强度 B 和与它垂直方向的某一截面积 A 的乘积，称为通过该面积的磁通，即 $\Phi=BA$，单位是韦[伯](Wb)。磁通 Φ 是描述磁场在空间分布的物理量。

(3) 磁场强度 H。计算导磁物质中的磁场时，引入辅助物理量磁场强度 H，其单位为安[培]每米(A/m)。它与磁感应强度 B 的关系为 $B=\mu H$，其中 μ 为导磁物质的磁导率。

二、磁路欧姆定律

图 6.3 是由铁磁材料制成的一个理想磁路(忽略漏磁)，若给线圈通入电流 I，则在铁芯中就会有磁通 Φ 通过。

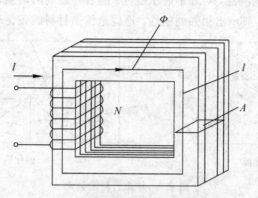

图 6.3　铁磁材料的理想磁路

实验表明，铁芯中的磁通 Φ 与通过线圈的电流 I、线圈匝数 N 以及磁路的截面积 A 成正比，与磁路的长度 l 成反比，还与组成磁路的铁磁材料的磁导率 μ 成正比，即

$$\Phi = \mu \frac{NI}{l}A = \frac{NI}{l/\mu A} = \frac{F}{R_{\mathrm{m}}} \tag{6.1}$$

式(6.1)在形式上与电路的欧姆定律($I=E/R$)相似，被称为**磁路欧姆定律**。磁路中的磁通对应于电路中的电流；磁动势 $F=NI$ 反映通电线圈励磁能力的大小，对应于电路中的电动势；磁阻 $R_{\mathrm{m}}=l/\mu A$ 对应于电路中的电阻 $R=\rho l/A$，是表示磁路材料对磁通起阻碍作用的物理量，反映了磁路导磁性能的强弱。对于铁磁材料，由于 μ 不是常数，故 R_{m} 也不是常数。因此，该计算式主要被用来定性分析磁路，一般不能直接用于磁路计算。

对于由不同材料或不同截面的几段磁路串联而成的磁路，如有气隙的磁路，磁路的总磁阻为各段磁阻之和。由于铁芯的磁导率 μ 比空气的磁导率 μ_0 大许多倍，故即使空气隙的长度 l_0 很小，其磁阻 R_{m} 仍会很大，从而使整个磁路的磁阻大大增加。

注：若磁动势 F 不变，则磁路中空气隙越大，磁通 Φ 就越小；反之，若线圈的匝数 N 一定，要保持磁通 Φ 不变，则空气隙越大，所需的励磁电流 I 也越大。

三、铁磁材料

根据导磁性能的不同，自然界的物质可分为两大类：一类称为铁磁材料，如铁、钢、镍、钴及其合金和铁氧体等材料，这类材料的导磁性能好，磁导率很高；另一类称为非铁磁材料，如铝、铜、纸、空气等，这类材料的导磁性能差，磁导率很低。任意一种物质导磁性能的好坏常用相对磁导率 μ_{r} 来表示，即

$$\mu_{\mathrm{r}} = \frac{\mu}{\mu_0} \tag{6.2}$$

其中，μ 为任意一种物质的磁导率；μ_0 为真空的磁导率，其值为常数，$\mu_0 = 4\pi \times 10^{-7}$ H/m。

非铁磁材料的相对磁导率大多接近于 1；铁磁材料的相对磁导率可达几百、几千甚至

几万，是制造变压器、电机、电器等各种电气设备的主要材料。铁磁材料的磁性能主要包括高导磁性、磁饱和性与磁滞性。

1. 高导磁性

在铁磁材料的内部存在许多磁化小区，称为磁畴。每个磁畴就像一块小磁铁，在无外磁场作用时，各个磁畴排列混乱，对外不显示磁性。随着外磁场的增强，磁畴逐渐转向外磁场的方向，呈有规则的排列，显示出很强的磁性，这就是铁磁材料的磁化现象，如图 6.4 所示。

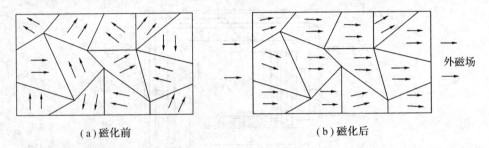

（a）磁化前　　　　　　　　　　　　　　　（b）磁化后

图 6.4　铁磁材料的磁化

注： 非铁磁材料没有磁畴结构，所以不具有磁化特性。

2. 磁饱和性

当外磁场（或励磁电流）增大到一定值时，其内部所有的磁畴已基本上转向与外磁场方向一致的方向上，因而再增大励磁电流其磁性也不能继续增强，这就是铁磁材料的磁饱和性。铁磁材料的磁化特性可用磁化曲线（即 $B = f(H)$）来表示。铁磁材料的磁化曲线如图 6.5 中的曲线①所示，在 oa 段，B 随 H 线性增大；在 ab 段，B 增大缓慢，开始进入饱和；b 点以后，B 基本不变，为饱和状态。铁磁性材料的 μ 不是常数，如图 6.5 中的曲线②所示。非铁磁材料的磁化曲线是通过坐标原点的直线，如图 6.5 中的曲线③所示。

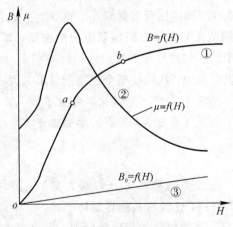

图 6.5　磁化曲线

3. 磁滞性

实际工作时，铁磁材料在交变磁场中反复磁化，磁感应强度 B 的变化总是滞后于磁场强度 H 的变化，这种现象称为铁磁材料的**磁滞现象**。磁滞回线如图 6.6 所示。由图 6.6 可见，当 H 减小时，B 也随之减小；但当 $H = 0$ 时，B 并未回到零值，而是 $B = B_r$，B_r 称为剩磁感应强度，简称**剩磁**。若要使 $B=0$，则应使铁磁材料反向磁化，即使磁场强度为 $-H_c$。将 H_c 称为矫顽磁力，它表示铁磁材料反抗退磁的能力。

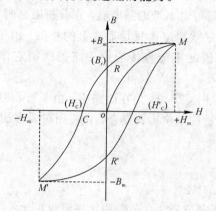

图 6.6　磁滞回线

　　铁磁材料按其磁性能又可分为软磁材料、硬磁材料和矩磁材料三种类型。软磁材料的剩磁和矫顽磁力较小，磁滞回线形状较窄，但磁化曲线较陡，即磁导率较高，适用于制作变压器、电机和各种电器的铁芯。软磁材料包括纯铁、硅钢片、坡莫合金等。硬磁材料的剩磁和矫顽磁力较大，磁滞回线形状较宽，适用于制作永久磁铁。硬磁材料包括碳钢、钴钢及铁镍铝钴合金等。矩磁材料的磁滞回线近似于矩形，剩磁很大，接近饱和磁感应强度，但矫顽磁力较小，易于迅速翻转，常在计算机和控制系统中用作记忆元件。矩磁材料包括镁锰铁氧体及某些铁镍合金等。

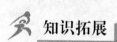 知识拓展

电路与磁路的对比

　　磁路与电路有很多相似之处，两者对比表如表 6.1 所示。

表 6.1　电路和磁路对比表

电路	磁路
电动势 E	磁动势 F
电流 I	磁通 Φ
磁感应强度 B	电流密度 J
电阻 $R=\dfrac{l}{\gamma A}$	磁阻 $R_{\mathrm{m}}=\dfrac{l}{\mu A}$
$\Phi=\dfrac{E}{R}=\dfrac{E}{l/\gamma A}$	$\Phi=\dfrac{F}{R_{\mathrm{m}}}=\dfrac{NI}{l/\mu A}$

虽然电路与磁路两者相似之处很多，但是分析与处理磁路比电路难得多，例如：

（1）在分析电路时，一般不涉及电场问题，而在处理磁路时离不开磁场的概念。

（2）在分析电路时，一般可以不考虑漏电流，在分析磁路时一般都要考虑漏磁通。

（3）磁路欧姆定律与电路欧姆定律只是形式上的相似。由于磁导率 μ 不是常数，它随着励磁电流的变化而变化，因此不能直接应用磁路的欧姆定律来计算，它只适用于定性分析。

（4）在电路中，当 $E=0$ 时，$I=0$；但在磁路中，由于有剩磁，当 $F=0$ 时，$\Phi\neq0$。

（5）磁路几个基本物理量的单位比较复杂，在使用时要多加注意。

目标测评

1. 磁感应强度的单位是什么？
2. 磁性物质的磁导率不是常数，它与哪些物理量成正比？

任务 2　交流铁芯线圈电路

知识目标

1. 掌握铁芯线圈的电磁关系。
2. 掌握铁芯线圈的功率损耗。

能力目标

1. 能够根据铁芯线圈的电磁关系分析线圈产生的磁场情况。
2. 能够分析影响铁芯线圈功率损耗的影响因素。

一、电磁关系

图 6.7 所示是交流铁芯线圈电路，线圈的匝数为 N，线圈电阻为 R。将交流铁芯线圈的两端加交流电压 u，在线圈中就产生交流励磁电流 i，在交变磁动势 iN 的作用下产生交变的磁通。绝大部分磁通通过铁芯，称为主磁通 Φ；但还有很小一部分从附近的空气中通过，称为漏磁通 Φ_σ。

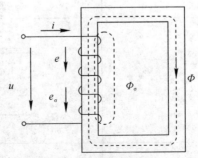

图 6.7　交流铁芯线圈电路

这两种交变的磁通都将在线圈中产生感应电动势，即主磁电动势 e 和漏磁电动势 e_σ，它们与磁通的参考方向之间符合右手螺旋法则，如图 6.7 所示。根据基尔霍夫电压定律可得铁芯线圈的电压平衡方程为

$$u = iR - e - e_\sigma \tag{6.3}$$

用相量表示，则可写成

$$\dot{U} = \dot{I}R - \dot{E} - \dot{E}_\sigma \tag{6.4}$$

由于线圈电阻上的压降 iR 和漏磁电动势 e_σ 都很小，与主磁电动势 e 比较，均可忽略不计，故上式又可写为

$$\dot{U} = -\dot{E} \tag{6.5}$$

设主磁通 $\Phi = \Phi_m \sin\omega t$，在规定的参考方向下，由电磁感应定律有

$$e = -N\frac{\mathrm{d}\Phi}{\mathrm{d}t} = -N\frac{\mathrm{d}(\Phi_m \sin\omega t)}{\mathrm{d}t} = 2\pi f N \Phi_m \sin(\omega t - 90°) = E_m \sin(\omega t - 90°)$$

式中，$E_m = 2\pi f N \Phi_m$ 是主磁通电动势的最大值，其有效值为

$$E = \frac{E_m}{\sqrt{2}} = \frac{2\pi f N \Phi_m}{\sqrt{2}} = 4.44 f N \Phi_m \tag{6.6}$$

用相量表示则为

$$\dot{E} = -\mathrm{j}4.44 f N \Phi_m \approx -\dot{U} \tag{6.7}$$

其有效值为

$$U \approx E = 4.44 f N \Phi_m \tag{6.8}$$

式中，U 的单位为伏［特］(V)；f 的单位为赫［兹］(Hz)，Φ_m 的单位为韦［伯］(Wb)。

注：式(6.8)表明，在忽略线圈电阻及漏磁通的条件下，当线圈匝数 N、电源频率 f 及电源电压 U 一定时，主磁通的最大值 Φ_m 基本保持不变。这个结论对分析交流电机、电器及变压器的工作原理十分重要。

二、功率损耗

交流铁芯线圈电路中，除了在线圈电阻上有功率损耗外，铁芯中也会有功率损耗。线圈上损耗的功率 $I^2 R$ 称为铜损，用 ΔP_{Cu} 表示；铁芯中损耗的功率称为铁损，用 ΔP_{Fe} 表示。铁损又包括磁滞损耗和涡流损耗两部分。

1. 磁滞损耗

铁磁材料交变磁化，由磁滞现象所产生的铁损称为**磁滞损耗**，用 ΔP_h 表示。它是由铁磁材料内部磁畴反复转向，磁畴间相互摩擦引起铁芯发热而造成的损耗。励磁电流频率 f 越高，磁滞损耗也越大。当电流频率一定时，磁滞损耗与铁芯磁感应强度最大值的平方成正比。为了减小磁滞损耗，应采用磁滞回线窄小的软磁材料，例如变压器和交流电机中的硅钢片，其磁滞损耗就很小。

2. 涡流损耗

铁磁材料不仅有导磁能力，同时也有导电能力，因而在交变磁通的作用下，铁芯内将产生感应电动势和感应电流。感应电流在垂直于磁通的铁芯平面内围绕磁力线呈旋涡状，

如图 6.8(a)所示，故称为**涡流**。涡流使铁芯发热，其功率损耗称为涡流损耗，用 ΔP_e 表示。

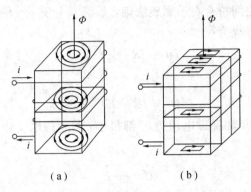

(a)　　　　　　　　(b)

图 6.8　铁芯中的涡流

　　为了减小涡流损耗，当线圈用于一般工频交流电时，在顺磁场方向可由彼此绝缘的硅钢片叠成铁芯，如图 6.8(b)所示，这样将涡流限制在较小的截面内流通。因铁芯含硅，电阻率较大，也使涡流及其损耗大为减小。一般电机和变压器的铁芯常采用厚度为 0.35 mm 和 0.5 mm 的硅钢片叠成。对高频铁芯线圈，常采用铁氧体铁芯，其电阻率很高，可大大降低涡流损耗。

　　综上所述，交流铁芯线圈工作时消耗的有功功率为

$$P = UI\cos\varphi = \Delta P_{Cu} + \Delta P_{Fe} = I^2 R + \Delta P_h + \Delta P_e \tag{6.9}$$

　　注：涡流也有其有利的一面，可利用其热效应来冶炼金属，如中频感应炉就是利用几百赫兹的交流电在被熔炼金属中产生的涡流进行冶炼的。由于涡流损耗与电源频率的平方及铁芯磁感应强度最大值 B_m 的平方成正比，故 B_m 不宜选的过大，一般取为 0.8~1.2 T。

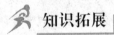 知识拓展

电磁铁基本知识

　　电磁铁是利用通电的铁芯线圈所产生的强磁场来吸引铁磁物质(衔铁)动作的电器。它广泛地应用在继电器、接触器及自动装置中。电磁铁由励磁线圈、铁芯和衔铁组成，其结构如图 6.9 所示。工作时，电流通入励磁线圈产生磁场，使铁芯和衔铁都被磁化，衔铁受到电磁力的作用与铁芯吸合，而电磁铁的衔铁可带动其他机械零件或触点动作，实现各种控制和保护。断电时，磁场消失，衔铁在弹性力的作用下释放。当衔铁为被加工的工件时，则起到固定工件位置的作用，如磨床中常用的电磁吸盘。因此电磁铁在生产上的应用非常广泛。根据电磁铁线圈中所通过的电流不同，可将其分为直流电磁铁和交流电磁铁两大类。

　　交流电磁铁是用交流电励磁的，气隙中的磁感应强度随时间而变化，其吸力也要随时间在零与最大值之间变化，因而使得衔铁要以两倍电源频率振动而引起噪声。在交流电磁铁中，为了减小铁损，它的铁芯是由硅钢片叠压而成的。直流电磁铁采用直流电流励磁，铁芯中的磁通恒定，没有感应电动势产生，因而线圈的励磁电流由电源电压和线圈内阻决定，与衔铁和铁芯之间的距离无关。它的铁芯是用整块软钢制成的。

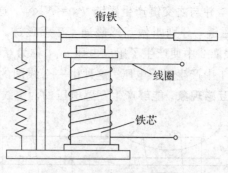

图 6.9　电磁铁结构示意图

目标测评

1. 举例说明涡流有利和有害的一面。
2. 铁芯线圈中通过直流时是否有铁损，为什么？

任务 3　互 感 线 圈

知识目标

1. 掌握互感的相关概念。
2. 掌握同名端的标注方式。
3. 掌握互感线圈串/并联的等效。
4. 了解同名端的判断方法。

能力目标

1. 能够利用互感的概念分析互感电路。
2. 能够判断两个互感线圈的同名端。

相关知识

　　根据前面的知识可知，线圈中的电流发生变化时，线圈中的磁链也会随之变化，产生自感现象和互感现象。互感现象作为一种电磁感应现象，在工程实际中应用很广泛，如变压器就是应用这一原理制成的。

　　本任务主要介绍互感现象、互感线圈中电压与电流的关系、同名端及其判定、互感线圈的串联与并联，以及互感电路的计算方法。

一、互感及互感电压

　　两个相邻放置的线圈 1 和 2，其匝数分别为 N_1 和 N_2，如图 6.10 所示。当线圈 1 通入电流 i_1 时，产生自感磁通 Φ_{11}，Φ_{11} 不但与本线圈相交链产生自感磁链 $\Psi_{11} = N_1\Phi_{11}$，而且还

有部分磁通 Φ_{21} 穿过线圈 2，并与之交链产生磁链 $\Psi_{21}=N_2\Phi_{21}$。这种一个线圈电流的磁场使另一个线圈具有的磁通、磁链，分别叫做互感磁通、互感磁链。当 i_1 变化时，引起 Ψ_{21} 变化，根据电磁感应定律，线圈 2 中便产生了感应电压 u_{21}，称为互感电压。同理，线圈 2 中电流 i_2 的变化，也会在线圈 1 中产生互感电压。这种由一个线圈的交变电流在另一个线圈中产生感应电压的现象叫做**互感现象**。能够产生互感电压的两个线圈叫做磁耦合线圈。

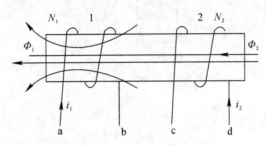

图 6.10　两个线圈的互感

　　注：为明确起见，磁通、磁链、感应电压等用双下标表示。第一个下标是该量所在线圈的编号，第二个下标是产生该量的线圈的编号，如 Φ_{21} 为线圈 1 的电流 i_1 在线圈 2 中产生的互感磁通。

　　在磁耦合线圈中，如果线圈 1 的电流为 i_1，线圈 2 的互感磁链为 Ψ_{21}，则定义

$$M_{21}=\frac{\Psi_{21}}{i_1} \tag{6.10}$$

式中，M_{21} 为磁耦合线圈的互感系数，简称**互感**。同样，线圈 1 的互感磁链和产生它的线圈 2 的电流 i_2 的比值为

$$M_{12}=\frac{\Psi_{12}}{i_2} \tag{6.11}$$

可以证明 $M_{12}=M_{21}=M$，互感的大小反映一个线圈的电流在另一个线圈中产生磁链的能力。互感的单位与自感相同，也是亨[利]（H）。

　　线圈中的互感 M 不仅与两线圈的匝数、形状及尺寸有关，还和线圈间的相对位置和磁介质有关。当磁介质为非铁磁性介质时，M 是常数，本书中讨论的互感均为常数。

　　为了表征两个线圈耦合的紧密程度，通常用耦合系数来表示，耦合系数定义为

$$K=\frac{M}{\sqrt{L_1L_2}} \tag{6.12}$$

式中，L_1、L_2 分别是线圈 1、2 的线圈自感。

　　因为

$$L_1=\frac{\Psi_{11}}{i_1}=\frac{N_1\Phi_{11}}{i_1}\ ,\qquad L_2=\frac{\Psi_{22}}{i_2}=\frac{N_2\Phi_{22}}{i_2}$$

$$M_{12}=\frac{\Psi_{12}}{i_2}=\frac{N_1\Phi_{12}}{i_2}\ ,\qquad M_{21}=\frac{\Psi_{21}}{i_1}=\frac{N_2\Phi_{21}}{i_1}$$

所以

$$K=\frac{M}{\sqrt{L_1L_2}}=\sqrt{\frac{M_{12}M_{21}}{L_1L_2}}=\sqrt{\frac{\Phi_{12}\Phi_{21}}{\Phi_{11}\Phi_{22}}}$$

　　因为 $\Phi_{21}\leqslant\Phi_{11}$，$\Phi_{12}\leqslant\Phi_{22}$，所以

$$0\leqslant K\leqslant 1$$

　　如果两个线圈紧密地缠绕在一起，K 值近似于 1，称为全耦合；若两线圈相距较远，或

线圈的轴线相互垂直放置，则 K 接近为 0。

如果选择互感电压的参考方向与互感磁通的参考方向符合右手螺旋法则，则根据电磁感应定律有

$$\begin{cases} u_{12} = \dfrac{\mathrm{d}\psi_{12}}{\mathrm{d}t} = M\dfrac{\mathrm{d}i_2}{\mathrm{d}t} \\[2mm] u_{21} = \dfrac{\mathrm{d}\psi_{21}}{\mathrm{d}t} = M\dfrac{\mathrm{d}i_1}{\mathrm{d}t} \end{cases} \tag{6.13}$$

即互感电压与产生互感电压的电流的变化率成正比。

当线圈中的电流为正弦电流时，互感电压与引起它的电流是同频率正弦量，它们的相量关系为

$$\begin{cases} \dot{U}_{12} = \mathrm{j}\omega M \dot{I}_2 = \mathrm{j}X_M \dot{I}_2 \\[2mm] \dot{U}_{21} = \mathrm{j}\omega M \dot{I}_1 = \mathrm{j}X_M \dot{I}_1 \end{cases} \tag{6.14}$$

式中，$X_M = \omega M$ 称为**互感抗**，单位为欧［姆］(Ω)。

二、同名端

1. 同名端的概念

分析线圈自感电压和电流方向关系时，不涉及线圈的绕向，这是因为线圈电流增大时，自感电动势的方向总是与电流的方向相反；当线圈电流减小时，自感电动势的方向总是与电流的方向一致。

对于两个互感线圈来讲，互感电压的大小与互感磁链的变化率成正比。由于互感磁链是由另一个线圈的电流所产生的，因而互感电压的极性与耦合线圈的实际绕向有关。下面以图 6.11 为例来说明。

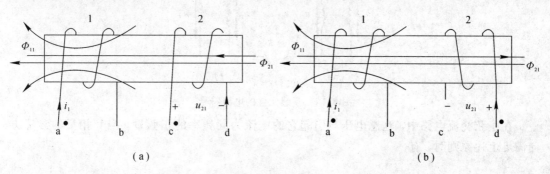

图 6.11 互感电压的方向与线圈绕向的关系

在图 6.11(a)和图(b)中，只是线圈 2 的绕向不同，当电流 i_1 都从线圈 1 的端钮流入并增大时，即 $\dfrac{\mathrm{d}i_1}{\mathrm{d}t} > 0$ 时，Φ_{21} 增加，由楞次定律确定线圈 2 的互感电压实际极性如图中所示。可见，分析互感电压的方向，需要知道线圈的绕向。

为了表示线圈的相对绕向以确定互感电压的极性，常采用标记同名端的方法。如果两个互感线圈的电流 i_1 和 i_2 所产生的磁通是相互增强的，那么两电流同时流入（或流出）的端钮就是**同名端**；反之则为**异名端**。同名端用标记"·"、"＊"或"△"标出，另一对同名端不需

标记。图 6.12 所示为耦合电感的电路模型。

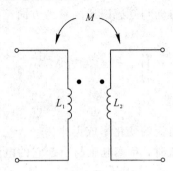

图 6.12　耦合电感的电路模型

2. 同名端原则

由图 6.11 可知，当选择一个线圈的电流（如 i_1）参考方向是从同名端标记流入时，如果选择该电流在另一线圈中产生的互感电压（u_{21}）的参考正极性也是同名端标记的，则互感电压计算如下：

$$\begin{cases} u_{12} = M \dfrac{\mathrm{d}i_2}{\mathrm{d}t} \\[2mm] u_{21} = M \dfrac{\mathrm{d}i_1}{\mathrm{d}t} \end{cases} \tag{6.15}$$

总之，当选择一个线圈的互感电压与引起该电压的另一线圈的电流的参考方向对同名端一致时的情况下，如图 6.13 所示，互感电压可按式(6.15)计算。

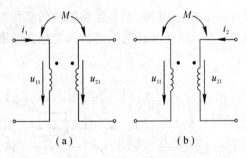

（a）　　　　　　　　　（b）

图 6.13　互感元件的电路符号

在正弦交流电路中，互感电压与引起它的电流为同频率的正弦量，当其相量的参考方向满足上述原则时，有

$$\begin{cases} \dot{U}_{12} = \mathrm{j}\omega M \dot{I}_2 = \mathrm{j}X_M \dot{I}_2 \\[2mm] \dot{U}_{21} = \mathrm{j}\omega M \dot{I}_1 = \mathrm{j}X_M \dot{I}_1 \end{cases} \tag{6.16}$$

可见，在上述参考方向原则下，互感电压比引起它的正弦电流超前 $\pi/2$。

【例 6.1】　在图 6.14 所示电路中，$M = 0.025$ H，$i_1 = \sqrt{2}\sin 1000t$ A。试求互感电压 u_{21}。

解　选择互感电压 u_{21} 与电流 i_1 的参考方向对同名端一致，如图 6.14 所示，则

$$u_{21} = M \frac{\mathrm{d}i_1}{\mathrm{d}t} \quad\text{或}\quad \dot{U}_{21} = \mathrm{j}\omega M \dot{I}_1$$

又因为 $\dot{I}_1 = 1\angle 0° \text{ A}$ ，所以

$$\dot{U}_{21} = j\omega M \dot{I}_1 = j1000 \times 0.025 \times 1\angle 0° = 25\angle 90° \text{ V}$$

故

$$u_{21} = 25\sqrt{2}\sin(1000t + 90°) \text{ V}$$

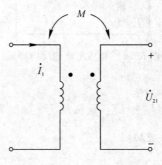

图 6.14　例 6.1 电路图

三、互感线圈的串/并联

计算含有耦合电感的电路时，在耦合线圈上不仅存在自感电压，还存在互感电压。根据电压、电流的参考方向及线圈的同名端，可确定出自感电压和互感电压。在具有互感的电路中，基尔霍夫定律仍然适用。

1. 互感线圈的串联

互感线圈的串联有两种形式：顺向串联和反向串联。

所谓**顺向串联**，就是把两个线圈的异名端相连，如图 6.15 所示。图中 $\dot{U}_{11}$、$\dot{U}_{22}$ 为自感电压，其参考方向与电流 $\dot{I}$ 为关联参考方向；$\dot{U}_{12}$、$\dot{U}_{21}$ 为互感电压，其参考方向与电流 $\dot{I}$ 的参考方向对同名端一致。

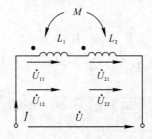

图 6.15　互感元件的顺向串联

根据 KVL 有

$$\dot{U} = \dot{U}_{11} + \dot{U}_{12} + \dot{U}_{22} + \dot{U}_{21} = j\omega L_1 \dot{I} + j\omega M \dot{I} + j\omega L_2 \dot{I} + j\omega M \dot{I}$$

$$= j\omega(L_1 + L_2 + 2M)\dot{I} = j\omega L_S \dot{I}$$

其中，L_S 为线圈顺向串联的等效电感

$$L_S = L_1 + L_2 + 2M \tag{6.17}$$

所谓**反向串联**，就是两个线圈的同名端相连，如图 6.16 所示。

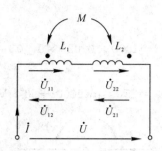

图 6.16 互感元件的反向串联

根据 KVL 有

$$\dot{U} = \dot{U}_{11} + \dot{U}_{22} - \dot{U}_{12} - \dot{U}_{21} = j\omega L_1 \dot{I} + j\omega L_2 \dot{I} - j\omega M \dot{I} - j\omega M \dot{I}$$

$$= j\omega(L_1 + L_2 - 2M)\dot{I}$$

$$= j\omega L_F \dot{I}$$

其中，L_F 是线圈反向串联的等效电感

$$L_F = L_1 + L_2 - 2M \tag{6.18}$$

由式(6.17)和式(6.18)可求出两线圈的互感 M 为

$$M = \frac{L_S - L_F}{4} \tag{6.19}$$

注：比较式(6.17)和式(6.18)可以看出，$L_S > L_F$，即当外加相同正弦电压时，顺向串联时的电流小于反向串联时的电流，这也是一种判断同名端的方法。

【例 6.2】 将两个线圈串联接到工频 220 V 的正弦电源上，顺向串联时电流为 2.7 A，功率为 218.7 W；反向串联时电流为 7 A。求互感 M。

解 正弦交流电路中，当计入线圈的电阻时，互感为 M 的串联磁耦合线圈的复阻抗为

$$Z = (R_1 + R_2) + j\omega(L_1 + L_2 \pm 2M)（顺向串联时取"+"号，反向串联时取"-"号）$$

根据已知条件

$$P = I_S^2 (R_1 + R_2)$$

$$R_1 + R_2 = \frac{P}{I_S^2} = \frac{218.7}{2.7^2} = 30 \ \Omega$$

顺向串联时，由 $|Z_S| = \sqrt{(R_1 + R_2)^2 + (\omega L_S)^2} = \dfrac{U}{I_S}$ 得

$$L_S = \frac{1}{100\pi} \sqrt{\left(\frac{U}{I_S}\right)^2 - (R_1 + R_2)^2} = \frac{1}{100\pi} \sqrt{\left(\frac{220}{2.7}\right)^2 - 30^2} = 0.24 \ \text{H}$$

反向串联时，线圈电阻不变，由 $|Z_F| = \sqrt{(R_1 + R_2)^2 + (\omega L_F)^2} = \dfrac{U}{I_F}$ 得

$$L_F = \frac{1}{100\pi} \sqrt{\left(\frac{U}{I_F}\right)^2 - (R_1 + R_2)^2} = \frac{1}{100\pi} \sqrt{\left(\frac{220}{7}\right)^2 - 30^2} = 0.03 \ \text{H}$$

故

$$M = \frac{L_S - L_F}{4} = \frac{0.24 - 0.03}{4} = 0.053 \ \text{H}$$

2. 互感线圈的并联

互感线圈的并联也有两种形式，一种是两个线圈的同名端相连，如图 6.17(a)所示，称为**同侧并联**；另一种是两线圈的异名端相连，如图 6.17(b)所示，称为**异侧并联**。

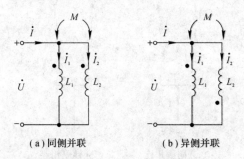

（a）同侧并联　　　　　　　（b）异侧并联

图 6.17　互感线圈的并联

在图 6.17 中所示电压、电流参考方向下，可得出如下电路方程：

$$\begin{cases} \dot{I} = \dot{I}_1 + \dot{I}_2 \\ \dot{U} = j\omega L_1 \dot{I}_1 \pm j\omega M \dot{I}_2 \\ \dot{U} = j\omega L_2 \dot{I}_2 \pm j\omega M \dot{I}_1 \end{cases} \tag{6.20}$$

式中，互感电压前的正号对应于同侧并联，负号对应于异侧并联。求解式(6.20)可得并联电路的等效阻抗为

$$Z = \frac{\dot{U}}{\dot{I}} = \frac{j\omega(L_1 L_2 - M^2)}{L_1 + L_2 \mp 2M} \tag{6.21}$$

可见，两个互感线圈并联以后的等效电感为

$$L = \frac{L_1 L_2 - M^2}{L_1 + L_2 \mp 2M} \tag{6.22}$$

在式(6.21)和式(6.22)分母中，负号对应于同侧并联，正号对应于异侧并连。

将式(6.20)进行变量代换，整理得方程为

$$\begin{cases} \dot{U} = j\omega L_1 \dot{I}_1 \pm j\omega M(\dot{I} - \dot{I}_1) = j\omega(L_1 \mp M) \dot{I}_1 \pm j\omega M \dot{I} \\ \dot{U} = j\omega L_2 \dot{I}_2 \pm j\omega M(\dot{I} - \dot{I}_2) = j\omega(L_2 \mp M) \dot{I}_2 \pm j\omega M \dot{I} \end{cases} \tag{6.23}$$

式中，M 前的"$\pm$"，上面的对应于同侧并联，下面的对应于异侧并联。

这样，可用图 6.18 所示无互感的电路替代图 6.17 所示的有互感的电路，称其为去耦等效电路。

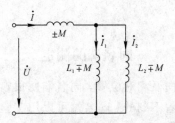

图 6.18　并联互感线圈的去耦等效电路

在分析电路时，还会遇到具有互感的两个线圈仅有一端相连，通过三个端钮与外部相连接，如图 6.19 所示。

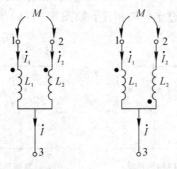

（a）同侧相连　　　（b）异侧相连

图 6.19　一端相连的互感线圈

按图 6.19 中所示参考方向，可得方程为

$$\begin{cases} \dot{U}_{13} = j\omega L_1 \dot{I}_1 \pm j\omega M \dot{I}_2 \\ \dot{U}_{23} = j\omega L_2 \dot{I}_2 \pm j\omega M \dot{I}_1 \\ \dot{I} = \dot{I}_1 + \dot{I}_2 \end{cases} \tag{6.24}$$

式（6.24）可化简为

$$\begin{cases} \dot{U}_{13} = j\omega(L_1 \mp M) \dot{I}_1 \pm j\omega M \dot{I} \\ \dot{U}_{23} = j\omega(L_2 \mp M) \dot{I}_2 \pm j\omega M \dot{I} \end{cases} \tag{6.25}$$

在式（6.24）和式（6.25）中"±"，上面的对应于同侧相连，下面的对应于异侧相连，如此可得图 6.20 所示的去耦等效电路模型。

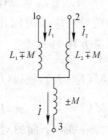

图 6.20　一端相连的互感线圈去耦等效电路

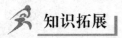 知识拓展

同名端的测定

如果已知磁耦合线圈的绕向及相对位置，同名端便很容易利用其概念进行判定。但是实际磁耦合线圈的绕向一般是看不到的。同名端可以用实验的方法进行判定，其接线如图 6.21 所示，图中 U_S 为直流电源。

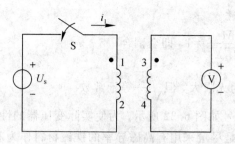

图 6.21　测定同名端的实验电路

当开关 S 接通瞬间，线圈 1 的电流经图示方向流入且增加，若此时直流电压表指针正偏(往正极性端偏转)，则 1、3 为同名端。若电压表指针反偏(往负极性端偏转)，则 1、4 为同名端。

上述实验可得到以下结论：当随时间增大的电流从一线圈的同名端流入时，会引起另一线圈同名端的电位升高。

 目标测评

1. 有两个耦合线圈，它们的自感分别是 60 mH 和 9.6 mH，线圈间的互感为 22.8 mH。

(1) 求耦合系数。

(2) 对于这两个线圈，互感可能的最大值是多少？

2. 有两个耦合线圈同向串联，它们的自感分别是 60 mH 和 9.6 mH，线圈间的互感为 22.8 mH。求两个线圈的等效电感。

任务 4　理想变压器

 知识目标

1. 掌握理想变压器的符号。
2. 掌握理想变压器的功能。

 能力目标

能够根据理想变压器的功能分析理想变压器电路。

相关知识

变压器是一种利用互感耦合实现能量传输和信号传递的电气设备。它通常由两个互感线圈组成，一个线圈与电源相连接，称为初级线圈(也称为原边绕组)；另一个线圈与负载相连，称为次级线圈(也称为副边绕组)。

理想变压器是一种特殊的无损耗、全耦合变压器。理想变压器应当满足下列三个条件：

（1）变压器本身无损耗。

（2）耦合系数 $K = \dfrac{M}{\sqrt{L_1 L_2}} = 1$，即全耦合。

（3）L_1、L_2 和 M 均为无限大，但 $\sqrt{\dfrac{L_1}{L_2}}$ 等于常数。

理想变压器的电路符号如图 6.22 所示。为使实际变压器的性能接近理想变压器，工程上常采用两方面措施：一是尽量采用有高磁导率的铁磁材料作为芯子；二是尽量紧密耦合。理想变压器有电压变换、电流变换和阻抗变换功能。

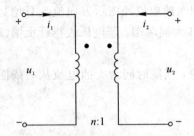

图 6.22　理想变压器的电路符号

一、电压变换功能

图 6.23 所示为一铁芯变压器示意图，N_1，N_2 分别为初、次级线圈的匝数。由于铁芯的磁导率很高，一般可认为磁通全部集中在铁芯中。若铁芯磁通为 Φ，则根据电磁感应定律有

$$u_1 = N_1 \frac{\mathrm{d}\Phi}{\mathrm{d}t}, \quad u_2 = N_2 \frac{\mathrm{d}\Phi}{\mathrm{d}t}$$

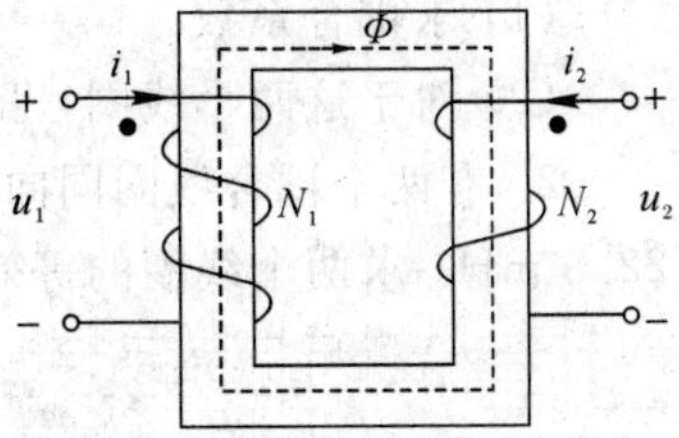

所以得理想变压器的变压关系为

图 6.23　铁芯变压器示意图

$$\frac{u_1}{u_2} = \frac{N_1}{N_2} = n \tag{6.26}$$

n 称为变比，是一个常数。

二、电流变换功能

理想变压器的简化电路如图 6.24 所示，根据电路可得端电压相量式为

$$\mathrm{j}\omega L_1 \dot{I}_1 + \mathrm{j}\omega M \dot{I}_2 = \dot{U}_1 \tag{6.27}$$

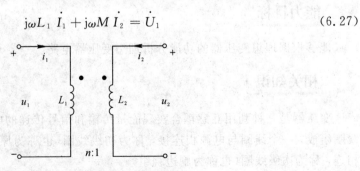

图 6.24　理想变压器的简化电路

$$j\omega M \dot{I}_1 + j\omega L_2 \dot{I}_2 = \dot{U}_2 \tag{6.28}$$

因为耦合系数 $K=1$，即 $M=\sqrt{L_1 L_2}$，所以

$$j\omega L_1 \dot{I}_1 + j\omega \sqrt{L_1 L_2} \dot{I}_2 = \dot{U}_1 \tag{6.29}$$

$$j\omega \sqrt{L_1 L_2} \dot{I}_1 + j\omega L_2 \dot{I}_2 = \dot{U}_2 \tag{6.30}$$

由式(6.30)得

$$\sqrt{\frac{L_2}{L_1}}(j\omega L_1 \dot{I}_1 + j\omega \sqrt{L_1 L_2} \dot{I}_2) = \dot{U}_2 \tag{6.31}$$

将式(6.29)和式(6.31)联立，求得

$$\frac{\dot{U}_1}{\dot{U}_2} = \sqrt{\frac{L_1}{L_2}} = n \tag{6.32}$$

由式(6.29)可得

$$\dot{I}_1 = \frac{\dot{U}_1}{j\omega L_1} - \sqrt{\frac{L_2}{L_1}} \dot{I}_2$$

由于 $L_1 \to \infty$，因而

$$\frac{\dot{I}_1}{\dot{I}_2} = -\sqrt{\frac{L_2}{L_1}} = -\frac{1}{n} \tag{6.33}$$

式(6.33)为理想变压器的变流关系式。

注：式(6.32)和式(6.33)变压和变流关系式中的正、负号，是在图6.24中所示各参考方向下得出的，其原则是：

(1) 两端口电压极性对同名端一致时，式(6.32)中冠正号，否则冠负号。

(2) 两端口电流的方向对同名端一致时，式(6.33)中冠负号，否则冠正号。

三、阻抗变换功能

在图6.25(a)所示电路中，若在次级绕组接负载 Z_L，这时从初级绕组看进去的输入阻抗为

$$Z_i = \frac{\dot{U}_1}{\dot{I}_1} = \frac{n\dot{U}_2}{-\frac{1}{n}\dot{I}_2} = n^2\left[\frac{\dot{U}_2}{-\dot{I}_2}\right] = n^2 Z_L \tag{6.34}$$

式(6.34)说明，接在变压器副边的负载阻抗 Z_L，反映到变压器原边的等效阻抗是 $n^2 Z_L$，扩大了 n^2 倍，这就是变压器的阻抗变换功能，其等效电路如图6.25(b)所示。

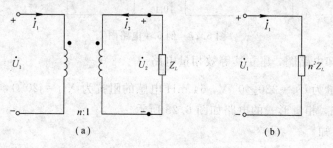

图6.25 理想变压器变换阻抗功能

变压器的阻抗变换功能常应用于电子电路中。例如，收音机、扩音机中扬声器的阻抗一般为几欧到几十欧，而其功率输出级要求负载阻抗为几十欧或几百欧才能使负载获得最大输出功率，这叫做**阻抗匹配**。实现阻抗匹配的方法就是在电子设备功率输出级和负载之间接入一个输出变压器，适当选择变比以获得所需的阻抗。

【例6.3】 电路如图6.26(a)所示。如果要使5 Ω电阻能获得最大功率，试确定理想变压器的变比 n。

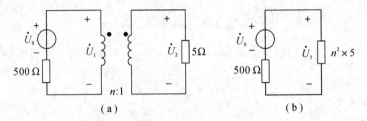

图6.26　例6.3电路图

解 已知负载 $Z_L=5$ Ω，故次级绕组对初级绕组的折合阻抗为

$$Z'_L = n^2 Z_L = n^2 \times 5$$

图6.26(a)电路可等效为图6.26(b)，由最大功率传输条件可知，当 $n^2 \times 5$ 等于电压源的串联电阻时，负载可获得最大功率，所以

$$n^2 \times 5 = 500$$

变比 $n=10$。

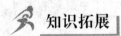 知识拓展

具有理想变压器的电路分析

下面通过例题的形式说明理想变压器的分析方法。

【例6.4】 理想变压器副边线圈上的阻抗如图6.27所示，为6 Ω电阻和25.5 mH电感串联的电路。若电源电压为 $u_S=220\sqrt{2}\sin314t$ V，求 u_1、i_1、u_2 和 i_2。

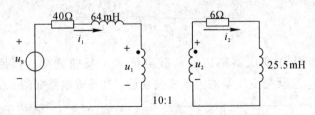

图6.27　例6.4电路图

解 根据已知电路图，建立其等效相量电路。

电源电压相量为 $\dot{U}_S=220\angle0°$ V，64 mH电感的阻抗为 $X_{L1}=$j20 Ω，25.5 mH电感的阻抗为 $X_{L2}=$j8 Ω，相量形式的电路如图6.28所示。

由图6.28可知

$$\dot{U}_1=10\dot{U}_2=(6+j8)\dot{I}_2$$

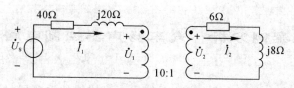

图 6.28　例 6.4 相量图

根据理想变压器的变流原理可知

$$\dot{I}_2 = 10\dot{I}_1$$

故有

$$\dot{U}_1 = 10\dot{U}_2 = (6+\mathrm{j}8) \times 10\dot{I}_1 = (60+\mathrm{j}80)\dot{I}_1$$

对变压器原边绕组回路列写 KVL 方程，得

$$\dot{U}_\mathrm{s} = (40+\mathrm{j}20) \times \dot{I}_1 + \dot{U}_1 = (40+\mathrm{j}20)\dot{I}_1 + (60+\mathrm{j}80)\dot{I}_1 = (100+\mathrm{j}100)\dot{I}_1$$

即

$$\dot{I}_1 = 1.1\sqrt{2} \angle -45° \ \mathrm{A}$$

故有

$$i = 2.2\sin(314t - 45°) \ \mathrm{A}$$

因为

$$\dot{U}_1 = (60+\mathrm{j}80)\dot{I}_1 = 100\angle 53° \times 1.1\sqrt{2} \angle -45° = 110\sqrt{2} \angle 8° \ \mathrm{V}$$

所以

$$u_1 = 220\sin(314t + 8°) \ \mathrm{V}, \quad u_2 = 0.1u_1 = 22\sin(314t + 8°) \ \mathrm{V}$$
$$i_2 = 10i_1 = 22\sin(314t - 45°) \ \mathrm{A}$$

▰ 目标测评

1. 有一理想变压器，其原、副边匝数比为 $11:5$，原边绕组与交流电源相连，电源电压为 $u_\mathrm{s} = 220\sqrt{2}\sin314t$ V，副边绕组仅仅接了一个 $10\ \Omega$ 电阻。试求：

(1) 负载电压有效值。

(2) 副边电流有效值。

(3) 原边电流有效值。

(4) 变压器输出的功率。

2. 为探究理想变压器原、副边线圈电压与电流的关系，将原边线圈接到电压有效值不变的正弦交流电源上，副边线圈连接相同的灯泡 L_1、L_2，电路中分别接了理想交流电压表 V_1、V_2 和理想交流电流表 A_1、A_2，导线电阻不计，如图 6.29 所示。当开关 S 闭合后，分析各个表计的变化情况。

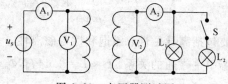

图 6.29　变压器测试图

工程案例分析 汽车扬声器控制电路(二)

汽车扬声器俗称汽车喇叭,是一音响系统中不可或缺的重要器材之一。所有的音乐都是通过汽车扬声器发出声音,供人们聆听和欣赏。汽车扬声器继电器控制电路如图 6.30 所示。

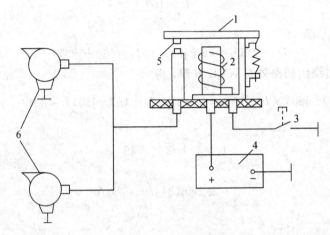

图 6.30 扬声器继电器控制电路

继电器由继电器线圈 2、继电器触点 5 和支架等部件组成。其驱动电路有继电器触点 5、扬声器 6、蓄电池 4 等构成,具体工作过程如下:

(1)合上扬声器按钮 3→扬声器继电器的线圈 2 得电→铁芯线圈产生磁场,吸附衔铁 1→继电器触点 5 闭合,弹簧储能→蓄电池电压加到扬声器 6 上→扬声器发出声音。

(2)断开扬声器按钮 3→扬声器继电器的线圈 2 失电,磁场消失,弹簧弹开衔铁 1→继电器触点 5 断开→切断扬声器上蓄电池电压→扬声器 6 停止发声。

由于继电器线圈的阻值很大,故电路中流经扬声器开关上的电流很小,而在扬声器的驱动电路中可以通过较大的电路,从而保护了扬声器的按钮。

本项目总结

磁路欧姆定律:

$$\Phi = \mu \frac{NI}{l} A = \frac{NI}{\frac{l}{\mu A}} = \frac{F}{R_{\mathrm{m}}}$$

铁磁材料的磁性能主要包括高导磁性、磁饱和性与磁滞性。

铁磁线圈中电压与铁芯中主磁通的关系:$U \approx E = 4.44 f N \Phi_{\mathrm{m}}$。

铁磁线圈的功率损耗:$P = UI\cos\varphi = \Delta P_{\mathrm{Cu}} + \Delta P_{\mathrm{Fe}} = I^{2}R + \Delta P_{\mathrm{h}} + \Delta P_{\mathrm{e}}$。

由一个线圈的交变电流在另一个线圈中产生感应电压的现象叫做互感现象。如果两个互感线圈的电流 i_1 和 i_2 所产生的磁通是相互增强的，那么两电流同时流入（或流出）的端钮就是同名端；反之则为异名端。同名端用标记"·"、"＊"或"△"标出，另一对同名端不需标记。

计算含有耦合电感的电路时，在耦合线圈上不仅存在自感电压，还存在互感电压。根据电压、电流的参考方向及线圈的同名端，确定出自感电压和互感电压。在具有互感的电路中，基尔霍夫定律仍然适用。

$$理想变压器的功能\begin{cases} 电压变换：\dfrac{U_1}{U_2}=\dfrac{N_1}{N_2}=n \\[2mm] 电流变换：\dfrac{I_1}{I_2}=\dfrac{N_2}{N_1}=\dfrac{1}{n} \\[2mm] 阻抗变换：\dfrac{Z_i}{Z_L}=n^2 \end{cases}$$

思考与练习题

一、填空题

1. 描述磁场在空间分布的物理量是_____，描述磁场中各点的磁场强弱和方向的物理量是_____，在匀强磁场中，这两者之间的关系是_____。

2. 变压器是按照_____原理工作的，它的用途有_____、_____、_____等。

3. 变压器的一次绕组为 880 匝，接在 220 V 的交流电源上，要在二次绕组上得到 6 V 电压，二次绕组的匝数应该是_____。

4. 各种变压器的基本机构都是相同的，主要由_____和_____组成。

5. 电磁铁通电时_____磁性，断电时磁性_____；通过电磁铁的电流越大，电磁铁的磁性_____。

6. 继电器是自动控制电路中常用的一种元件，是用_____来控制_____的一种自动开关。

二、选择题

1. 变压器一次绕组为 100 匝，二次绕组为 1200 匝，在一次绕组两端接有电动势为 10 V 的蓄电池组，则二次绕组的输出电压是（   ）。

A. 120 V   B. 0 V   C. $\dfrac{10}{12}$ V   D. 22 V

2. 对于理想变压器来说，下列叙述正确的是（   ）。

A. 可以改变各种电源的电压

B. 变压器一次绕组的输入功率由二次绕组的输出功率决定

C. 变压器不仅能改变电压，还能改变电流和电功率

D. 抽去铁芯，互感现象依然存在，变压器仍然能正常工作

3. 自耦变压器不能作为安全电源变压器的原因是(　　　)

A. 公共部分电流太小

B. 原副边有电的联系

C. 原副边有磁的联系

4. 若电源电压高于额定电压，则变压器空载电流和铁损比原来的数值将(　　　)

A. 减少　　　　　　　B. 增大　　　　　　　C. 不变

三、判断题

1. 变压器的损耗越大，其效率就越低。 （　　）

2. 变压器从空载到满载，铁芯中的工作主磁通和铁损基本不变。 （　　）

3. 变压器无论带何性质的负载，当负载电流增大时，输出电压必降低。 （　　）

4. 变压器是依据电磁感应原理工作的。 （　　）

5. 电机、电器的铁芯通常都是用软磁性材料制成的。 （　　）

6. 自耦变压器由于原副边有电的联系，因此不能作为安全变压器使用。 （　　）

7. 变压器的原绕组就是高压绕组。 （　　）

四、计算题

1. 有一台变压器，一次绕组电压为 220 V，二次绕组电压为 110 V，一次绕组为 1100 匝。若二次绕组接入阻抗为 20 Ω 的阻抗，问变压器的变比、二次绕组匝数及一次、二次绕组中电流各是多少？

2. 在图 6.31 所示电路中，已知 $X_C=4$ Ω，$X_{L1}=21$ Ω，$X_{L2}=30$ Ω，$R_1=3$ Ω，$R_2=6$ Ω，$\omega M=5$ Ω，外加电压 $\dot{U}=10$ V．求电路的输入阻抗和电流。

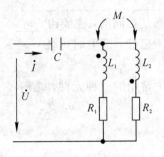

图 6.31　电路图

3. 通过测量流入有互感的两串联线圈的电流、功率和外施电压，可以确定两个线圈之间的互感。现在用 $U=60$ V、$f=50$ Hz 的电源进行测量，顺向串联时的电流为 2 A，功率为 96 W；反向串联时的电流为 2.4 A，求互感 M。

4. 在图 6.32 所示电路中，已知 $R_1=3$ Ω，$R_2=7$ Ω，$\omega L_1=9.5$ Ω，$\omega L_2=10.5$ Ω，$\omega M=5$ Ω．若电流 $\dot{I}=2\angle 0°$ A，求电压 $\dot{U}$。

5. 在图 6.33 所示电路中，求电压 $\dot{U}_2$。

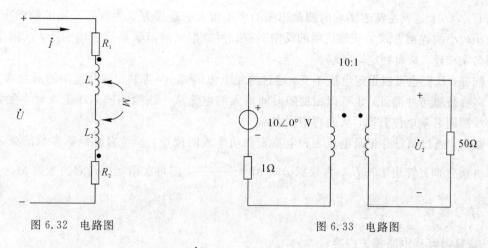

图 6.32　电路图　　　　　　　　　　　图 6.33　电路图

6. 在图 6.34 所示电路中，已知 $\dot{U}_{\mathrm{S}}=8\angle0°$ V，$\omega=1\mathrm{rad/s}$。若变比 $n=2$，求电流 $\dot{I}_1$ 以及 R_{L} 上消耗的功率 P_{L}；

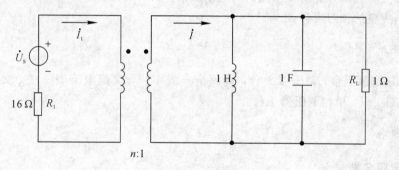

图 6.34　电路图

技能训练十　互感线圈同名端的判定及参数的测定

一、训练目标

1. 学会在实践中测定同名端的方法，明确判定同名端的原理。
2. 在自感线圈实验成果的基础上，掌握互感线圈的互感系数和耦合系数测定方法。

二、原理说明

在电流一定的情况下，当互感线圈的顺向串联和反向串联时，其两端的电压的大小是不相等的，这是因为，顺向串联时的总阻抗为

$$|Z|=\sqrt{R+\mathrm{j}(\omega L_{\mathrm{S}})}=\sqrt{R+\mathrm{j}[\omega(L_1+L_2+2M)]}=\frac{U_{\mathrm{S}}}{I}$$

反向串联时的总阻抗为

$$|Z|=\sqrt{R+\mathrm{j}(\omega L_{\mathrm{F}})}=\sqrt{R+\mathrm{j}[\omega(L_1+L_2-2M)]}=\frac{U_{\mathrm{F}}R}{I}\quad (R\text{ 为非理想线圈的内阻})$$

所以 $U_S > U_F$。这就意味着实验时测量出来的电压较大的连接方式为互感线圈的顺向串联，而电压较小的连接方式为互感线圈的反向串联。再根据顺向串联是异名端相连，反向串联是同名端相连，从而判定同名端。

同样，我们也可以设定电压不变，通过测量电流的大小，来判定互感线圈的同名端。读者可以自行思考并验证。也可以根据随时间增大的电流从一线圈的同名端流入时，会引起另一线圈同名端电位升高，从而判定同名端。

接着，通过测量并记录电压表和电流表和功率表的读数，参考自感线圈参数的测定的计算方法分别计算出 L_S、L_F，再根据公式 $M = \dfrac{L_S - L_F}{4}$，即可求出互感线圈的参数 M。

三、预习要求

1. 复习互感电路相关内容。
2. 预习实验中所用到的实验仪器的使用方法及注意事项。
3. 根据实验电路计算所要求测试的理论数据，填入实验表中。
4. 写出完整的预习报告。

四、设备清单

直流稳压电源 1 台，调压器 1 台，直流毫安表 1 块，交流电流表 1 块，交流电压表 1 块，互感线圈 1 只，单相调压器 1 台。

五、训练内容

1. 测定同名端

（1）按图 6.35 接线，用直流通断法判定同名端。当合上开关 S 时，若毫伏表的指针正向偏转，则端钮 3 与 1 为同名端；反之，若毫伏表的指针反向偏转，则端钮 4 与 1 为同名端。

（2）根据等效阻抗的大小判定同名端。按图 6.36 接线，在同一电压下，电流小的为顺向串联，这时是异名端连接在一起。

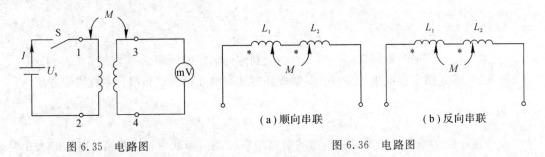

图 6.35　电路图　　　　　（a）顺向串联　　　　　（b）反向串联

　　　　　　　　　　　　　　图 6.36　电路图

2. 测定 L、M、k

（1）事先用直流伏安法或万用表的欧姆挡测出线圈 1 和线圈 2 的电阻 R_1 及 R_2，计入表 6.2 中；再按图 6.37 接线，二次侧开路，用调压器将一次侧电压调到较低的值，测出 U_1、I_1 及 U_{20}，记入表 6.2 中。然后将一次侧开路，二次侧通过调压器接电源，测出 U_2、I_2 及 U_{10}，记入表 6.2 中，并求出

$$L_1 = \frac{1}{\omega}\sqrt{\left(\frac{U_1}{I_1}\right)^2 - R_1^2},\ L_2 = \frac{1}{\omega}\sqrt{\left(\frac{U_2}{I_2}\right)^2 - R_2^2}$$

$$M_{12} = \frac{U_{10}}{\omega I_2},\quad M_{21} = \frac{U_{20}}{\omega I_1},\quad K = M/\sqrt{L_1 L_2}$$

式中，M 取 M_{12} 与 M_{21} 的平均值。将计算结果均记入表 6.2，比较 M_{12} 与 M_{21} 是否相等。

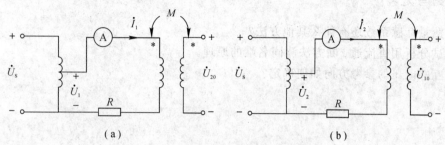

图 6.37 电路图

表 6.2 实验数据表

项目	预先测定		测　量						计　算				
			图 6.37(a)			图 6.37(b)			L_1	L_2	M_{12}	M_{21}	K
	R_1	R_2	U_1	I_1	U_{20}	U_2	I_2	U_{10}					
单位													
数值													

（2）用等效电感法测定 M。按图 6.36 接线，分别测出顺向串联与反向串联时的 U 与 I 记入表 6.3 中，并求出顺向串联时的等效阻抗 Z'、等效感抗 X'、等效电感 L'，计算公式如下：

$$Z' = \frac{U}{I},\quad X' = \sqrt{Z'^2 - (R_1 + R_2)^2},\quad L' = \frac{X'}{\omega}$$

反向串联时，有

$$Z'' = \frac{U}{I},\quad X'' = \sqrt{Z''^2 - (R_1 + R_2)^2},\quad L'' = \frac{X''}{\omega}$$

从而 $M = \dfrac{L' - L''}{4}$，将以上结果记入表 6.3 中。

表 6.3 实验数据表

项目	预先测定		测　量				计　算		
			顺向串联		反向串联				
	R_1	R_2	U	I	U	I	L'	L''	M
单位									
数值									

六、注意事项

为了使所加电压不超过耦合线圈的额定电压，故要限定电流的大小，具体的电流大小由实验老师决定。

七、总结与思考

1. 测量互感系数还有什么其他方法？
2. 试分析用直流通、断方法测同名端的原理。
3. 互感电压的参考方向如何确定？

项目七 安全用电

随着电能的广泛应用，以电能为介质的各种电气设备广泛进入企业、社会和家庭生活中，与此同时，使用电器所带来的不安全事故也不断发生。为了保证人身安全和设备安全，更要重视用电的安全问题。因此，学习安全用电基本知识，掌握常规触电防护技术，是保证用电安全的有效途径。

在安全用电中，电气危害有两个方面：一方面是对系统自身的危害，如短路、过电压、绝缘老化等；另一方面是对用电设备、环境和人员的危害，如触电、电气火灾、电压异常升高造成用电设备损坏等，其中尤以触电和电气火灾危害最为严重。

本项目重点介绍安全用电的基本知识、保护接地和保护接零、低压漏电保护器和触电形式与触电急救，详细地阐述了触电后的处理方法和防范措施。

工程案例 违章操作的后果(一)

一建筑工地，操作工王某发现潜水泵开动后漏电开关动作，便要求电工把潜水泵电源线不经漏电开关接上电源。起初电工不肯，但在王某的多次要求下照办了。潜水泵再次启动后，王某拿一条钢筋欲挑起潜水泵检查是否沉入泥里，当王某挑起潜水泵时，即触电倒地，经抢救无效死亡。

操作工王某在用电时，是否懂得电气安全知识，有哪些违章操作，做了哪些安全防护措施，使用了哪些保护电气设备，是否做到了按规操作？

任务 1 安全用电的基础知识

 知识目标

1. 了解安全用电的重要性。
2. 了解安全用电的机制和含义。

 能力目标

1. 能够掌握电能的特点和日常安全用电的常识。
2. 能够正确理解人身安全、设备安全的关系和含义。

相关知识

安全用电包括供电系统安全、设备安全及人身安全三个方面，它们之间是紧密联系的。供电系统的故障可能导致用电设备的损坏或人身伤亡事故。人身安全指电气工作的过程中人员的安全；设备安全指电气设备及相关其他设备的安全。在用电过程中，必须特别注意电气安全问题，如果稍有麻痹或疏忽，就可能造成严重的人身触电事故，甚至引起火灾或爆炸，给生产和生活带来重大损失。因此，要重视安全用电。

所谓电气安全，是指电气设备在正常运行时以及在预期的非正常状态下不会危害人身和周围设备的安全。当电气设备发生故障时，应能切断电源，将事故限制在允许的范围内，并采用各种有效措施，尽可能减少对人体和设备的危害。

一、安全电压

安全电压是指人体不戴任何防护设备时，触及带电体不受电击或电伤。人体触电的本质是电流通过人体产生了有害效应，然而触电的形式通常都是人体的两部分同时触及了带电体，而且这两个带电体之间存在着电位差。因此在电击防护措施中，要将流过人体的电流限制在无危险范围内，就需将人体能触及的电压限制在安全的范围内。

按照人体的最小电阻（800～1000 Ω）和工频致命电流（30～50 mA），可求得对人的最小危险电压为 24～50 V，国家标准制定了安全电压系列，称为**安全电压等级**或额定值。这些额定值指的是交流有效值，分别为 42 V、36 V、24 V、12 V、6 V 等五种，这五个等级供不同的场合选用。凡是裸露的带电设备和移动的电气用具都应使用安全电压。在一般建筑物中可使用 36 V 或 24 V；在特别危险的生产场地，如潮湿、有辐射性气体或有导电尘埃及能导电的地面和狭窄的工作场所等，则要用 12 V 和 6 V 的安全电压。安全电压的电源必须采用独立的双绕组隔离变压器，严禁用自耦变压器提供电压。

二、安全距离

为了保证电气工作人员在电气设备运行操作、维护检修时不致误碰带电体，规定了工作人员离带电体的安全距离，参见表 7.1；为了保证电气设备在正常运行时不会出现击穿短路事故，规定了带电体离附近接地物体和不同相带电体之间的最小距离，参见表 7.2。

表 7.1　各种不同电压等级的安全距离

设备额定电压/kV		1～3	6	10	35	60	110*	220*	330*	500*
带电部分到接地部分/mm	屋内	75	100	125	300	550	850	1800	2600	3800
	屋外	200	200	200	400	650	900	1800	2600	3800
不同相带电部分之间	屋内	75	100	125	300	550	900	—	—	—
	屋外	200	200	200	400	650	1000	2000	2800	4200

注："*"表示中性点直接接地系统。

表 7.2 设备带电部分到各种遮栏间的安全距离

设备额定电压/kV		1～3	6	10	35	60	110*	220*	330*	500*
带电部分到遮栏/mm	屋内	825	850	875	1050	1300	1600			
	屋外	950	950	950	1150	1350	1650	2550	3350	4500
带电部分到网状遮栏/mm	屋内	175	200	225	400	650	950	—	—	—
	屋外	300	300	300	500	700	1000	1900	2700	5000
带电部分到板状遮栏/mm	屋内	105	130	155	330	580	880	—	—	—

注:"＊"表示中性点直接接地系统。

三、电流对人体危害程度的主要因素

电流对人体危害的严重程度与通过人体电流的大小、频率、持续时间、通过人体的路径及人体电阻的大小等多种因素有关。

1. 电流大小

通过人体的电流越大,人体的生理反应就越明显,感应越强烈,引起心室颤动所需的时间越短,致命的危险越大。对于工频交流电,按照通过人体电流的大小和人体所呈现的不同状态,电流大致分为下列三种:

(1)感知电流:指引起人体感觉的最小电流。实验表明,成年男性的平均感知电流约为1.1 mA,成年女性的约为0.7 mA。感知电流不会对人体造成伤害,但电流增大时,人体反应变的强烈,可能造成坠落等间接事故。

(2)摆脱电流:指人体触电后能自主摆脱电源的最大电流。实验表明,成年男性的平均摆脱电流约为16 mA,成年女性的约为10 mA。

(3)致命电流:指在较短的时间内危及生命的最小电流。实验表明,当通过人体的电流达到50 mA 以上时,心脏会停止跳动,可能导致死亡。

2. 电流频率

一般认为40～60 Hz 的交流电对人体最危险。随着频率的增高,危险性将降低。高频电流不仅不伤害人体,还能治病。

3. 通电时间

通电时间越长,电流使人体发热和人体组织的电解液成分增加,导致人体电阻降低,反过来又使通过人体的电流增加,触电的危险亦随之增加。

4. 电流路径

电流通过头部可使人昏迷,通过脊髓可能导致瘫痪,通过心脏造成心跳停止,血液循环中断,通过呼吸系统会造成窒息。因此,从左手到胸部是最危险的电流路径,从手到手、从手到脚也是很危险的电流路径,从脚到脚是危险性较小的电流路径。

目标测评

1. 为什么要重视安全电压?
2. 电流对人体危害程度的主要因素有哪些?

任务 2　保护接地和保护接零

知识目标

1. 了解保护接地和保护接零的基本概念及其重要性。
2. 了解保护接地和保护接零的接线方式。

能力目标

1. 能够进行保护接地和保护接零的正确接线。
2. 能够正确分析判断线路设备的保护接地和保护接零。

相关知识

电气设备的金属外壳在正常情况下是不带电的,一旦绝缘损坏,外壳便会带电,人触及外壳就会触电。接地和接零是防止这类事故发生的有效措施。

一、工作接地

为保证电气设备在正常或发生事故情况下能可靠运行,将电路中的某一点通过接地装置与大地可靠地连接起来称为**工作接地**,如图 7.1 所示。例如,电力变压器中性点接地、三相四线制系统中性线接地、电压互感器和电流互感器二次侧某点接地等,在实行工作接地后,当单相对地发生短路故障时,短路电流可使熔断器或断路器自动跳闸,从而起到安全保护作用。

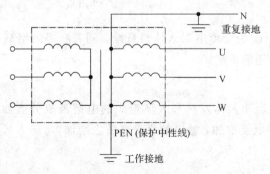

图 7.1　工作接地

二、保护接地

保护接地就是将电气设备正常情况下不带电的金属外壳通过保护接地线与接地体相连。保护接地宜用于中性点不接地的电网中，如图7.2所示。采取了保护接地后，当一相绝缘损坏碰壳时，可使通过人体的电流很小，危险性降低。

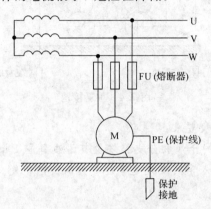

图7.2　保护接地

三、保护接零

保护接零是目前我国应用最广泛的一种安全措施，即将电气设备的金属外壳接到中性线上，宜用于中性点接地的电网中，如图7.3所示。当一相绝缘损坏碰壳时，形成单相短路，使此相上的保护装置迅速动作，切断电源，避免触电的危险。

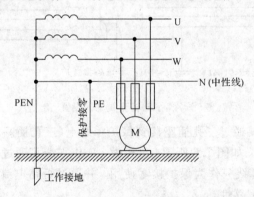

图7.3　保护接零

注：在中性点接地系统中，宜采用保护接零，而不采用保护接地。为确保安全，中性线和接零线必须连接牢固，开关和熔断器不允许装在中性线上。但引入室内的一根相线和一根零线上一般都装有熔断器，以增加短路时熔断的概率。

四、重复接地

在中性点接地系统中，为提高接零保护的安全性能，除采用保护接零外，还要采用重复接地，即将零线相隔一定的距离多处进行接地，如图7.4所示。采取重复接地后可减轻零线断线时的危险，降低漏电设备外壳的对地电压，缩短故障持续时间和改善配电线路的防雷性能。

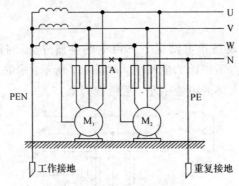

图 7.4　重复接地

注：重复接地的地点一般要求：

（1）电源端、架空线路的干线和分支终端及其沿线每隔 1 km 处的工作零线。

（2）电缆或架空线在引入车间或大型建筑物内的配电柜处。

五、工作零线与保护零线

为了改善和提高三相四线低压电网的安全程度，又提出了三相五线制，即增加一根保护零线（PE），而原三相四线制中的中性线称为工作零线（N），如图 7.5 所示。这一点对于家用电器的保护接零特别重要，因为目前单相电源的进线（相线和中性线）上都安装有熔断器，此时的中性线（工作零线）就不能用作保护接零了。

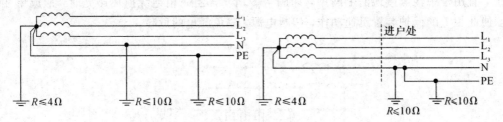

图 7.5　三相五线制的设置

所有的接零设备都要通过三孔插座接到保护零线上（三孔插座中间粗大的孔为保护接零，其余两孔为电源线），如图 7.6 所示。这样做，工作零线只通过单相负载的工作电流和三相不平衡电流，保护零线只作为保护接零使用，并通过短路电流。可见三相五线制大大加强了供电的安全性和可靠性。

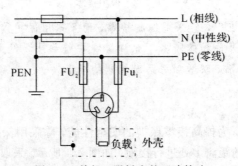

图 7.6　单相三眼插座的正确接法

若不慎将三眼插座接错,则会带来触电危险。如图7.7所示,其中,图(a)、(b)将保护接零和电源中性线同时接于保护零线上,即将保护零线作为工作零线,则其负荷电流会产生零序电压;图(c)将保护接零和电源中性线同时接于工作零线上,即将工作零线作为保护零线,则当中性线因故断开或熔断器断路时,其相电压会通过插座内连线使用电设备的外壳带电;图(d)相线与中性线接反,则使用电设备的外壳带电,这是很不安全的。

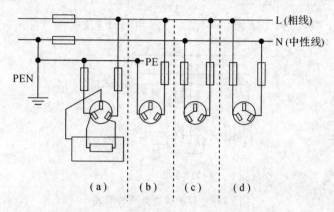

图7.7 单相三眼插座的错误接法

六、低压交流电力保护接地系统类型

根据国际电工委员会(IEC)规定的各种保护方式、术语概念,低压配电系统按接地方式的不同分为三类:TT、TN 和 IT 系统。

1. 接地系统类型符号的含义

按系统及电气设备的外露导电体所连接的接地状况分类,接地系统类型符号由三位字母构成,意义如下:

第一位:T 表示电力系统一点(一般为中性线)直接接地;I 表示电力系统所有带电部分与地绝缘或一点通过阻抗接地。

第二位:T 表示电气设备外露导电体可直接接地,而与电力系统任何接地点无关;N 表示电气设备外露导电体与电力系统的中性线直接连接。

第三位:S 表示中性线 N 和零线 PE 分开;C 表示中性线 N 和零线 PE 合二为一,成为 PEN 线(保护中性线)。

2. 各种保护接地系统的形式和特点

保护接地系统的形式如图7.8所示。

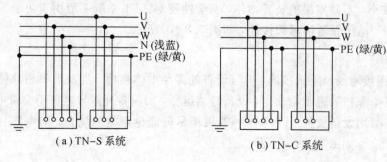

(a)TN-S 系统   (b)TN-C 系统

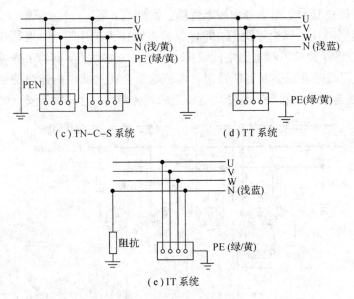

图 7.8　保护接地系统的形式

1）TN-S 系统

TN-S 系统有一个直接接地点，电气设备外露导电体与中性线直接连接，PE 和 N 线分开。当发生故障时易切断电源，安全性高。TN-S 系统适用于环境较差的场合或精密仪器、数据处理系统的电气装置，如图 7.8(a)所示。

2）TN-C 系统

TN-C 系统有一个直接接地点，电气设备外露导电体与中性线直接连接，PE 和 N 线合并为 PEN 线。当三相负荷不平衡时，此线上有不平衡电流流过，要选用合适的保护装置，加粗 PEN 导线截面，但不能用漏电保护器。这种接地形式属最普及的保护接零方式，应用较广，适用于一般场合，如图 7.8(b)所示。

3）TN-C-S 系统

TN-C-S 系统有一个直接接地点，电气设备外露导电体与中性线直接连接，在近电源端，PE 和 N 线合并为 PEN 线，然后 PE 和 N 线分开，分开后不能再合并。TN-C-S 系统适用于线路末端环境较差的场合，如图 7.8(c)所示。

4）TT 系统

TT 电力系统有一个直接接地点，电气设备外露导电体另外单独接地。当发生故障时，其回路电流较小，不易使保护装置动作，安全性较差。TT 系统一般用于功率不大的电气设备或医疗器械、电子仪器的屏蔽接地，如图 7.8(d)所示。

5）IT 系统

IT 系统不接地或经阻抗接地，电气设备外露导电体接地。当发生单相故障时，其对地短路电流很小，保护装置不会动作，设备继续运行，而设备外露导电体不会带电，但中性线电位抬高，应另用设备监视。IT 系统一般用于尽可能少停电的场合，如电厂自用电、矿井等地及供电设备，如图 7.8(e)所示。

七、电气防火与防爆

1. 电气火灾的预防

电气火灾是指电气设备因故障(如短路、过载)产生过热或电火花(工作火花如电焊火花飞溅,故障火花如拉闸火花、接头松脱火花、熔丝熔断等)而引起的火灾。

电气火灾的预防方法如下:

(1)在线路设计时,应充分考虑负载容量及合理的过载能力。

(2)在用电时,应禁止过度超载及"乱接乱搭电源线",防止"短路"故障。

(3)当用电设备有故障时,应停用并尽快检修。

(4)某些电气设备应在专人监护下使用,做到"人去停用(电)"。

预防电火花看起来是一些烦琐小事,可实际意义重大,千万不要麻痹大意。对于易引起火灾的场所,应注意加强防火,配置防火器材,使用防爆电器。

电火警的紧急处理步骤如下:

(1)切断电源。当电气设备发生火警时,首先要切断电源(用木柄消防斧切断电源进线),防止事故的扩大和火势的蔓延以及灭火过程中发生触电事故,同时拨打"119"火警电话,向消防部门报警。

(2)正确使用灭火器材。发生电火警时,决不可用水或普通灭火器如泡沫灭火器去灭火,因为水和普通灭火器中的溶液都是导体,一旦电源未被切断,救火者就有触电的可能。所以,发生电火警时应使用干粉二氧化碳或"1211"等灭火器灭火,也可以使用干燥的黄沙灭火。表7.3列举了三种常用电气灭火器的主要性能及使用方法。

(3)安全注意事项。救火人员不要随便触碰电气设备及电线,尤其要注意断落到地上的电线。此时,对于火警现场的一切线、缆,都应按带电体处理。

表 7.3　常用电气灭火器的主要性能及使用方法

种类	二氧化碳灭火器	干粉灭火器	"1211"灭火器
规格	2 kg, 2~3 kg, 5~7 kg	8 kg, 50 kg	1 kg, 2 kg, 3 kg
药剂	瓶内装有液态二氧化碳	钢筒内装有钾或钠盐干粉,并备有盛装压缩空气的小钢瓶	钢筒内装有二氟一氯一溴甲烷,并充填压缩氮
用途	不导电。可扑救电气、精密仪器、油类、酸类火灾;不能扑救钾、钠、镁、铝等物资火灾	不导电。可扑救电气(旋转电机不宜)、石油产品、油漆、有机溶剂、天然气及天然气设备火灾	不导电。可扑救油类、电气设备、化工化纤原料等初起火灾
功效	接近着火地点,保持3 m距离	8 kg喷射时间为14~18 s,射程4.5 m;50 kg喷射时间为14~18 s,射程为6~8 m	喷射时间为6~8 s,射程为2~3 m
使用方法	一手拿喇叭筒对准火源,另一手打开开关即可	提起圈环,干粉即可喷出	拔下铅封或横锁,用力压下压把即可

2. 防爆

与用电相关的爆炸，常见的有可燃气体、蒸气、粉尘与助燃气体混合后遇火源而发生爆炸。爆炸局限(空气中的含量比)：汽油为 $1\%\sim6\%$，乙炔为 $1.5\%\sim82\%$，液化石油气为 $3.5\%\sim16.3\%$，家用管道煤气为 $5\%\sim30\%$，氢气为 $4\%\sim80\%$，氨气为 $15\%\sim28\%$。另外，粉尘，如碾米厂的粉尘，各种纺织纤维粉尘，达到一定浓度也会引起爆炸。

为防止爆炸应注意以下事项：

(1) 合理选用防爆电气设备和敷设电气线路，保持场所的良好通风。

(2) 保持电气设备的正常运行，防止短路、过载。

(3) 安装自动断电保护装置，在使用便携式电气设备时应特别注意安全。

(4) 把危险性大的设备安装在危险区域外。

(5) 防爆场所一定要采用防爆电机等防爆设备。

(6) 采用三相五线制与单相三线制。

(7) 线路接头采用熔焊或钎焊。

▇ 目标测评

1. 简述低压交流电力保护接地系统类型。

2. 什么是电气火灾？如何进行预防？

任务 3 低压漏电保护器

知识目标

1. 掌握漏电保护器的结构、原理及分类。

2. 掌握漏电保护器的技术参数和保护范围。

能力目标

1. 能够区分不同类型的漏电保护器。

2. 掌握电流漏电保护器的保护原理。

相关知识

漏电电流动作保护器简称漏电保护器，又叫"保安器"，其外形如图 7.9 所示。漏电保护器的作用是在设备发生漏电故障或人身触电时能够自动切断电源。漏电保护器是一种低压电器安全装置，当发生漏电和触电时，故障电流达到保护器所限定的动作电流值，在限定的时间内动作，自动断开电源进行保护。

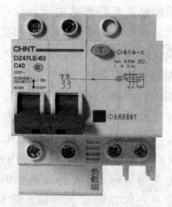

图 7.9 漏电保护器外形

一、漏电保护器的结构

漏电保护器主要由三部分组成：检测元件、中间放大环节、操作执行机构。

（1）检测元件：由零序互感器组成，检测漏电电流，并发出信号。

（2）放大环节：将微弱的漏电信号放大，按装置不同（放大部件可采用机械装置或电子装置），可构成电磁式保护器和电子式保护器。

（3）执行机构：收到信号后，主开关由闭合位置转换到断开位置，从而切断电源，是被保护电路脱离电网的跳闸部件。

二、电流型漏电保护器

根据漏电保护器的工作原理，可将其分为电流型、电压型和脉冲型三种。电压型漏电保护器是对整个配变低压网进行保护，不能分级保护，因此停电范围大，动作频繁，所以使用面很窄。脉冲型漏电保护器是当发生触电时使三相不平衡漏电流的相位、幅值产生突然变化，以此为动作信号，但它也有死区。目前应用广泛的是电流型漏电保护器，所以下面主要介绍电流型漏电保护器。

电流型漏电保护器保护原理如图 7.10 所示，保护器由零序电流互感器、电子放大器、

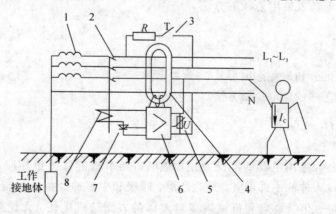

1—供电变压器；2—主开关；3—试验按钮；4—零序电流互感器；5—压敏电阻；
6—放电器；7—晶闸管；8—脱扣器
图 7.10 电流型漏电保护器保护原理

晶闸管和脱扣器等部分组成。零序电流互感器是关键器件，其构造和原理与普通电流互感器的基本相同。零序电流互感器的初级线圈是绞合在一起的四根线，包括三根火线和一根零线，而普通电流互感器的初级线圈只是一根火线。其初级线圈的四根线要全部穿过互感器的铁芯，四根线的一端接电源的主开关，另一端接负载。

正常情况下，不管三相负载是否平衡，同一时刻四根线的电流和（矢量和）都为零，四根线的合成磁通也为零，故零序电流互感器的次级线圈没有输出信号。

当火线对地漏电时（如图 7.10 中人体触电时），触电电流经大地和接地装置回到中性点，在同一时刻，四根线的电流和不再为零，产生了剩余电流，剩余电流使铁芯中有磁通通过，从而互感器的次级线圈有电流信号输出。互感器输出的微弱电流信号输入到电子放大器 6 进行放大，放大器的输出信号用作晶闸管 7 的触发信号，触发信号使晶闸管导通，晶闸管的导通电流流过脱扣器 8 中的线圈，使脱扣器动作而将主开关 2 断开。压敏电阻 5 的阻值随其端电压的升高而降低，从而达到稳定放大器电源电压的目的。

注：上述电路是针对三相四线制、中性点接地供电系统的，这种漏电保护器适用于三相三线制、两相两线制和单相两线制，也适用于不接地系统。

 目标测评

1. 什么是漏电保护器？其主要作用是什么？
2. 简述漏电保护器的组成及分类。

任务 4　触电形式与触电急救

 知识目标

1. 了解触电原因和触电形式。
2. 了解触电急救及触电急救的方法。

能力目标

1. 能够正确区分和避免触电形式。
2. 能够掌握正确的触电急救方法。

 相关知识

随着电气设备和家用电器的广泛应用，触电击伤事故的发生也相应增多。人触电后，电流可能直接流过人体的内部器官，导致心脏、呼吸和中枢神经系统机能紊乱，形成电击；或者电流的热效应、化学效应和机械效应对人体的表面造成电伤。无论是电击还是电伤，都会带来严重的伤害，甚至危及生命。因此，触电的现场急救已是电力从业人员必须熟练掌握的一项基本技能。

一、人体触电原因和形式

1. 触电原因

不同的场合引起人体触电的原因不一样，根据日常的用电情况，触电原因主要有以下几种：

（1）线路架设不合规格。如采用一线一地制的违章线路架设，接地线被拔出、线路发生短路或接地端接触不良；室内导线破旧、绝缘损坏或敷设不规范；无线电设备的天线、广播线、通信线与电力线距离过近或同杆架设；电气修理工作台布线不合理，绝缘线被电烙铁烫坏等。

（2）用电设备不符合要求。如家用电器绝缘损坏、漏电及外壳保护接地或保护接地接触不良；开关、插座外壳破损或相线绝缘老化；照明电路或家用电器接线错误，致使灯具或机壳带电等。

（3）电工操作制度不严格、不健全。如带电操作、冒险修理或盲目修理，未采取正确的安全措施；停电检修电路时，刀开关上未挂警告牌，其他人员误合刀开关；使用不合格的安全工具进行操作等。

（4）用电不谨慎。如违反布线规程，在室内乱拉电线；未切断电源就去移动灯具或家用电器；用水冲刷电线或用湿布擦拭电器，降低了绝缘性能；随意加大熔丝规格或任意用铜丝代替，使其失去保护作用等。

2. 触电形式

1）单相触电

人体某一部位触及一相带电体，电流通过人体流入大地（或中性线），称为单相触电，如图 7.11 所示。

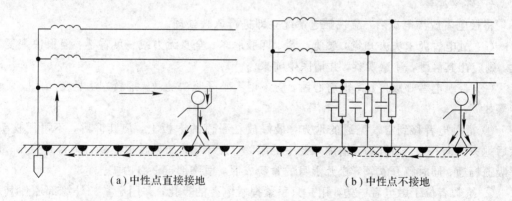

（a）中性点直接接地　　　　　　　　（b）中性点不接地

图 7.11　单相触电

单相触电时，人体承受的最大电压为相电压。单相触电的危险程度与电网运行的方式有关。在电源中性点直接接地系统中，由于人体电阻远大于中性点接地电阻，电压几乎全部架在人体上；而在中性点不接地系统中，正常情况下电源设备对地绝缘，电阻较大，通过人体的电流较小。所以，一般情况下，中性点直接接地电网中的单相触电比中性点不接地的电网危险性大。

2) 两相触电

人体两处同时触及两相带电体称为两相触电,如图 7.12 所示。两相触电时,加在人体上的电压为线电压,其危险性非常大。

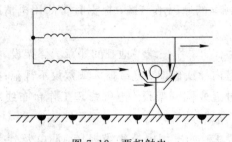

图 7.12　两相触电

3) 跨步触电

当人体两脚跨入触地点附近时,在前后两脚之间便存在电位差,该电压称为跨步电压;由此造成的触电称为跨步(电压)触电。

除上述外,还有高压电弧触电、接触电压触电、雷电触电、静电触电等。

二、触电急救方法

一旦发生触电事故,有效的急救方法在于迅速处理并抢救得法。

1. 切断电源

首先应就近断开电路开关或切断电源,也可用干燥的绝缘物作为工具,使触电者与电源分离。若触电者紧握电线,可用绝缘物(如干燥的木板等)垫入其身下,以隔断触电电流;也可用带绝缘柄的电工钳或有干燥木把的斧头切断电源线。同时要注意自身安全,避免发生新的触电事故。

2. 现场急救

将触电者脱离电源后,应视触电情况立即进行急救处理。

(1) 触电者尚未失去知觉,感觉心慌、四肢麻木、全身无力或一度昏迷,但很快恢复知觉,则应让其静卧,注意观察,并请医生前来。

(2) 若触电者呼吸停止,但有心跳,应该用人工呼吸法抢救。抢救方法见图 7.13,具体步骤如下:

① 把触电者移到空气流通的地方,最好放在平直的木板上,使其仰卧,不可用枕头;然后把头侧向一边,掰开嘴,清除口腔中的杂物、假牙等,如果舌根下陷,应将其拉出,使呼吸道畅通;同时解开衣领,松开上身的紧身衣服,使胸部可以自由扩张。

② 抢救者位于触电者一边,用一只手紧捏触电者的鼻孔,并用手掌的外缘部压住其头部,扶正头部,使鼻孔朝天;另一只手托住触电者颈后,将颈部略向上抬,以便接收吹气。

③ 抢救者做深呼吸,然后紧贴触电者的口腔,对口吹气约 2 s;同时观察其胸部有无扩张,以判断吹气是否有效和是否合适。

④ 吹气完毕后,立即离开触电者的口腔,并放松其鼻孔,使触电者胸部自然恢复,时间约 3 s,以利其呼气。

按上述步骤不断进行操作,每 5 s 一次。如果触电者张口有困难,那么可用口对准其鼻孔吹气，效果与上面方法相近。

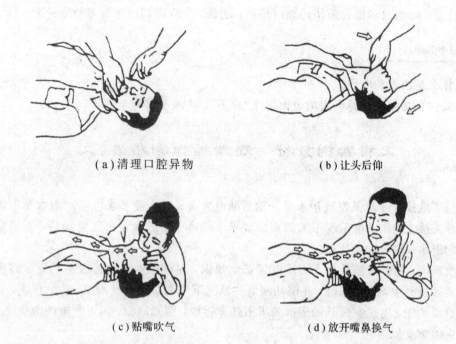

　(a) 清理口腔异物　　　　　　　　　　　(b) 让头后仰

　(c) 贴嘴吹气　　　　　　　　　　　(d) 放开嘴鼻换气

图 7.13　口对口人工呼吸法

（3）若触电者心跳停止，但有呼吸，应用人工胸外心脏按压法抢救。抢救方法如下：

①使触电者仰卧，姿势与口对口人工呼吸法相同，但后背着地处应结实。

②抢救者骑在触电者的腰部，两手相叠，用掌根置于触电者胸骨下端部位，即中指指尖置于其颈部凹陷的边缘，掌根所在的位置即为正确按压区；然后自上而下直线均衡地用力向脊柱方向按压，使其胸部下陷 5～6 cm，可以压迫心脏，使其达到排血的作用。

③使按压到位的手掌突然放松，但手掌不要离开胸壁，依靠胸部的弹性自动恢复原状，使心脏自然扩张，大静脉中的血液就能回流到心脏中来。

按照上述步骤不断进行操作，每秒一次，每分钟约 60 次，如图 7.14 所示。对触电者做挤压时，定位要准确，压力要适中，不要用力过猛，避免造成肋骨骨折、气胸、血胸等；但也不能用力过小，达不到按压目的。

　(a) 手掌位置　　　　(b) 左手掌压在右手掌上　　　(c) 掌根用力下压　　　(d) 突然松开

图 7.14　胸外心脏按压法

（4）若触电者心跳、呼吸都已停止，则需要同时进行胸外心脏按压与口对口人工呼吸，配合的方法是：做一次口对口人工呼吸后，再做四次胸外心脏按压。

在对触电者的抢救过程中，要按照上述步骤不停顿地进行，使触电者恢复心跳和呼吸。同时要注意，切勿对触电者滥用药物或搬动、运送，应立即请医生前来指导抢救。

▦ 目标测评

1. 什么是电击和电伤？
2. 假如手接触了故障电机的表面导致"麻手"，这属于哪类电伤害？

工程案例分析　违章操作的后果（二）

建筑工地操作工王某发现潜水泵开动后漏电开关动作，便要求电工把潜水泵电源线不经漏电开关接上电源，电工在王某的多次要求下照办了。潜水泵再次启动后，王某拿一条钢筋挑起潜水泵时，触电死亡。

事故原因：操作工王某由于不懂电气安全知识，在电工劝阻的情况下仍要求将潜水泵电源线直接接到电源上，同时，在明知漏电的情况下用钢筋挑动潜水泵，违章作业，是造成事故的直接原因。电工在王某的多次要求下违章接线，明知故犯，留下严重的事故隐患，是事故发生的重要原因。

事故主要教训：

（1）职工要知道工作过程及工作范围内有哪些有害因素和危险，以及危险程度和安全防护措施等。王某认为漏电开关动作影响了工作，但显然不懂得漏电会危及人身安全，不知道在漏电的情况下用钢筋挑动潜水泵会导致其丧命。

（2）落实特种作业人员的安全生产责任制，这是因为特种作业的危险因素多，危险程度大。本案例中电工虽有一定的安全知识，但经不起同事的多次要求，明知故犯。

（3）建立事故隐患的报告和处理制度。漏电开关动作，表明事故隐患存在，操作人员应该报告电工，而不应要求电工将电源线不经漏电开关接到电源上。电工知道漏电，就应检查原因，消除隐患，而不能贪图方便，随意处理。

同本案例相似的违章操作很常见，如当熔丝烧断时用铜线代替，私自退出剩余电流动作保护器等。违章的种类很多，后果都很相似，常常导致重伤或者死亡事故。

本项目总结

国家标准制定了安全电压系列，称为安全电压等级或额定值。这些额定值指的是交流有效值，分别为 42 V、36 V、24 V、12 V、6 V 等五种，这五个等级供不同场合选用。

为了保证电气工作人员在电气设备运行操作、维护及检修时不致误碰带电体，规定了工作人员离带电体的安全距离；为了保证电气设备在正常运行时不会出现击穿短路事故，规定了带电体离附近接地物体和不同相带电体之间的最小距离。

电流对人体伤害的严重程度与通过人体电流的大小、频率、持续时间以及通过人体的路径与人体电阻的大小等多种因素有关。

低压配电系统按接地方式的不同分为三类：TT、TN 和 IT 系统。

漏电电流动作保护器简称漏电保护器，又叫"保安器"，其作用是在设备发生漏电故障时以及对有致命危险的人身触电进行保护。

人触电后，会给触电者带来严重的伤害，甚至危及生命。常见的触电形式有：单相触电、两相触电和跨步（电压）触电。

触电的现场急救是电力从业人员必须熟练掌握的一项基本技能。

技能训练十一　触电急救

一、训练目标

1. 了解触电急救的有关知识。
2. 掌握判断触电者触电伤害的程度。
3. 掌握针对不同触电程度进行的相应急救方法。
4. 掌握现场触电急救的正确方法。

二、原理说明

触电急救是救助者针对触电者进行的现场急救。救助者针对触电者的触电程度进行判断分析，采取相应的急救措施，并能够正确地采用相应的急救方法对触电者进行紧急救护，达到使其脱离生命危险的目的。

三、预习要求

1. 预习触电的类型。
2. 预习触电伤害程度的分析判断。
3. 预习触电急救方法。
4. 预习心肺复苏急救模拟人的使用方法。
5. 写出完整的预习报告。

四、设备清单

模拟的低压触电现场，各种工具（含绝缘工具和非绝缘工具），体操垫 1 张，心肺复苏急救模拟人。

五、训练内容

1. 使触电者尽快脱离电源

（1）在模拟的低压触电现场，让一学生模拟触电的各种情况，要求学生两人一组选择正确的绝缘工具，使用安全、快捷的方法使触电者脱离电源。

（2）将已脱离电源的触电者按急救要求放置在体操垫上，学习"看、听、试"的判断办法。

2. 心肺复苏急救方法

（1）要求学生在工位上练习胸外按压急救手法和口对口人工呼吸法的动作与节奏。

（2）让学生用心肺复苏模拟人进行心肺复苏急救方法的训练，根据打印输出的训练结果检查学生急救手法的力度和节奏是否符合要求（若采用的模拟人无打印输出，可由指导教师计时和观察学生的手法以判断其正确性），直至学生掌握该方法为止。

3. 完成技能训练报告

六、注意事项

1. 救人时要确保自身安全，防止自己触电，必须使用适当的绝缘工具，而不能使用金属或潮湿物件作救护工具，并且尽可能单手操作。

2. 人触电时，电流作用使肌肉痉挛，触电者的手紧紧抓住带电体，电源一旦切断，没有电流的作用，手可能会松开而使人摔倒。为防止切断电源时触电者可能的摔伤，应先做好防摔措施，断电时要注意触电者的倒下方向，触电者在高处时特别要注意防止摔伤。

3. 在黑暗的地方发生触电事故时，应迅速解决临时照明（如用手电筒等），以便看清导致触电的带电物体，防止自己触电，也便于看清触电者的状况以利抢救。

4. 当有人高压触电时，救助者不能用干燥木棍、竹竿去拨开高压线，应与高压带电体保持足够的安全距离，防止跨步电压触电。

七、总结与思考

1. 发现触电者后，首先要进行哪些救助前工作？

2. 对触电后停止呼吸的人必须立即进行什么救助？

3. 在进行人工呼吸时，要注意防止触电者身体状态发生哪些变化？

4. 在进行胸外心脏按压触电急救时，注意事项有哪些？

参 考 文 献

[1] 白乃平. 电工基础. 2 版. 西安：西安电子科技大学出版社，2005.
[2] 王兵利. 电工基础及测量. 西安：西安电子科技大学出版社，2011.
[3] 曾令琴. 电工技术基础. 北京：人民邮电出版社，2010.
[4] 邱关源. 电路基础. 5 版. 北京：高等教育出版社，2010.
[5] 秦曾煌. 电工学上册：电工技术. 7 版. 北京：高等教育出版社，2009.
[6] 卢元元. 电路理论基础. 西安：西安电子科技大学出版社，2004.